福建省高等学校教学改革项目研究成果

Visual Basic 程序设计
实验与习题测评

刘必雄　编著

科学出版社

北京

内 容 简 介

　　本书是《Visual Basic 程序设计》（刘必雄，科学出版社出版）的配套教材，是作者多年教学实践经验的总结。全书分为 4 个部分：第一部分为上机实验，根据教学要求安排了 10 个实验，并为每个实验配置了"实验评测系统"，用于实现在实验教学中对学生完成的程序进行"现场收集、自动评分"；第二部分为习题测评，按《Visual Basic 程序设计》章节的顺序给出针对各章内容的"例题精解"和"习题测评"，并为每章习题配置了"习题测评系统"，用于学生课后自主学习与测评，以巩固所学知识，提高综合应用能力；第三部分为模拟试卷，给出了 3 套模拟试题，并为每套试卷配置了"习题测评系统"，供学生自测使用，提高应试能力；第四部分为测评系统，介绍本书的配套软件"实验评测系统"和"习题测评系统"的功能和应用。

　　本书既可作为高等院校"Visual Basic 程序设计"课程的实验与习题指导教材，也可作为计算机等级考试的辅导用书。

图书在版编目(CIP)数据

Visual Basic 程序设计实验与习题测评/刘必雄编著. —北京：科学出版社，2015.11

（福建省高等学校教学改革项目研究成果）

ISBN 978-7-03-046157-5

Ⅰ．①V… Ⅱ．①刘… Ⅲ．①BASIC 语言-程序设计-高等学校-教学参考资料 Ⅳ．①TP312

中国版本图书馆 CIP 数据核字（2015）第 256499 号

责任编辑：戴　薇　王丽丽 / 责任校对：王万红
责任印制：吕春珉 / 封面设计：东方人华平面设计部

科学出版社 出版
北京东黄城根北街 16 号
邮政编码：100717
http://www.sciencep.com

三河市骏杰印刷有限公司印刷
科学出版社发行　各地新华书店经销
*

2015 年 11 月第 一 版　　开本：787×1092　1/16
2019 年 7 月第七次印刷　　印张：13 3/4
字数：317 000
定价：33.00 元（含光盘）
（如有印装质量问题，我社负责调换〈骏杰〉）
销售部电话 010-62134988　编辑部电话 010-62135319-2012

前　　言

　　本书是《Visual Basic 程序设计》（刘必雄，科学出版社出版）（以下简称主教材）配套的教学用书，以"提高学生的实践能力，培养学生的自学能力"为宗旨，结合作者的多年教学实践经验编写而成。

　　"Visual Basic 程序设计"是一门实践性很强的课程，该课程的学习有其自身的特点，学生不仅需要掌握程序设计的理论知识，还必须经过大量的编程训练与练习，在实践中培养程序设计的基本能力，并逐步理解和掌握程序设计的思想和方法。因此，本书从培养学生的实践编程能力和自主学习能力出发，设置了"上机实验""习题测评""模拟试卷"和"测评系统"4 部分内容。本书还附有包含配套程序文件、习题测评系统和实验预习报告等教学资源的光盘供读者使用。

　　第一部分为上机实验。该部分根据教学要求安排了丰富、实用的 10 个实验，每个实验由"实验目的""实验示例"和"实验内容"3 部分组成。其中，"实验示例"的每道实验例题都给出了详细的实验步骤和实验调试与结果分析；"实验内容"则为每道实验题都提供了"评分程序"和"测试数据"。学生上机完成程序的编写和调试后，教师可以通过"实验评测系统"进行评测，并在每次实验课中对学生的程序代码进行现场收集和自动评分。此外，本书的配套光盘中还提供了"实验预习报告"，供学生上机实验前预习使用，以提高实验效率。

　　第二部分为习题测评。该部分按主教材的章节顺序给出各章的"例题精解"和"习题测评"。"例题精解"结合知识要点给出典型例题的详细解析；"习题测评"则是针对各章的内容按照计算机等级考试的要求，设置了选择题、设计题和编程题 3 种类型的练习题，并为每章练习题配置了"习题测评系统"，作为学生课后学习的练习和测试平台，以进一步强化和巩固所学的知识。

　　第三部分为模拟试卷。为了帮助学生加深对考试题型、考试内容和考试知识点的熟悉、理解和掌握，以便学生能在考试中取得较好的成绩，本书在对当前全国和福建省计算机等级考试（二级 Visual Basic 语言）中经常出现的知识点进行逐一分析的基础上，设计了 3 套模拟试卷，每套模拟试卷包含 3 种题型，即选择题、设计题和编程题，并为每套试卷配置了"习题测评系统"，以检测学生对"Visual Basic 程序设计"的掌握程度。

　　第四部分为测评系统。介绍本书的配套软件"实验评测系统"和"习题测评系统"的功能和简单应用。"实验评测系统"是从"激发学生的实验兴趣"角度出发，研制了集"发布、收取、评测"于一体的实验教学平台，该平台的应用不仅将教师从低层次的批改实验报告的繁杂工作中解脱出来，而且大大提高了学生实验的主动性和积极性。"习题测评系统"从"引导学生课后积极探索与练习"角度出发，研制了具有自动评分功能的练习系统，作为学生课后练习、考核平台，以培养学生自主学习和独立思考的能力。

　　本书的配套光盘中提供了第一部分的实验预习报告、第二部分的练习题和第三部分的模拟试卷的"习题测评系统"以及详细的解答。其中，"Visual Basic 程序设计习题测评系统"是福建省高等学校教学改革研究项目"构建自主学习和测评平台促进计算机公共基础类课程教学改革与实践"（JAS14690）和福建农林大学校级教学改革重点项目（111414007）的研究成果，并已取得软件著作权。此外，本书第四部分介绍的"Visual Basic 程序设计实验评测系统"是福建省中青年教师教育科研项目"面向非计算机专业的基于实时评测的程序设计类课程实验教学改革与实践"（JB13103S）的研究成果，并于 2013 年获得福建农林大学优秀教学成果特等奖，于 2014 年获得福建省第七届高等教育教学成果二等奖，该系统可以免费提供给使用本书的教学单位，有需要的教师可通过作者邮箱 bxliu@163.com 与作者联系获取。

　　全书由刘必雄编著。本书在编写过程中得到福建农林大学计算机基础教研室陈琼、林大辉、王雪平、许丹、陈细妹、郑珂晖、林娟、林敏、叶琳莉、黄伟奇、朱苏兴等老师的无私帮助和大力支持，以及科学出版社相关编辑的热情鼓励，在此谨向他们以及关心和支持本书编写工作的各方面人士表示衷心的感谢！此外，本书参考了大量文献资料，在此向有关作者深表感谢。

　　由于作者水平有限，书中难免有疏漏和不妥之处，恳请广大读者批评指正，以便在今后再版时进一步完善。

编著者

2015 年 8 月

目　　录

第一部分　上　机　实　验

第二部分　习　题　测　评

第三部分　模　拟　试　卷

第四部分　测 评 系 统

第一部分

上机实验

实验一 Visual Basic 程序设计基础

一、实验目的

1. 了解 Visual Basic 的集成开发环境（IDE），熟悉主要窗口的作用。
2. 掌握简单的 Visual Basic 应用程序的建立、编辑、调试、运行和保存方法。
3. 掌握 Visual Basic 窗体的常用属性、方法和事件。
4. 掌握 Visual Basic 的基本数据类型和运算符。
5. 掌握 Visual Basic 的常量、变量的定义和使用方法。
6. 掌握表达式和常用内部函数的使用方法。

二、实验示例

1. 启动 Visual Basic 6.0，熟悉其集成开发环境。

【操作步骤】

（1）启动 Visual Basic. 6.0 后，在"新建工程"对话框中选中"标准 EXE"图标，单击"打开"按钮，就可以打开 Visual Basic 集成开发环境（IDE）。

（2）观察其标题栏、菜单栏、工具栏与其他 Microsoft 应用程序的不同之处。

（3）将鼠标指针指向工具箱上的各个标准控件，了解它们各自的默认名称。

（4）分别单击"工程""属性""窗体布局"窗口及"工具箱"窗口右上角的"关闭"按钮，将其全部关闭。

（5）分别选择"视图"菜单中的"工程资源管理器""属性窗口""窗体布局窗口"及"工具箱"命令，打开相应的窗口。

2. 在标题为"复制操作"的窗体 Form1 上，添加一个文本内容为空的文本框 Text1；然后再添加一个标题为"复制"的命令按钮 Command1；最后添加一个标题为"粘贴处"的标签 Label1。程序运行时，在 Text1 中输入若十个字符，然后单击"复制"按钮，在 Label1 中显示 Text1 中的内容。要求以"Copy.frm"为窗体文件名、"Copy.vbp"为工程文件名保存在文件夹 D:\01\2330001 中。

【操作步骤】

（1）创建用户界面。

新建一个"标准 EXE"类型的工程，在窗体 Form1 上添加一个文本框、一个命令按钮和一个标签，然后用鼠标调整各个控件的大小和位置，调整后的控件布局如图 1-1-1（a）所示。

（2）设置对象属性。

根据设计要求，按表 1-1-1 所示的值设置各个控件对象的属性，设置后的界面如图 1-1-1（b）所示。

表 1-1-1 复制操作的对象属性设置

对　　象	对象名称	属　　性	属　性　值	说　　明
窗体	Form1	Caption	复制操作	窗体的标题
文本框	Text1	Text	（空白）	文本框内没有文字

续表

对　　象	对象名称	属　性	属性值	说　明
命令按钮	Command1	Caption	复制	命令按钮的标题
标签	Label1	Caption	粘贴处	标签内文字内容

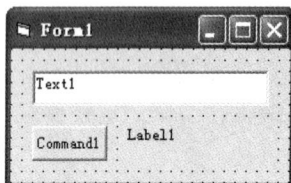 

（a）控件布局　　　　　　　　　（b）属性设置

图 1-1-1　复制操作的设计界面

（3）编写程序代码。

在"复制"按钮的 Click 事件过程中编写代码。

```
Private Sub Command1_Click()
    Label1.Caption = Text1.Text
End Sub
```

（4）保存工程。

选择"文件"→"保存工程"命令，或者单击常用工具栏中的"保存工程"按钮█，将窗体以"Copy.frm"为文件名，将工程以"Copy.vbp"为文件名保存在文件夹 D:\01\2330001 中。

【实验调试与结果分析】

（1）实验调试。

在编写"复制"按钮的 Click 事件过程中，将"Label1"写成"Labell"，即最后一个字符"数字 1"写成了"字母 l"，程序运行时出现如图 1-1-2 所示的实时错误。将"字母 l"改为"数字 1"，程序运行正确。在代码编写中，小写字母"o"与数字"0"形状相似，小写字母"l"和数字"1"形状相似，在编写代码过程中要注意区分。

图 1-1-2　复制操作的调试界面

（2）结果分析。

运行时，在文本框 Text1 中输入"程序设计基础教程"，如图 1-1-3（a）所示，然后单击"复制"按钮，则标签 Label1 中显示的内容为"程序设计基础教程"，如图 1-1-3（b）所示。

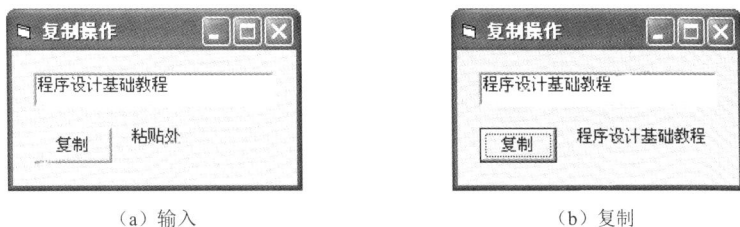

（a）输入　　　　　　　　　　　（b）复制

图 1-1-3　复制操作的运行界面

3. 在标题为"提问回答"的窗体 Form1 上，添加一个文本内容为空的文本框 Text1；然后再添加两个标题分别为"提问"和"回答"的命令按钮 Command1 和 Command2。程序运行时，单击"提问"按钮，在 Text1 中显示"您的家乡在哪里？"，同时窗体的标题内容随之改为"提问"；单击"回答"按钮，在 Text1 中显示"我的家乡在福建！"，同时窗体的标题内容随之改为"回答"。要求以"Question.frm"为窗体文件名、"Question.vbp"为工程文件名保存在文件夹 D:\01\2330001 中。

【操作步骤】

（1）创建用户界面。

新建一个"标准 EXE"类型的工程，在窗体 Form1 上添加一个文本框和两个命令按钮，然后用鼠标调整各个控件的大小和位置，调整后的控件布局如图 1-1-4（a）所示。

（2）设置对象属性。

根据设计要求，按表 1-1-2 所示的值设置各个控件对象的属性，设置后的界面如图 1-1-4（b）所示。

表 1-1-2　提问回答的对象属性设置

对　　象	对 象 名 称	属　　性	属 性 值	说　　明
窗体	Form1	Caption	提问回答	窗体的标题
文本框	Text1	Text	（空白）	文本框内没有文字
命令按钮	Command1	Caption	提问	命令按钮的标题
命令按钮	Command2	Caption	回答	命令按钮的标题

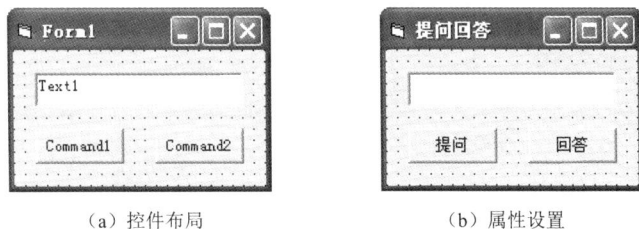

（a）控件布局　　　　　　　　　　（b）属性设置

图 1-1-4　提问回答的设计界面

（3）编写程序代码。

① 在"提问"按钮的 Click 事件过程中编写代码。

```
Private Sub Command1_Click()
  Text1.Text = "您的家乡在哪里？"
  Form1.Caption = "提问"
End Sub
```

② 在"回答"按钮的 Click 事件过程中编写代码。

```
Private Sub Command2_Click()
    Text1.Text = "我的家乡在福建！"
    Form1.Caption = "回答"
End Sub
```

（4）保存工程。

选择"文件"→"保存工程"命令，或单击常用工具栏中的"保存工程"按钮🖫，将窗体以"Question.frm"为文件名，将工程以"Question.vbp"为文件名保存在文件夹 D:\01\2330001 中。

【实验调试与结果分析】

（1）实验调试。

在编写"提问"按钮的 Click 事件过程中，字符串"您的家乡在哪里？"和"提问"的双引号使用的是中文双引号，结果产生"无效字符"的编译错误，系统以红色字显示错误的命令行，如图 1-1-5 所示。由于 Visual Basic 只允许使用西文标点符号（字符串表达式中的中文标点符号除外），因此将这两个字符串改为"您的家乡在哪里？"和"提问"后，即可消除编译错误。在编写 Visual Basic 代码时，要特别注意中英文切换以及全角和半角的切换。

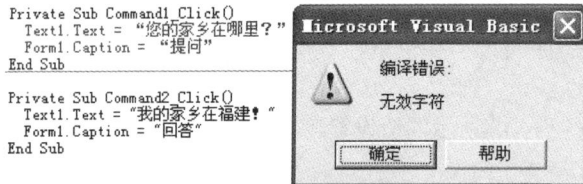

图 1-1-5　提问回答的调试界面

（2）结果分析。

运行时，单击"提问"按钮，文本框 Text1 显示"您的家乡在哪里？"，窗体标题显示"提问"，如图 1-1-6（a）所示；单击"回答"按钮，文本框 Text1 显示"我的家乡在福建！"，窗体标题显示"回答"，如图 1-1-6（b）所示。

（a）提问　　　　　　　　　　　（b）回答

图 1-1-6　提问回答的运行界面

三、实验内容

1. 打开工程文件 Dsg0101.vbp，设置窗体 Form1 的标题为"输出文本"，宽度为 3000、高度为 1500；然后设置相应属性使窗体的标题栏中无"最小化"按钮和"最大化"按钮，窗体上输出的文字格式为宋体、粗体、四号。程序运行时，单击窗体，在窗体上显示"程序设计基础教程"，如图 1-1-7（a）所示；双击窗体，清除窗体上的文本，如图 1-1-7（b）所示。完成上述功能后，以原文件名保存工程，并生成可执行文件（Dsg0101.exe）。

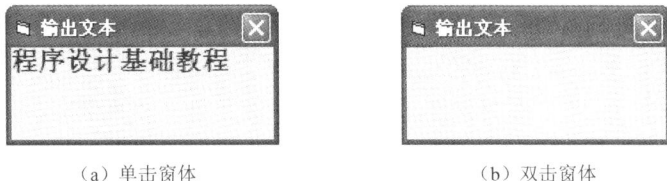

（a）单击窗体　　　　　　　　　　　（b）双击窗体

图 1-1-7　输出文本的运行界面

2. 打开工程文件 Dsg0102.vbp，设置窗体 Form1 的标题为"景点展示"，其边框类型为单线边框（Fixed Single）；然后设置窗体的左端距离为 6000、顶端距离为 3000。程序运行时，单击窗体，窗体的标题变为"颐和园"，并以图片 Dsg0102.jpg 作为窗体背景，如图 1-1-8（a）所示；双击窗体，窗体的标题变为"圆明园"，并以图片 Dsg0102.bmp 作为窗体背景，如图 1-1-8（b）所示。完成上述功能后，以原文件名保存工程，并生成可执行文件（Dsg0102.exe）。

（a）单击窗体　　　　　　　　　　　（b）双击窗体

图 1-1-8　景点展示的运行界面

3. 打开工程文件 Dsg0103.vbp，设置窗体 Form1 的标题为"移动窗口"，其标题栏中"最大化"按钮不可用；然后设置窗体的左端距离为 7500、顶端距离为 4500；接着在窗体中加载一幅图片（Dsg0103.jpg），并设置窗体的背景颜色为白色。程序运行时，单击窗体，窗体移到屏幕的左上角；双击窗体，窗体的背景颜色设置为红色（vbRed），如图 1-1-9 所示。完成上述功能后，以原文件名保存工程，并生成可执行文件（Dsg0103.exe）。

4. 打开工程文件 Dsg0104.vbp，在标题为"文本显示"的窗体 Form1 上，添加一个文本内容为空的文本框 Text1；然后再添加两个标题分别为"显示"和"清空"的命令按钮 Command1 和 Command2。程序运行时，单击"显示"按钮，在 Text1 中显示"Visual Basic 程序设计"，如图 1-1-10（a）所示；单击"清空"按钮，则 Text1 中内容为空，如图 1-1-10（b）所示。完成上述功能后，以原文件名保存工程，并生成可执行文件（Dsg0104.exe）。

图 1-1-9　移动窗口的运行界面

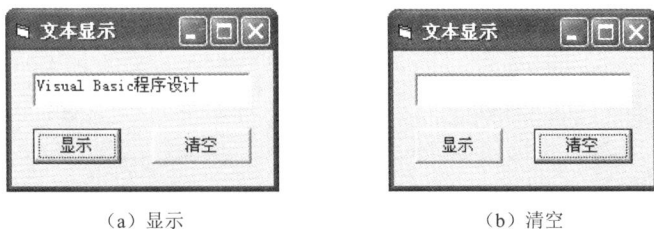

（a）显示　　　　　　　　　　　（b）清空

图 1-1-10　文本显示的运行界面

5. 打开工程文件 Dsg0105.vbp，在标题为"乘法运算"的窗体 Form1 上，添加两个标题分别为"被乘数"和"乘数"的标签 Label1 和 Label2；然后再添加 3 个文本内容为空的文本框 Text1、Text2 和 Text3；最后添加一个标题为"乘积"的命令按钮 Command1。程序运行时，在 Text1 和 Text2 中输入两个整数，单击"乘积"按钮，计算这两个整数的积，并在 Text3 中显示，如图 1-1-11 所示。完成上述功能后，以原文件名保存工程，并生成可执行文件（Dsg0105.exe）。

6. 打开工程文件 Dsg0106.vbp，在标题为"数值运算"的窗体 Form1 上，添加一个标题为"请输入整数 n"的标签 Label1；然后再添加两个文本内容为空的文本框 Text1 和 Text2；最后添加一个标题为"立方根"的命令按钮 Command1。程序运行时，在 Text1 中输入一个正整数 n，单击"立方根"按钮，在 Text2 中显示 n 的立方根，如图 1-1-12 所示。完成功能设计后，以原文件名保存工程，并生成可执行文件（Dsg0106.exe）。

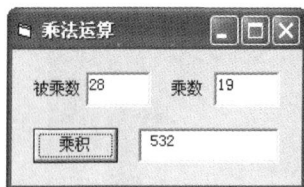
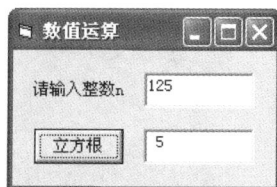

图 1-1-11　乘法运算的运行界面　　　　图 1-1-12　数值运算的运行界面

⏰ **提　示**

整数 n 的立方根可以使用乘方（^）运算符来实现，可用表达式 n^(1/3)来实现。

7. 打开工程文件 Dsg0107.vbp，在标题为"三角形面积"的窗体 Form1 上，添加 3 个标题分别为"边长 x""边长 y"和"夹角 a"的标签 Label1、Label2 和 Label3；然后再添加 4 个文本内容为空的文本框 Text1、Text2、Text3 和 Text4；最后添加一个标题为"面积"的命令按钮 Command1。程序运行时，在 Text1 和 Text2 中分别输入三角形的两边 x 和 y，然后在 Text3 中输入 x 和 y 的夹角 a（0°<a<180°）的度数，单击"面积"按钮，在 Text4 中显示该三角形的面积（计算结果四舍五入到两位小数），如图 1-1-13 所示。完成上述功能后，以原文件名保存工程，并生成可执行文件（Dsg0107.exe）。

⏰ **提　示**

① 程序中π取值为 3.14159。

② 函数 Round(x,[n])用于将数值 x 四舍五入到指定的小数位 n。

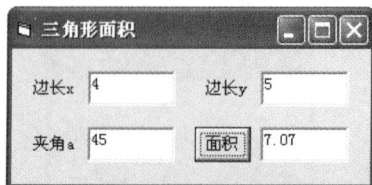
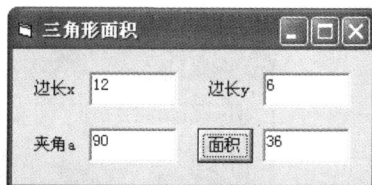

（a）输入"4"、"5"、"45"　　　　　　（b）输入"12"、"6"、"90"

图 1-1-13　三角形面积的运行界面

8. 打开工程文件 Dsg0108.vbp，在标题为"字符串运算"的窗体 Form1 上，添加 3 个文本内容为空的文本框 Text1、Text2 和 Text3；然后再添加两个标题分别为"左子串"和"长度"的命令按钮 Command1 和 Command2。程序运行时，在 Text1 中输入字符个数不少于 5 的字符串，单击"左子串"按钮，从输入的字符串中取左边 5 个字符显示在 Text2 中，如图 1-1-14（a）所示；单击"长度"按钮，在 Text3 中显示输入的字符串的长度，如图 1-1-14（b）所示。完成上述功能后，以原文件名保存工程，并生成可执行文件（Dsg0108.exe）。

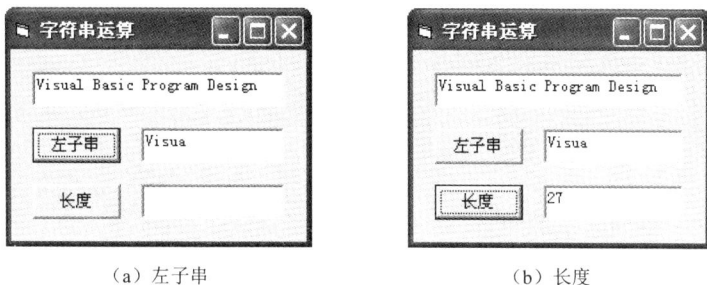

（a）左子串　　　　　　　　　　（b）长度

图 1-1-14　字符串运算的运行界面

提　示

使用 Left()函数获取字符串左边 n 个字符，使用 Len()函数求字符串的长度。

实验二　顺序结构程序设计

一、实验目的

1. 掌握顺序结构程序设计方法。
2. 掌握赋值语句的使用方法。
3. 掌握 Visual Basic 中数据的输入/输出方法。
4. 掌握命令按钮、标签和文本框的常用属性、方法和事件。

二、实验示例

1. 在标题为"打印图形"的窗体 Form1 上，添加一个标题为"打印"的命令按钮 Command1。程序运行时，单击"打印"按钮，在窗体上输出如下图形。要求以"Pstar.frm"为窗体文件名、"Pstar.vbp"为工程文件名保存在文件夹 D:\01\2330002 中。

【操作步骤】

（1）创建用户界面。

新建一个"标准 EXE"类型的工程，在窗体 Form1 上添加一个命令按钮，然后用鼠标调整各个控件的大小和位置，调整后的控件布局如图 1-2-1（a）所示。

（2）设置对象属性。

根据设计要求，按表 1-2-1 所示的值设置各个控件对象的属性，设置后的界面如图 1-2-1（b）所示。

表 1-2-1　打印图形的对象属性设置

对　　象	对象名称	属　　性	属 性 值	说　　明
窗体	Form1	Caption	打印图形	窗体的标题
命令按钮	Command1	Caption	打印	命令按钮的标题

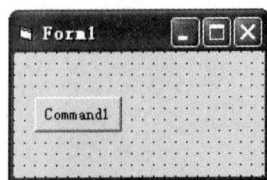

（a）控件布局　　　　　　　（b）属性设置

图 1-2-1　打印图形的设计界面

（3）编写程序代码。

在"打印"按钮的 Click 事件过程中编写代码。

```
Private Sub Command1_Click()
  Form1.Cls
  Form1.Print Tab(16); "★"
  Form1.Print Tab(16); "★"; Spc(0); "★"
  Form1.Print Tab(16); "★"; Spc(2); "★"
  Form1.Print Tab(16); "★"; Spc(4); "★"
  Form1.Print Tab(16); "★"; Spc(6); "★"
  Form1.Print Tab(16); "★"; Spc(8); "★"
  Form1.Print Tab(16); "★★★★★★"
End Sub
```

（4）保存工程。

选择"文件"→"保存工程"命令，或单击常用工具栏的"保存工程"按钮 🖫，将窗体以"Pstar.frm"为文件名，将工程以"Pstar.vbp"为文件名保存在 D:\01\2330002 文件夹中。

【实验调试与结果分析】

（1）实验调试。

在编写"打印"按钮的 Click 事件过程中，如果在 Print 方法输出的表达式之间用逗号（,）分隔，则运行结果如图 1-2-2 所示，不符合题目要求。用 Print 方法输出多个表达式时，各个表达式之间使用逗号（,）或分号（;）分隔是有区别的，使用"逗号"分隔表达式，则按分区格式显示数据项，即以 14 个字符为单位把一个数据行分成若干区段，每个区段输出一个表达式；使用"分号"分隔表达式，则按紧凑格式输出数据，后一项紧跟前一项输出。因此，将表达式中的"逗号"全部改为"分号"，运行结果符合题目要求。

此外，"★"是中文全角符号，占两个西文符号位置。图 1-2-2 所示的代码中，没有考虑到中文符号和西文符号所占的位置不同的问题，因此不符合题目要求。将"★"之间的空格数改为 2、4、6、8，运行结果符合题目要求。

（2）结果分析。

运行时，单击"打印"按钮，在窗体上输出如图 1-2-3 所示的图形。

图 1-2-2　打印图形的调试界面　　　　图 1-2-3　打印图形的运行界面

2. 在标题为"周长与面积"的窗体 Form1 上，添加两个标题分别为"输入半径"和"输出结果"的命令按钮 Command1 和 Command2。程序运行时，单击"输入半径"按钮，通过 InputBox 对话框输入圆半径；单击"输出结果"按钮，计算圆的周长和面积，并通过 MsgBox 对话框输出计算结果（计算结果保留两位小数）。要求以"Cza.frm"为窗体文件名、"Cza.vbp"为工程文件名保存在文件夹 D:\01\2330002 中。

【操作步骤】

（1）创建用户界面。

新建一个"标准 EXE"类型的工程，在窗体 Form1 上添加两个命令按钮，然后用鼠标调整各个控件的大小和位置，调整后的控件布局如图 1-2-4（a）所示。

（2）设置对象属性。

根据设计要求，按表 1-2-2 所示的值设置各个控件对象的属性，设置后的界面如图 1-2-4（b）所示。

表 1-2-2　周长与面积的对象属性设置

对　　象	对象名称	属　性	属　性　值	说　　明
窗体	Form1	Caption	周长与面积	窗体的标题
命令按钮	Command1	Caption	输入半径	命令按钮的标题
命令按钮	Command2	Caption	输出结果	命令按钮的标题

（a）控件布局　　　　　　（b）属性设置

图 1-2-4　周长与面积的设计界面

（3）编写程序代码。

① 在窗体模块的通用声明段声明模块级变量 r，用于存储输入的半径。

```
Dim r As Single
```

② 在"输入半径"按钮的 Click 事件过程中编写代码。

```
Private Sub Command1_Click()
  r = Val(InputBox("请输入圆的半径！", "圆半径"))
End Sub
```

③ 在"输出结果"按钮的 Click 事件过程中编写代码。

```
Private Sub Command2_Click()
  Const PI As Single = 3.14159
  Dim l As Single, s As Single
  l = 2 * PI * r
  s = PI * r * r
  MsgBox "圆的周长为：" & Format(l, "0.00") & vbCrLf & "圆的面积为：" &
Format(s, "0.00"), 64, "计算结果"
End Sub
```

（4）保存工程。

选择"文件"→"保存工程"命令，或者单击常用工具栏的"保存工程"按钮 ，将窗体以"Cza.frm"为文件名，将工程以"Cza.vbp"为文件名保存在 D:\01\2330002 文件夹中。

【实验调试与结果分析】

（1）实验调试。

在编写代码时，如果在事件过程 Command1_Click() 中声明用来存放"半径"的变量 r，则程序运行后，不管输入的半径为何值，输出结果均为 0，如图 1-2-5 所示。

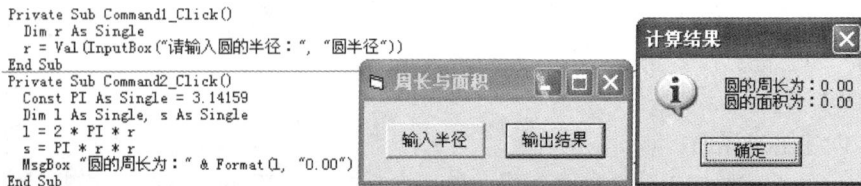

图 1-2-5　周长与面积的调试界面

由于变量有作用域，在某个事件过程中声明的变量，只能在该事件过程中发生作用。变量 r 必须声明为模块级变量，这样其才能在 Command1_Click()和 Command2_Click()过程中均有效。

（2）结果分析。

运行时，单击"输入半径"按钮，打开"圆半径"对话框，在文本框中输入"3.5"，然后单击"确定"按钮，如图 1-2-6（a）所示；然后单击"输出结果"按钮，显示如图 1-2-6（b）所示的"计算结果"对话框，输出计算结果。

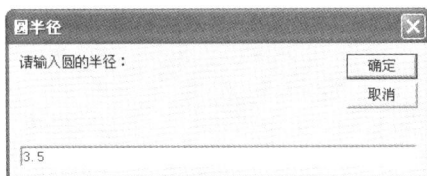 

（a）输入半径　　　　　　　　　　　　　　（b）输出结果

图 1-2-6　周长与面积的运行界面

三、实验内容

1. 打开工程文件 Dsg0201.vbp，在标题为"圆球体积"的窗体 Form1 上，添加一个"圆球半径"的标签 Label1；然后再添加一个标题为"体积"的命令按钮 Command1；接着再添加一个文本内容为空的文本框 Text1；最后添加一个标题为空、有边框的标签 Label2。程序运行时，在 Text1 中输入圆球半径，单击"体积"按钮，计算该圆球的体积，并将计算结果（保留 3 位小数）显示在 Label2 中，如图 1-2-7 所示。完成上述功能后，以原文件名保存工程，并生成可执行文件（Dsg0201.exe）。

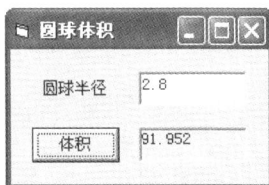

图 1-2-7　圆球体积的运行界面

> **提　示**
>
> ① 求圆球体积的公式为 $V = \dfrac{4}{3} \times \pi \times r^3$，其中 π 取值为 3.14159。
>
> ② 可以通过 Format()函数实现将数值型数据转换为字符串，并控制小数位数。

2. 打开工程文件 Dsg0202.vbp，在标题为"平均成绩"的窗体 Form1 上，添加 3 个标题分别为"语文成绩""数学成绩"和"英语成绩"的标签 Label1、Label2 和 Label3；然后再添加一个标题为"平均分"的命令按钮 Command1；最后添加 4 个文本内容为空的文本框 Text1、Text2、Text3 和 Text4，其中 Text4 的文本不可编辑。程序运行时，在 Text1、Text2 和 Text3 中分别输入 3 门课的成绩，单击"平均分"按钮，计算它们的平均成绩，并在 Text4 中输出计算结果（保留两位小数），如图 1-2-8 所示。完成上述功能后，以原文件名保存工程，并生成可执行文件（Dsg0202.exe）。

3. 打开工程文件 Dsg0203.vbp，在标题为"整数分离"的窗体 Form1 上，添加一个标题为"输入 3 位正整数"的标签 Label1；然后再添加 4 个文本内容为空的文

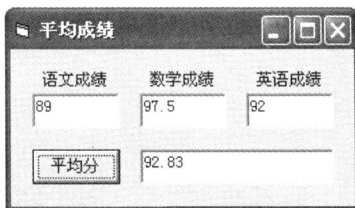

图 1-2-8　平均成绩的运行界面

本框 Text1、Text2、Text3 和 Text4，其中 Text1 的文本内容居中；最后添加一个标题为"分离"的命令按钮 CmdSep。程序运行时，在 Text1 中输入任意一个 3 位正整数 n，单击"分离"按钮，正确地分离出整数 n 的百位数、十位数和个位数，分别显示在 Text2、Text3 和 Text4 中，如图 1-2-9 所示。完成上述功能后，以原文件名保存工程，并生成可执行文件（Dsg0203.exe）。

4. 打开工程文件 Dsg0204.vbp，在标题为"长度转换"的窗体 Form1 上，添加 4 个标题分别为"英里数""码数""英尺数"和"英寸数"的标签 Label1、Label2、Label3 和 Label4；然后再添加 5 个文本内容为空的文本框 Text1、Text2、Text3、Text4 和 Text5，其中 Text5 的文本不可编辑；最后添加一个标题为"转换"的命令按钮 Command1。程序运行时，在 Text1、Text2、Text3 和 Text4 中分别输入某长度的英里、码、英尺和英寸数，单击"转换"按钮，将该长度的英制数转换为米制数，并在 Text5 中显示转换结果（保留 3 位小数），如图 1-2-10 所示。完成上述功能后，以原文件名保存工程，并生成可执行文件（Dsg0204.exe）。

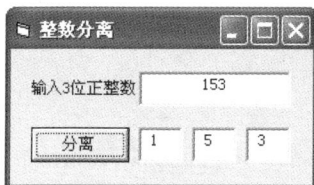
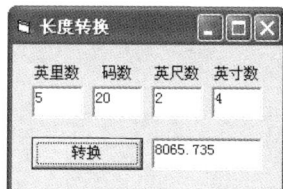

图 1-2-9　整数分离的运行界面　　　图 1-2-10　长度转换的运行界面

提　示

① 总英寸=63360 × 英里数+36 × 码数+12 × 英尺数+英寸数。

② 总米数=总英寸 ÷ 39.37。

5. 打开工程文件 Dsg0205.vbp，在标题为"控制文本框"的窗体 Form1 上，添加一个文本内容为"程序设计"的文本框 Text1，其文字格式为粗体、三号、居中；然后再添加两个标题分别为"启用"和"禁用"的命令按钮 Command1 和 Command2。程序运行时，鼠标指针指向"启动"按钮并停留时，显示提示信息"允许输入"；鼠标指针指向"禁用"按钮并停留时，显示提示信息"禁止输入"；单击"启用"按钮，则 Text1 可用，如图 1-2-11（a）所示；单击"禁用"按钮，则 Text1 不可用，如图 1-2-11（b）所示。完成上述功能后，以原文件名保存工程，并生成可执行文件（Dsg0205.exe）。

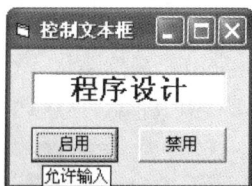
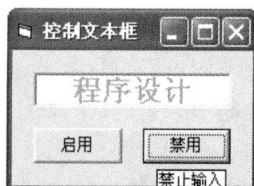

（a）启用　　　　　　（b）禁用

图 1-2-11　控制文本框的运行界面

6. 打开工程文件 Dsg0206.vbp，在标题为"文本编辑"的窗体 Form1 上，添加一个文本内容为"程序设计基础"的文本框 Text1，其带有垂直滚动条，且文本处于不可编辑状态；然后再添加两个标题分别为"编辑"和"保存"的命令按钮 Command1 和 Command2，其中"编辑"按钮的初始状态可用，而"保存"按钮的初始状态不可用。程序运行时，按"Alt+E"组合键或单击"编辑"按钮，则 Text1 中的文本内容可编辑，如图 1-2-12（a）所示；如果修改 Text1 中的文本内容，则"保存"按钮变为可用，如图 1-2-12（b）所示；按"Alt+S"组合键或单击"保存"按钮，则 Text1 中的文本内容不可编辑，且"保存"按钮变成不可用，如图 1-2-12（c）所示。完成上述功能后，以原文件名保存工程，并生成可执行文件（Dsg0206.exe）。

（a）编辑　　　　　　　　（b）修改文本内容　　　　　　　　（c）保存

图 1-2-12　文本编辑的运行界面

提　示

① 设置文本框的 Locked 属性，可以控制在程序运行时能否对文本框中的文本进行编辑。

② 设置命令按钮的 Enabled 属性，可以控制在程序运行时命令按钮是否可用。

7. 打开工程文件 Dsg0207.vbp，在标题为"登录界面"的窗体 Form1 上，添加一个文本内容为空的文本框 Text1，其文字格式为粗体、四号、居中；然后再添加两个标题分别为"登录"和"退出"的命令按钮 Command1 和 Command2。程序运行时，焦点在 Text1 中，单击"登录"按钮或按 Enter 键，则 Text1 显示"欢迎光临"，如图 1-2-13（a）所示；单击"退出"按钮或按 Esc 键，则 Text1 显示"谢谢再见"，如图 1-2-13（b）所示。完成上述功能后，以原文件名保存工程，并生成可执行文件（Dsg0207.exe）。

（a）登录　　　　　　　　（b）退出

图 1-2-13　登录界面的运行界面

提　示

① 设置文本框的 TabIndex 属性为 0，可使运行时焦点在该文本框中。

② 设置命令按钮的 Default 属性为 True，用户按 Enter 键会触发该命令按钮的 Click 事件。

③ 设置命令按钮的 Cancel 属性为 True，用户按 Esc 键会触发该命令按钮的 Click 事件。

8. 打开工程文件 Dsg0208.vbp，在标题为"文本复制"的窗体 Form1 上，添加一个文本内容为空、带有垂直滚动条的文本框 Text1；然后再添加两个标题分别为"选择"和"复制"的命令按钮 Command1 和 Command2；最后添加一个标题为空、有边框的标签 Label1。
程序运行时，在 Text1 中输入不少于 16 个字符的文本，接着单击"选择"按钮，在 Text1
中自动从第 8 个字符开始选定 9 个字符，并在 Text1 中标识选中的内容，如图 1-2-14（a）
所示；然后单击"复制"按钮，将选定的字符显示在 Label1 中，如图 1-2-14（b）所示。
完成上述功能后，以原文件名保存工程，并生成可执行文件（Dsg0208.exe）。

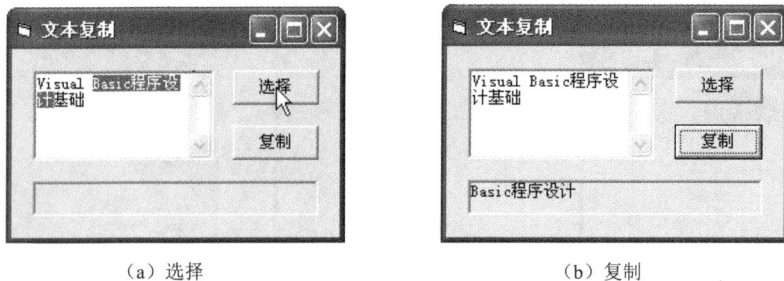

　　　　（a）选择　　　　　　　　　　　　　　（b）复制

图 1-2-14　文本复制的运行界面

提　示

① 通过设置文本框的 SelStart 和 SelLength 属性可以实现自动选择字符的功能。

② 通过引用文本框的 SelText 属性可以获取选定的文本内容。

③ 通过调用文本框的 SetFocus 方法可以实现标识选中的内容。

实验三　选择结构程序设计

一、实验目的

1. 掌握选择结构程序设计方法。
2. 掌握逻辑表达式的正确书写形式。
3. 掌握 If 语句和 Select Case 语句的使用方法。
4. 理解选择结构的嵌套。
5. 掌握单选按钮、复选框和框架的常用属性、方法和事件。

二、实验示例

1. 在标题为"闰年判断"的窗体 Form1 上，添加一个标题为"请输入年份"的标签 Label1；然后再添加一个标题为"判断"的命令按钮 Command1；最后添加两个文本内容为空的文本框 Text1 和 Text2。程序运行时，在 Text1 中输入一个年份，然后单击"判断"按钮，判断该年份是否为闰年，并在 Label2 中显示判断结果。要求以"Leap.frm"为窗体文件名、"Leap.vbp"为工程文件名保存在文件夹 D:\01\2330003 中。

【操作步骤】

（1）创建用户界面。

新建一个"标准 EXE"类型的工程，在窗体 Form1 上添加一个标签、一个命令按钮和两个文本框，然后用鼠标调整各个控件的大小和位置，调整后的控件布局如图 1-3-1（a）所示。

（2）设置对象属性。

根据设计要求，按表 1-3-1 所示的值设置各个控件对象的属性，设置后的界面如图 1-3-1（b）所示。

表 1-3-1　闰年判断的对象属性设置

对　象	对象名称	属　性	属　性　值	说　明
窗体	Form1	Caption	闰年判断	窗体的标题
标签	Label1	Caption	请输入年份	标签内文字内容
命令按钮	Command1	Caption	判断	命令按钮的标题
文本框	Text1	Text	（空白）	文本框内没有文字
文本框	Text2	Text	（空白）	文本框内没有文字

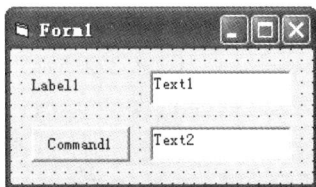

（a）控件布局

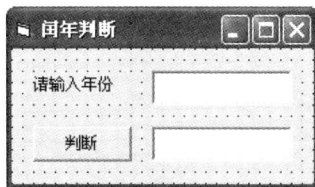

（b）属性设置

图 1-3-1　闰年判断的设计界面

（3）编写程序代码。

在"判断"按钮的 Click 事件过程中编写代码。

```
Private Sub Command1_Click()
  Dim y As Integer, r As String
  y = Val(Text1.Text)
  If (y Mod 4 = 0 And y Mod 100 <> 0) Or (y Mod 400 = 0) Then
    Text2.Text = y & "是闰年"
  Else
    Text2.Text = y & "不是闰年"
  End If
End Sub
```

（4）保存工程。

选择"文件"→"保存工程"命令，或者单击常用工具栏的"保存工程"按钮🖫，将窗体以"Leap.frm"为文件名，将工程以"Leap.vbp"为文件名保存在 D:\01\2330003 文件夹中。

【实验调试与结果分析】

（1）实验调试。

在文本框中显示判断结果时，变量和字符串中间用字符连接符"&"连接，如果"&"直接跟在变量后面，二者之间没有空格，系统将"&"视为类型符，如图 1-3-2 所示，将出现"缺少：语句结束"的编译错误。在"&"前后输入空格，程序运行正确。

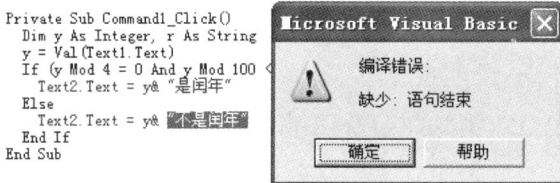

图 1-3-2　闰年判断的调试界面

（2）结果分析。

运行时，在文本框 Text1 中输入整数 2012，单击"判断"按钮，运行结果如图 1-3-3（a）所示；在文本框 Text1 中输入整数 2010，单击"判断"按钮，运行结果如图 1-3-3（b）所示。

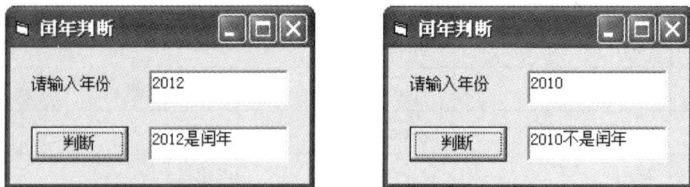

（a）输入"2012"　　　　　　　　　　（b）输入"2010"

图 1-3-3　闰年判断的运行界面

2. 在标题为"字符类型"的窗体 Form1 上，添加一个标题为"请输入 1 个字符"的标签 Label1；然后再添加一个标题为"类型判断"的命令按钮 Command1；接着再添加一个文本内容为空的文本框 Text1；最后添加一个标题为空、有边框的标签 Label2。程序运行时，在 Text1 中输入一个字符，单击"类型判断"按钮，判断该字符是字母字符、数字字符还是其他字符，并将判断结果显示在 Label2 中。要求以"Letter.frm"为窗体文件名、

"Letter.vbp"为工程文件名保存在 D:\01\2330003 文件夹中。

【操作步骤】

（1）创建用户界面。

新建一个"标准 EXE"类型的工程，在窗体 Form1 上添加两个标签、一个命令按钮和一个文本框，然后用鼠标调整各个控件的大小和位置，调整后的控件布局如图 1-3-4（a）所示。

（2）设置对象属性。

根据设计要求，按表 1-3-2 所示的值设置各个控件对象的属性，设置后的界面如图 1-3-4（b）所示。

表 1-3-2　字符类型的对象属性设置

对　象	对 象 名 称	属　性	属 性 值	说　明
窗体	Form1	Caption	字符类型	窗体的标题
标签	Label1	Caption	请输入 1 个字符	标签内文字内容
标签	Label2	Caption	（空白）	标签内没有文字
		BorderStyle	1–Fixed Single	设置标签的边框样式
命令按钮	Command1	Caption	类型判断	命令按钮的标题
文本框	Text1	Text	（空白）	文本框内没有文字

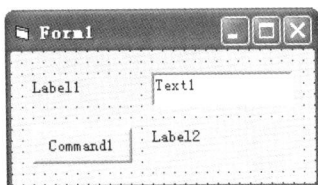
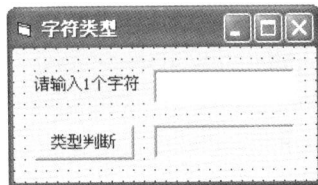

（a）控件布局　　　　　　　　（b）属性设置

图 1-3-4　字符类型的设计界面

（3）编写程序代码。

在"类型判断"按钮的 Click 事件过程中编写代码。

```
Private Sub Command1_Click()
  Dim c As String * 1, r As String
  c = Text1.Text
  If UCase(c) >= "A" And UCase(c) <= "Z" Then
    r = c & "是字母字符"
  ElseIf c >= "0" And c <= "9" Then
    r = c & "是数字字符"
  Else
    r = c & "是其他字符"
  End If
  Label2.Caption = r
End Sub
```

（4）保存工程。

选择"文件"→"保存工程"命令，或者单击常用工具栏的"保存工程"按钮 🖫，将窗体以"Letter.frm"为文件名，将工程以"Letter.vbp"为文件名保存在 D:\01\2330003 文件夹中。

【实验调试与结果分析】

（1）实验调试。

在编写多分支选择结构时，将关键字"ElseIf"写成"Else If"，结果产生"必须为该行的第一条语句"的编译错误，如图 1-3-5 所示。由于多分支结构的关键字"ElseIf"之间不能有空格，调试过程将空格去掉，程序运行正确。

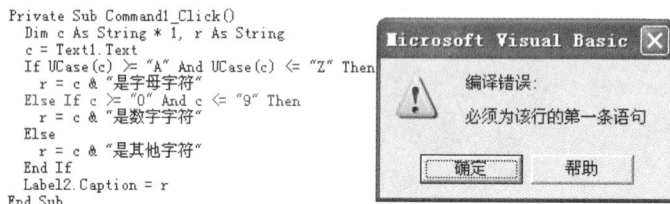

```
Private Sub Command1_Click()
  Dim c As String * 1, r As String
  c = Text1.Text
  If UCase(c) >= "A" And UCase(c) <= "Z" Then
    r = c & "是字母字符"
  Else If c >= "0" And c <= "9" Then
    r = c & "是数字字符"
  Else
    r = c & "是其他字符"
  End If
  Label2.Caption = r
End Sub
```

Microsoft Visual Basic

编译错误:
必须为该行的第一条语句

确定　　帮助

图 1-3-5　字符类型的调试界面

（2）结果分析。

运行时，在文本框 Text1 中输入字符"A"，单击"类型判断"按钮，运行结果如图 1-3-6（a）所示；在文本框 Text1 中输入数字"9"，单击"类型判断"按钮，运行结果如图 1-3-6（b）所示；在文本框 Text1 中输入字符"?"，单击"类型判断"按钮，运行结果如图 1-3-6（c）所示。

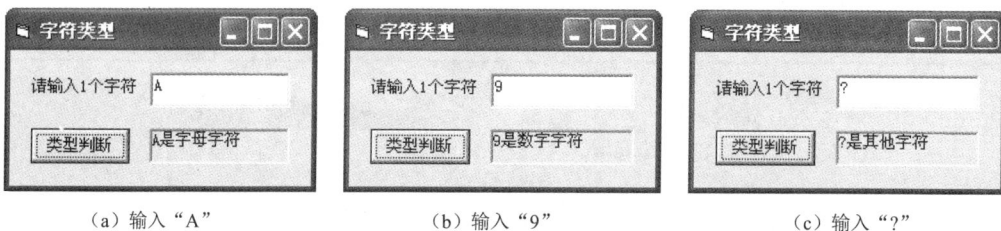

字符类型	字符类型	字符类型
请输入1个字符　A	请输入1个字符　9	请输入1个字符　?
类型判断　A是字母字符	类型判断　9是数字字符	类型判断　?是其他字符
（a）输入"A"	（b）输入"9"	（c）输入"?"

图 1-3-6　字符类型的运行界面

三、实验内容

1. 打开工程文件 Dsg0301.vbp，在标题为"整除运算"的窗体 Form1 上，添加一个标题为"请输入整数 n"的标签 Label1；然后再添加一个标题为"判断"的命令按钮 Command1；接着再添加一个文本内容为空的文本框 Text1；最后添加一个标题为空、有边框的标签 Label2。程序运行时，在 Text1 中输入一个整数 n，单击"判断"按钮，判断整数 n 能否既被 3 整除也被 7 整除。如果能被 3 和 7 整除，则在 Label2 中输出"Yes"，否则输出"No"，如图 1-3-7 所示。完成上述功能后，以原文件名保存工程，并生成可执行文件（Dsg0301.exe）。

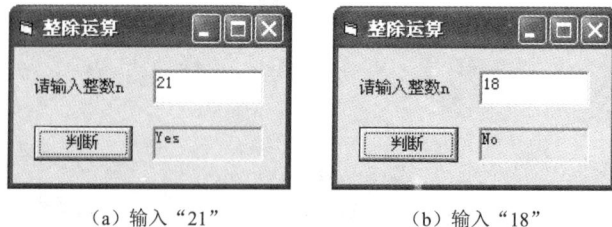

整除运算	整除运算
请输入整数n　21	请输入整数n　18
判断　Yes	判断　No
（a）输入"21"	（b）输入"18"

图 1-3-7　整除运算的运行界面

整数 n 能被 3 和 7 整除的条件表达式可表示为(n Mod 3 = 0) And (n Mod 7 = 0)。

2. 打开工程文件 Dsg0302.vbp，在标题为"复印费用"的窗体 Form1 上，添加一个标题为"复印份数"的标签 Label1；然后再添加一个标题为"总费用"的命令按钮 Command1；最后添加两个文本内容为空的文本框 Text1 和 Text2。程序运行时，在 Text1 中输入复印的张数，单击"总费用"按钮，根据输入的张数，按"复印前 100 张每张为 0.05 元，此后每复印一张为 0.03 元"的方案，计算复印的总费用，并将计算结果显示在 Text2 中（保留两位小数），如图 1-3-8 所示。完成上述功能后，以原文件名保存工程，并生成可执行文件（Dsg0302.exe）。

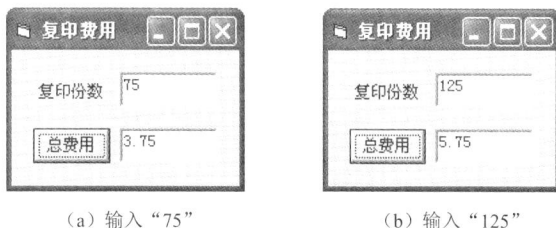

（a）输入"75"　　　　　　　　　（b）输入"125"

图 1-3-8　复印费用的运行界面

3. 打开工程文件 Dsg0303.vbp，在标题为"坐标象限"的窗体 Form1 上，添加两个标题分别为"坐标 x"和"坐标 y"的标签 Label1 和 Label2；然后再添加 3 个文本内容为空的文本框 Text1、Text2 和 Text3；最后添加一个标题为"判断"的命令按钮 Command1。程序运行时，在 Text1 和 Text2 中分别输入某点的坐标值 x 和 y（不等于 0），单击"判断"按钮，根据 x 和 y 的值判断该坐标点在哪个象限，并在 Text3 中显示判断结果，如图 1-3-9 所示。完成上述功能后，以原文件名保存工程，并生成可执行文件（Dsg0303.exe）。

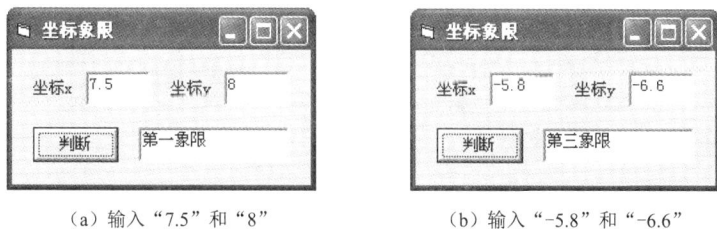

（a）输入"7.5"和"8"　　　　　　　（b）输入"-5.8"和"-6.6"

图 1-3-9　坐标象限的运行界面

若 x>0 且 y>0，则坐标点位于第一象限；若 x<0 且 y>0，则坐标点位于第二象限；若 x<0 且 y<0，则坐标点位于第三象限；若 x>0 且 y<0，则坐标点位于第四象限。

4. 打开工程文件 Dsg0304.vbp，在标题为"竞赛获奖"的窗体 Form1 上，添加一个标题为"输入笔试、机试和面试的成绩"的标签 Label1；然后添加一个标题为"获奖"的命令按钮 Command1；最后添加 4 个文本内容为空的文本框 Text1、Text2、Text3 和 Text4。程序运行时，在 3 个文本框中分别输入某学生 3 科竞赛成绩，单击"获奖"按钮，如果总成绩为 285～300，则在 Text4 中输出"Gold Medal"；如果总成绩为 270～284，则在 Text4

中输出"Silver Medal";如果总成绩为240～269,则在 Text4 中输出"Bronze Medal";如果总分低于 240,但其中某科成绩特别优秀(单科不低于 95),则在 Text4 中输出"Honor Medal";其他情况,则在 Text4 中输出"No Medal",如图 1-3-10 所示。完成上述功能后,以原文件名保存工程,并生成可执行文件(Dsg0304.exe)。

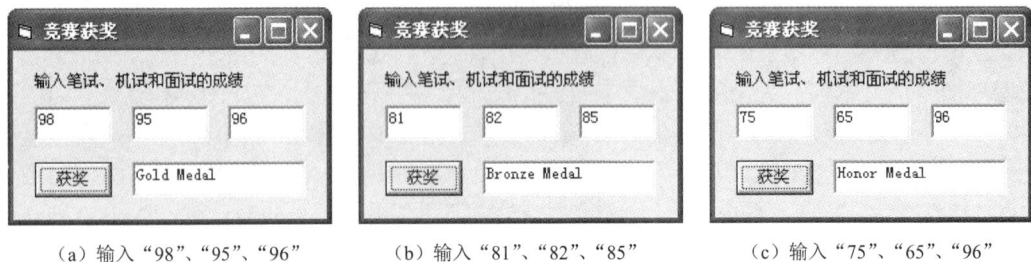

  (a)输入"98"、"95"、"96"   (b)输入"81"、"82"、"85"   (c)输入"75"、"65"、"96"

图 1-3-10   竞赛获奖的运行界面

 5. 打开工程文件 Dsg0305.vbp,在标题为"学历认证"的窗体 Form1 上,添加一个文本框 Text1,其文字格式为粗体、四号、居中;然后再添加一个标题为"学历"的框架 Frame1,并在 Frame1 中添加 3 个标题分别为"博士""硕士"和"本科"的单选按钮 Option1、Option2 和 Option3。程序运行时,单击"博士"单选按钮,在 Text1 中显示"我是博士生",如图 1-3-11(a)所示;单击"硕士"单选按钮,在 Text1 中显示"我是硕士生",如图 1-3-11(b)所示;单击"本科"单选按钮,在 Text1 中显示"我是本科生",如图 1-3-11(c)所示。完成上述功能后,以原文件名保存工程,并生成可执行文件(Dsg0305.exe)。

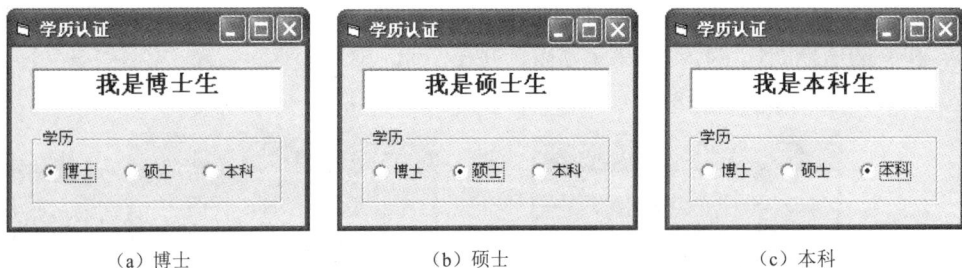

  (a)博士   (b)硕士   (c)本科

图 1-3-11   学历认证的运行界面

 6. 打开工程文件 Dsg0306.vbp,在标题为"球队评选"的窗体 Form1 上,添加一个标题为"候选球队"的框架 Frame1,并在 Frame1 中添加两个标题分别为"湖人队"和"公牛队"的单选按钮 Option1 和 Option2;然后再添加两个标题分别为"投票"和"清除"的命令按钮 Command1 和 Command2;最后添加一个文本内容为"没有选择任何球队"、文本居中的文本框 Text1。程序运行时,未选中任何球队,且焦点在 Text1 中;选择某球队后,单击"投票"按钮,在 Text1 中显示相应的信息,如图 1-3-12(a)和 1-3-12(b)所示;单击"清除"按钮,清除所选择的候选球队,并在 Text1 中显示"没有选择任何球队",如图 1-3-12(c)所示。完成上述功能后,以原文件名保存工程,并生成可执行文件(Dsg0306.exe)。

 7. 打开工程文件 Dsg0307.vbp,在标题为"效果设置"的窗体 Form1 上,添加一个标题为"程序设计基础"、带边框的标签 Label1,其文字格式为黑体、三号、居中;然后再添加两个标题分别为"下画线"和"删除线"的复选框 Check1 和 Check2。程序运行时,当选中某复选框时，Label1 中的文字具有相应的效果，而当取消选中某复选框时，则取消相应的效果，如图 1-3-13 所示。完成上述功能后，以原文件名保存工程，并生成可执行文件（Dsg0307.exe）。

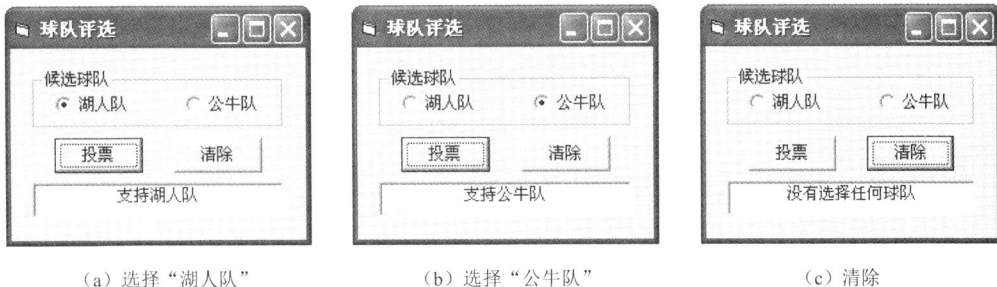

（a）选择"湖人队" （b）选择"公牛队" （c）清除

图 1-3-12 球队评选的运行界面

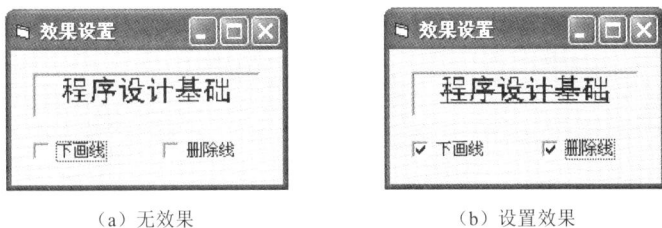

（a）无效果 （b）设置效果

图 1-3-13 效果设置的运行界面

提 示

① 以复选框的 Value 值为条件，用 If 语句实现。

② 设置标签的 FontUnderline 和 FontStrikethru 属性来实现下画线和删除线的效果。

---

8. 打开工程文件 Dsg0308.vbp，在标题为"工资计算"的窗体 Form1 上，添加 4 个标题分别为"千人计划""国家杰青""长江学者"和"博士生导师"的复选框 Check1、Check2、Check3 和 Check4；然后再添加一个标题为"合计"的命令按钮 Command1；最后添加一个文本内容为空的文本框 Text1。程序运行时，选择相应的学术头衔，单击"合计"按钮，按照"基本工资 4500 元、千人计划的津贴 1000 元、国家杰青的津贴 800 元、长江学者的津贴 600元、博士生导师的津贴为 500 元"的方案，计算教授的总工资，并在 Text1 中显示计算结果，如图 1-3-14 所示。完成上述功能后，以原文件名保存工程，并生成可执行文件（Dsg0308.exe）。

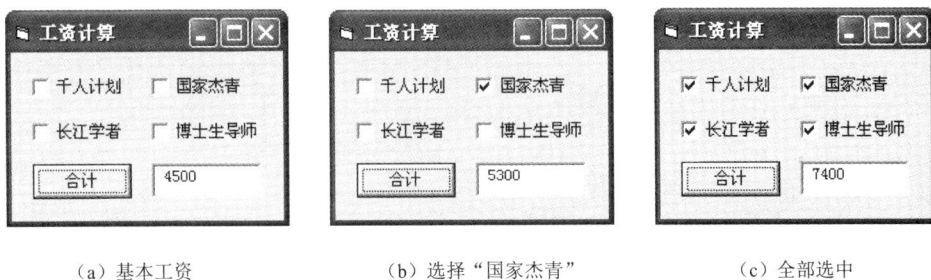

（a）基本工资 （b）选择"国家杰青" （c）全部选中

图 1-3-14 工资计算的运行界面

实验四　循环结构程序设计

一、实验目的

1. 掌握循环结构程序设计方法。
2. 掌握 For 循环语句、Do 循环语句以及 While 循环语句的使用方法。
3. 掌握循环多重循环的条件设置及其使用方法。
4. 掌握如何控制循环条件，防止死循环或不循环。
5. 掌握计时器和滚动条的常用属性、方法和事件。

二、实验示例

1. 在标题为"乘式求和"的窗体 Form1 上，添加一个"请输入 n 的值"的标签 Label1；然后再添加一个标题为"求和"的命令按钮 Command1；接着再添加一个文本内容为空的文本框 Text1；最后添加一个标题为空、有边框的标签 Label2。程序运行时，在 Text1 中输入一个正整数 n，单击"求和"按钮，求"1×2×3+2×3×4+⋯+n×(n+1)×(n+2)"的值，并将求和结果显示在 Label2 中。要求以"Msum.frm"为窗体文件名、"Msum.vbp"为工程文件名保存在 D:\01\2330004 文件夹中。

【操作步骤】

（1）创建用户界面。

新建一个"标准 EXE"类型的工程，在窗体 Form1 上添加两个标签、一个命令按钮和一个文本框，然后用鼠标调整各个控件的大小和位置，调整后的控件布局如图 1-4-1（a）所示。

（2）设置对象属性。

根据设计要求，按表 1-4-1 所示的值设置各个控件对象的属性，设置后的界面如图 1-4-1（b）所示。

表 1-4-1　乘式求和的对象属性设置

对　象	对象名称	属　性	属性值	说　明
窗体	Form1	Caption	乘式求和	窗体的标题
标签	Label1	Caption	请输入 n 的值	标签内文字内容
标签	Label2	Caption	（空白）	标签内没有文字
		BorderStyle	1-Fixed Single	设置标签的边框样式
命令按钮	Command1	Caption	求和	命令按钮的标题
文本框	Text1	Text	（空白）	文本框内没有文字

（a）控件布局   （b）属性设置

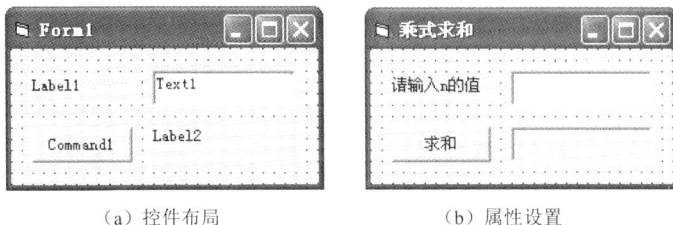

图 1-4-1 乘式求和的设计界面

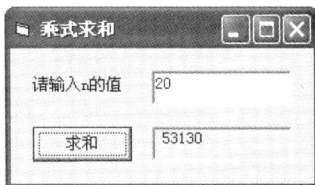

（3）编写程序代码。

在"求和"按钮的 Click 事件过程中编写代码。

```
Private Sub Command1_Click()
  Dim sum As Double, i As Integer, n As Integer
  n = Val(Text1.Text)
  sum = 0
  For i = 1 To n
    sum = sum + i * (i + 1) * (i + 2)
  Next i
  Label2.Caption = Str(sum)
End Sub
```

（4）保存工程。

选择"文件"→"保存工程"命令，或者单击常用工具栏的"保存工程"按钮 📁，将窗体以"Msum.frm"为文件名，将工程以"Msum.vbp"为文件名保存在 D:\01\2330004 文件夹中。

【实验调试与结果分析】

（1）实验调试。

在编写代码时，将事件过程 Command1_Click()中用来存放求和结果的变量 sum 声明为 Integer 类型，运行程序时，在文本框 Text1 中输入整数 18，出现"溢出"的实时错误，如图 1-4-2 所示。由于 Integer 的最大值是 32767，所以将变量 sum 类型改为 Double，解决溢出错误。

（2）结果分析。

运行时，在文本框 Text1 中输入整数 20，单击"求和"按钮，运行结果如图 1-4-3 所示。

图 1-4-2 乘式求和的调试界面   图 1-4-3 乘式求和的运行界面

2. 在标题为"显示完数"的窗体 Form1 上，添加两个标题分别为"整数 m"和"整数 n"的标签 Label1 和 Label2；然后再添加 3 个文本内容为空的文本框 Text1、Text2 和 Text3，其中 Text3 带有水平滚动条；最后添加一个标题为"显示"的命令按钮 Command1。程序运行时，在 Text1 和 Text2 中分别输入正整数 m 和 n（其中 n>m≥1），单击"显示"按钮，找出 m~n 之间所有完数，按从小到大顺序显示在 Text3 中，每个完数之间用空格隔开。完数是指它所有的真因子（即除了自身以外的正因子）的和恰好等于它本身。例如，6 是完数，因为 6=1+2+3。要求以"Perfect.frm"为窗体文件名、"Perfect.vbp"为工程文件名保存在 D:\01\2330004 文件夹中。

【操作步骤】

（1）创建用户界面。

新建一个"标准 EXE"类型的工程，在窗体 Form1 上添加两个标签、3 个文本框和一个命令按钮，然后用鼠标调整各个控件的大小和位置，调整后的控件布局如图 1-4-4（a）所示。

（2）设置对象属性。

根据设计要求，按表 1-4-2 所示的值设置各个控件对象的属性，设置后的界面如图 1-4-4（b）所示。

表 1-4-2　显示完数的对象属性设置

对　象	对象名称	属　性	属性值	说　明
窗体	Form1	Caption	显示完数	窗体的标题
标签	Label1	Caption	整数 m	标签内文字内容
标签	Label2	Caption	整数 n	标签内文字内容
文本框	Text1	Text	（空白）	文本框内没有文字
文本框	Text2	Text	（空白）	文本框内没有文字
文本框	Text3	Text	（空白）	文本框内没有文字
		MultiLine	True	设置多行显示
		ScrollBars	1-Horizontal	设置水平滚动条
命令按钮	Command1	Caption	显示	命令按钮的标题

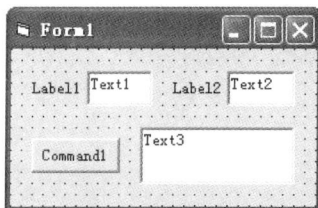
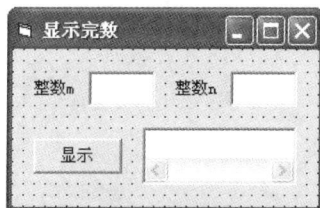

（a）控件布局　　　　　　　　　（b）属性设置

图 1-4-4　显示完数的设计界面

（3）编写程序代码。

在"显示"按钮的 Click 事件过程中编写代码。

```
Private Sub Command1_Click()
  Dim m As Integer, n As Integer
  Dim i As Integer, j As Integer, sum As Integer
  m = Val(Text1.Text)
  n = Val(Text2.Text)
  Text3.Text = ""
  For i = m To n
    sum = 0
    For j = 1 To i / 2
      If (i Mod j = 0) Then sum = sum + j
    Next j
    If sum = i Then Text3.Text = Text3.Text & i & " "
  Next i
End Sub
```

（4）保存工程。

选择"文件"→"保存工程"命令，或者单击常用工具栏的"保存工程"按钮🖫，将窗体以"Perfect.frm"为文件名，将工程以"Perfect.vbp"为文件名保存在 D:\01\2330004 文件夹中。

【实验调试与结果分析】

（1）实验调试。

在编写循环嵌套结构时，循环 i 和循环 j 交叉，程序运行时出现"无效的 Next 控制变量引用"的编译错误，如图 1-4-5 所示。由于外循环必须完全包含内循环，不得交叉，因此将图中所示的程序"Next i"改为"Next j"，"Next j"改为"Next i"，程序运行正确。

（2）结果分析。

运行时，在文本框 Text1 中输入整数 5，在文本框 Text2 中输入整数 1000，单击"显示"按钮，运行结果如图 1-4-6 所示。

```
Private Sub Command1_Click()
  Dim m As Integer, n As Integer
  Dim i As Integer, j As Integer, sum As Integer
  m = Val(Text1.Text)
  n = Val(Text2.Text)
  Text3.Text = ""
  For i = m To n
    sum = 0
    For j = 1 To i / 2
      If (i Mod j = 0) Then sum = sum +
    Next i
    If sum = i Then Text3.Text = Text3.
  Next j
End Sub
```

图 1-4-5 显示完数的调试界面

图 1-4-6 显示完数的运行界面

三、实验内容

1. 打开工程文件 Dsg0401.vbp，在标题为"整除求和"的窗体 Form1 上，添加一个标题为"请输入整数 n"的标签 Label1；然后再添加一个标题为"求和"的命令按钮 Command1；接着再添加一个文本内容为空的文本框 Text1；最后添加一个标题为空、有边框的标签 Label2。程序运行时，在 Text1 中输入一个整数 n，单击"求和"按钮，求 1～n 之间能被 3 整除，但不能被 7 整除的所有整数之和，并将求和结果显示在 Label2 中，如图 1-4-7 所示。完成上述功能后，以原文件名保存工程，并生成可执行文件（Dsg0401.exe）。

2. 打开工程文件 Dsg0402.vbp，在标题为"最大公约数"的窗体 Form1 上，添加两个标题分别为"整数 m"和"整数 n"的标签 Label1 和 Label2；然后再添加 3 个文本内容为空的文本框 Text1、Text2 和 Text3；最后添加一个标题为"求解"的命令按钮 Command1。程序运行时，在 Text1 和 Text2 中分别输入正整数 m 和 n，单击"求解"按钮，求 m 和 n 的最大公约数，并在 Text3 中显示求解结果，如图 1-4-8 所示。完成上述功能后，以原文件名保存工程，并生成可执行文件（Dsg0402.exe）。

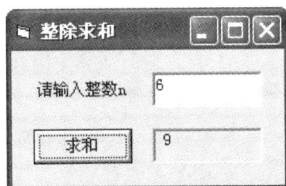

图 1-4-7 整除求和的运行界面

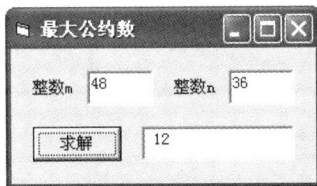

图 1-4-8 最大公约数的运行界面

3. 打开工程文件 Dsg0403.vbp，在标题为"素数累加"的窗体 Form1 上添加两个标题分别为"整数 m"和"整数 n"的标签 Label1 和 Label2；然后再添加 3 个文本内容为空的文本框 Text1、Text2 和 Text3；最后添加一个标题为"求和"的命令按钮 Command1。程序运行时，在 Text1 和 Text2 中分别输入正整数 m 和 n（其中 n>m≥2），单击"求和"按钮，求 m～n 之间全部素数之和，并将求和结果显示在 Text3 中，如图 1-4-9 所示。完成上述功能后，以原文件名保存工程，并生成可执行文件（Dsg0403.exe）。

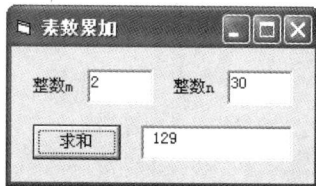

图 1-4-9　素数累加的运行界面

4. 打开工程文件 Dsg0404.vbp，在标题为"进制转换"的窗体 Form1 上，添加一个文本内容为空的文本框 Text1 和一个标题为空、带边框的标签 Label1；然后再添加两个标题分别为"二进制转换为十进制"和"十进制转换为二进制"的命令按钮 Command1 和 Command2。程序运行时，在 Text1 中输入一个二进制数，单击"二进制转换为十进制"按钮，将该二进制数转换为十进制并显示在 Label1 中，如图 1-4-10（a）所示；在 Text1 中输入一个十进制数，单击"十进制转换为二进制"按钮，将该十进制数转换为二进制并显示在 Label1 中，如图 1-4-10（b）所示。完成上述功能后，以原文件名保存工程，并生成可执行文件（Dsg0404.exe）。

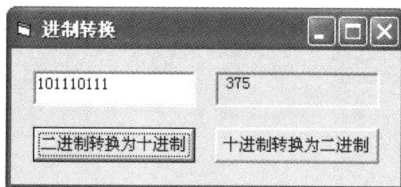　

（a）二进制转换为十进制　　　　　　　　　（b）十进制转换为二进制

图 1-4-10　进制转换的运行界面

5. 打开工程文件 Dsg0405.vbp，在标题为"倒计时器"的窗体 Form1 上，添加一个标题为"开始"的命令按钮 Command1；然后再添加一个内容为"10"、"居中"显示的文本框 Text1；接着再添加一个标题为"准备倒计时"、带边框的标签 Label1，其内容居中显示；最后添加一个计时器 Timer1，其事件间隔时间为 1 秒，计时器处于非激活状态。程序运行时，初始界面如图 1-4-11（a）所示；单击"开始"按钮，Text1 中显示的数字按每秒递减 1，Label1 中显示"正在倒计时"，如图 1-4-11（b）所示；当 Text1 显示"0"时，Timer1 停止工作，Label1 中显示"停止倒计时"，如图 1-4-11（c）所示。完成上述功能后，以原文件名保存工程，并生成可执行文件（Dsg0405.exe）。

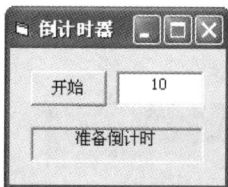　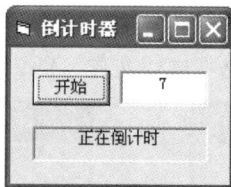　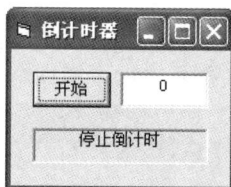

（a）准备倒计时　　　　　（b）正在倒计时　　　　　（c）停止倒计时

图 1-4-11　倒计时器的运行界面

6. 打开工程文件 Dsg0406.vbp，在标题为"动画设置"的窗体 Form1 上，添加一个标题为空、带边框的标签 Label1，其高度为 400、宽度为 400、左边距为 100；然后再添加两个标题分别为"移动"和"停止"的命令按钮 Command1 和 Command2；最后添加一个计时器控件 Timer1，其事件间隔时间为 1 秒，计时器处于非激活状态。程序运行时，单击"移动"按钮，Label1 每隔 1 秒向右移动 100，如图 1-4-12（a）所示；单击"停止"按钮，Label1 停止移动并退回到左边距为 100 的位置，如图 1-4-12（b）所示。完成上述功能后，以原文件名保存工程，并生成可执行文件（Dsg0406.exe）。

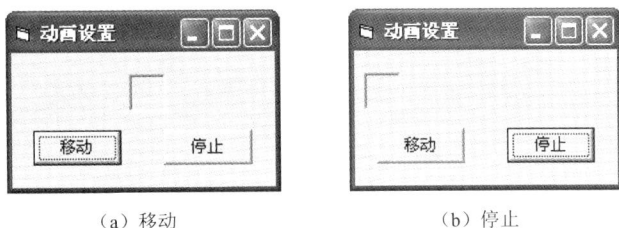

（a）移动　　　　　　　　　　　　（b）停止

图 1-4-12　动画设置的运行界面

7. 打开工程文件 Dsg0407.vbp，在标题为"控制标签大小"的窗体 Form1 上，添加一个标题为空、带边框的标签 Label1，其高度为 500、宽度为 500；然后再添加一个宽度为 2500 的水平滚动条 HScroll1，其最小值为 500、最大值为 2500；最后添加一个高度为 1500 的垂直滚动条 VScroll1，其最小值为 500、最大值为 1500。程序运行时，当改变水平滚动条 HScroll1 的滑块位置，Label1 的宽度为 HScroll1 的当前值；当拖动垂直滚动条 VScroll1 的滑块，Label1 的高度为 VScroll1 的当前值，如图 1-4-13 所示。完成上述功能后，以原文件名保存工程，并生成可执行文件（Dsg0407.exe）。

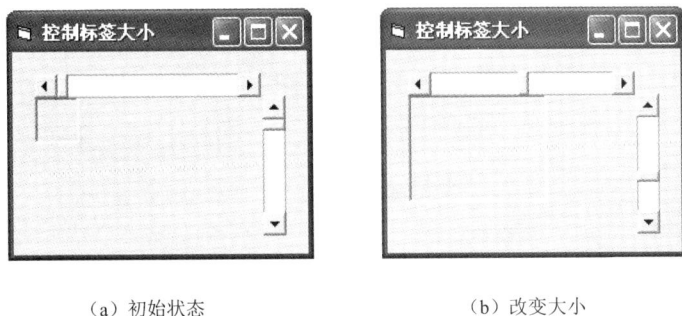

（a）初始状态　　　　　　　　　　（b）改变大小

图 1-4-13　控制标签大小的运行界面

8. 打开工程文件 Dsg0408.vbp，在标题为"求和运算"的窗体 Form1 上，添加一个标题为"10"、带有边框的标签 Label1；接着再添加一个水平滚动条 HScroll1，其最大值为"100"，最小值为"1"，当前值为"10"；然后再添加一个标题为"求和"的命令按钮 Command1；最后添加一个文本内容为空的文本框 Text1。程序运行时，当拖动 HScroll1 滑块时，滑块的当前值显示在 Label1 中，如图 1-4-14（a）所示；单击"求和"按钮，以 Label1 中的值为 n，计算表达式"1+(1+2)+(1+2+3)+…+(1+2+3+…+n)"之和，并在 Text1 显示计算结果，如图 1-4-14（b）所示。完成上述功能后，以原文件名保存工程，并生成可执行文件（Dsg0408.exe）。

（a）拖动滑块

（b）求和

图 1-4-14　求和运算的运行界面

实验五　数　　组

一、实验目的

1. 了解数组的概念。
2. 掌握一维数组和二维数组的声明方法。
3. 掌握数组元素的引用方法。
4. 掌握动态数组的声明及其使用方法。
5. 掌握与数组有关的常用算法。

二、实验示例

1. 在标题为"删除重复元素"的窗体 Form1 上，添加一个文本内容为空的文本框 Text1；然后再添加两个标题分别为"生成数组"和"删除元素"的命令按钮 Command1 和 Command2；最后添加一个标题为空、有边框的标签 Label1。程序运行时，单击"生成数组"按钮，随机生成 10 个 20～30 之间的正整数，存放在数组 a 中，并将数组元素显示在 Text1 中；单击"删除元素"按钮，将数组 a 中的数据重复元素删除，并在 Label1 中显示没有重复数的数据。要求以"Delete.frm"为窗体文件名、"Delete.vbp"为工程文件名保存在 D:\01\2330005 文件夹中。

【操作步骤】

（1）创建用户界面。

新建一个"标准 EXE"类型的工程，在窗体 Form1 上添加两个命令按钮、一个文本框和一个标签，然后用鼠标调整各个控件的大小和位置，调整后的控件布局如图 1-5-1（a）所示。

（2）设置对象属性。

根据设计要求，按表 1-5-1 所示的值设置各个控件对象的属性，设置后的界面如图 1-5-1（b）所示。

表 1-5-1　删除重复元素的对象属性设置

对　　象	对象名称	属　　性	属　性　值	说　　明
窗体	Form1	Caption	删除重复元素	窗体的标题
文本框	Text1	Text	（空白）	文本框内没有文字
命令按钮	Command1	Caption	生成数组	命令按钮的标题
命令按钮	Command2	Caption	删除元素	命令按钮的标题
标签	Label1	Caption	（空白）	标签内没有文字
		BorderStyle	1-Fixed Single	设置标签的边框样式

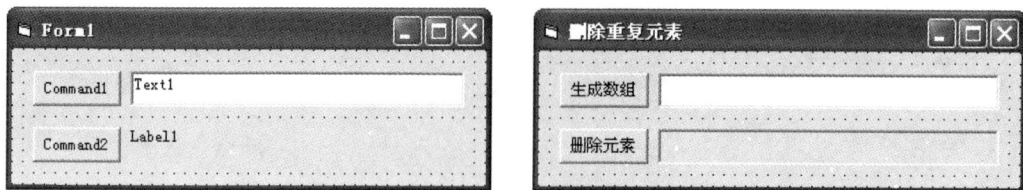

（a）控件布局　　　　　　　　　　　　　　　　（b）属性设置

图 1-5-1　删除重复元素的设计界面

（3）编写程序代码。

① 在窗体模块的通用声明段中声明模块级数组。

```
Dim a(1 To 10) As Integer
```

② 在"生成数组"按钮的 Click 事件过程中编写代码。

```
Private Sub Command1_Click()
  Dim i As Integer
  Text1.Text = ""
  Label1.Caption = ""
  For i = 1 To 10
    a(i) = Int(Rnd * 11) + 20
    Text1.Text = Text1.Text & a(i) & Space(2)
  Next i
End Sub
```

③ 在"删除元素"按钮的 Click 事件过程中编写代码。

```
Private Sub Command2_Click()
  Dim i As Integer, j As Integer
  For i = 1 To 9
    For j = i To 9
      If a(i) = a(j + 1) Then a(j + 1) = 0
    Next j
  Next i
  For i = 1 To 10
    If a(i) <> 0 Then
      Label1.Caption = Label1.Caption & a(i) & Space(2)
    End If
  Next i
End Sub
```

（4）保存工程。

选择"文件"→"保存工程"命令，或者单击常用工具栏的"保存工程"按钮 ，将窗体以"Delete.frm"为文件名，将工程以"Delete.vbp"为文件名保存在 D:\01\2330005 文件夹中。

【实验调试与结果分析】

（1）实验调试。

程序运行时，如果引用的下标超过数组声明的下标范围，会产生"下标越界"的实时错误，如图 1-5-2 所示。在图 1-5-2 所示的程序中，当 j=10 时，执行"If a(i) = a(j + 1) Then a(j + 1) = 0"，数组下标 j+1 的值为 11，超过数组下界，因此出现"下标越界"的实时错误。将"For j = i To 10"改为"For j = i To 9"，程序运行正确。

```
Private Sub Command2_Click()
    Dim i As Integer, j As Integer
    For i = 1 To 9
        For j = i To 10
            If a(i) = a(j + 1) Then a(j + 1) = 0
        Next j
    Next i
    For i = 1 To 10
        If a(i) <> 0 Then
            Label1.Caption = Label1.Caption & a(i)
        End If
    Next i
End Sub
```

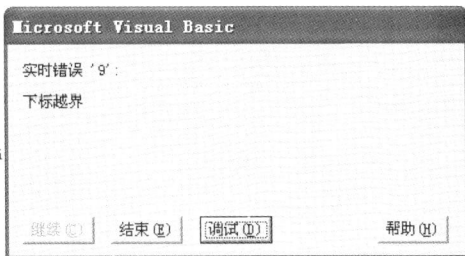

图 1-5-2 删除重复元素的调试界面

（2）结果分析。

运行时，单击"生成数组"按钮，运行结果如图 1-5-3（a）所示；然后单击"删除元素"按钮，运行结果如图 1-5-3（b）所示。

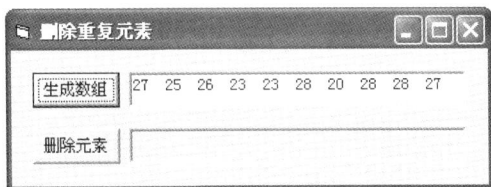

（a）生成数组

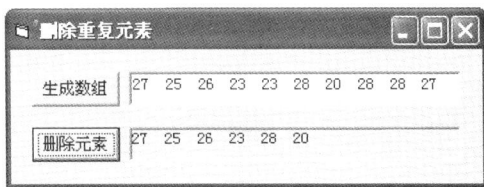

（b）删除元素

图 1-5-3 删除重复元素的运行界面

2. 在标题为"评分统计"的窗体 Form1 上，添加一个标题为"评委人数"的标签 Label1；然后再添加一个标题为"平均得分"的命令按钮 Command1；最后添加两个文本内容为空的文本框 Text1 和 Text2。程序运行时，在 Text1 中输入评委的人数 n，单击"平均得分"按钮，通过输入对话框输入 n 个评委的评分，然后计算平均得分并显示在 Text1 中（平均得分计算方法：去掉 1 个最高分，去掉 1 个最低分，计算剩下评分的平均分，保留 3 位小数）。要求以"Ascore.frm"为窗体文件名、"Ascore.vbp"为工程文件名保存在 D:\01\2330005 文件夹中。

【操作步骤】

（1）创建用户界面。

新建一个"标准 EXE"类型的工程，在窗体 Form1 上添加一个标签、一个命令按钮和两个文本框，然后用鼠标调整各个控件的大小和位置，调整后的控件布局如图 1-5-4（a）所示。

（2）设置对象属性。

根据设计要求，按表 1-5-2 所示的值设置各个控件对象的属性，设置后的界面如图 1-5-4（b）所示。

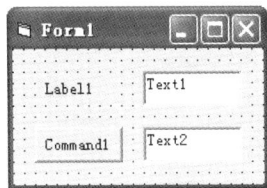

（a）控件布局

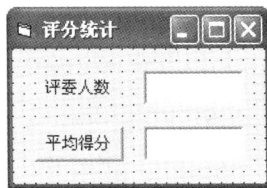

（b）属性设置

图 1-5-4 评分统计的设计界面

表 1-5-2　评分统计的对象属性设置

对　象	对象名称	属　性	属 性 值	说　明
窗体	Form1	Caption	评分统计	窗体的标题
标签	Label1	Caption	评委人数	标签内文字
命令按钮	Command1	Caption	平均得分	命令按钮的标题
文本框	Text1	Text	（空白）	文本框内没有文字
文本框	Text1	Text	（空白）	文本框内没有文字

（3）编写程序代码。

在"平均得分"按钮的 Click 事件过程中编写代码。

```
Private Sub Command1_Click()
  Dim n As Integer, i As Integer
  Dim max As Integer, min As Integer, avg As Single
  Dim a() As Single
  n = Val(Text1.Text)
  ReDim a(n)
  For i = 1 To n
    a(i) = InputBox("请输入第" & i & "个评委评分: ", "评委评分")
  Next i
  avg = a(1)
  max = a(1)
  min = a(1)
  For i = 2 To n
    avg = avg + a(i)
    If a(i) > max Then max = a(i)
    If a(i) < min Then min = a(i)
  Next i
  avg = (avg - max - min) / (n - 2)
  Text2.Text = Format(avg, "0.000")
End Sub
```

（4）保存工程。

选择"文件"→"保存工程"命令，或者单击常用工具栏中的"保存工程"按钮 🖫 ，将窗体以"Ascore.frm"为文件名，将工程以"Ascore.vbp"为文件名保存在 D:\01\2330005 文件夹中。

【实验调试与结果分析】

（1）实验调试。

本例中由于评委人数是由用户通过文本框输入确定的，因此在声明数组时无法确定数组的上下界。如果声明数组的下标用变量来表示，将出现"要求常数表达式"的编译错误，如图 1-5-5 所示，并将错误内容选中以提醒修改。为了有效解决该问题，可以使用动态数组来实现。

图 1-5-5　评分统计的调试界面

（2）结果分析。

运行时，在文本框 Text1 中输入评委人数 5，然后单击"平均得分"按钮，在图 1-5-6（a）

所示的"评委评分"对话框的文本框中输入整数 95，然后单击"确定"按钮，接着在打开的对话框中继续输入整数 93、78、83、90，运行结果如图 1-5-6（b）所示。

（a）输入界面　　　　　　　　　　　　（b）平均得分

图 1-5-6　评分统计的运行界面

三、实验内容

1. 打开工程文件 Dsg0501.vbp，在标题为"筛选元素"的窗体 Form1 上，添加两个文本内容为空的文本框 Text1 和 Text2，其中 Text2 中的文本不可编辑；然后再添加两个标题分别为"生成数组"和"整除元素"的命令按钮 Command1 和 Command2。程序运行时，单击"生成数组"按钮，随机生成 10 个 30～99 之间的整数存于数组 a 中，并显示在 Text1 中，元素之间用空格隔开，如图 1-5-7（a）所示；单击"整除元素"按钮，找出数组中所有能被 3 整除的元素，并按下标顺序显示在 Text2 中，元素之间用空格隔开，如图 1-5-7（b）所示。完成上述功能后，以原文件名保存工程，并生成可执行文件（Dsg0501.exe）。

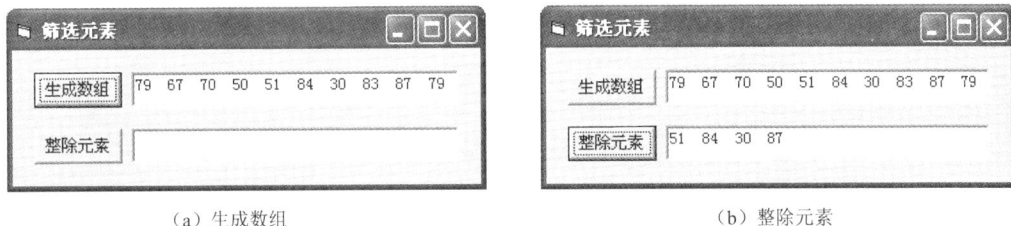

（a）生成数组　　　　　　　　　　　　（b）整除元素

图 1-5-7　筛选元素的运行界面

2. 打开工程文件 Dsg0502.vbp，在标题为"最大值查找"的窗体 Form1 上，添加 3 个文本内容为空的文本框 Text1、Text2 和 Text3，其中 Text1 带有水平滚动条；然后再添加两个标题分别为"生成数组"和"最大值"的命令按钮 Command1 和 Command2；最后添加一个标题为"对应英文字符"的标签 Label1。程序运行时，单击"生成数组"按钮，随机生成 10 个 65～90 之间的整数存于数组 a 中，并显示在 Text1 中，元素之间用空格隔开，如图 1-5-8（a）所示；单击"最大值"按钮，将这 10 个数中最大值显示在 Text2 中，并以此作为 ASCII 码，将其对应的字符显示在 Text3 中，如图 1-5-8（b）所示。完成上述功能后，以原文件名保存工程，并生成可执行文件（Dsg0502.exe）。

3. 打开工程文件 Dsg0503.vbp，在标题为"字母统计"的窗体 Form1 上，添加 3 个文本内容为空的文本框 Text1、Text2 和 Text3，其中 Text1 带有水平滚动条；然后再添加两个标题分别为"生成字母"和"统计"的命令按钮 Command1 和 Command2；最后添加一个标题为"统计的字母"的标签 Label1。程序运行时，单击"生成字母"按钮，随机生成 100 个大写英文字母存于数组 a 中，并显示在 Text1 中，字母之间用空格隔开，如图 1-5-9（a）所示；在 Text2 中输入一个大写英文字母；单击"统计"按钮，在 Text3 中显示该字母在数组 a 中出现的次数，如图 1-5-9（b）所示。完成上述功能后，以原文件名保存工程，并生成可执行文件（Dsg0503.exe）。

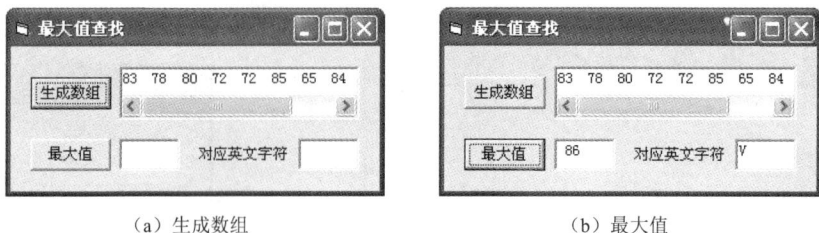

（a）生成数组　　　　　　　　　　　　（b）最大值

图 1-5-8　最大值查找的运行界面

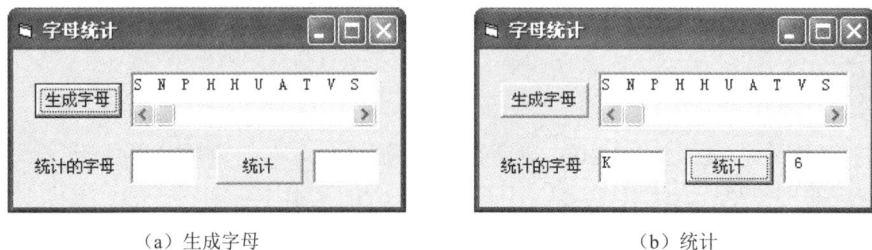

（a）生成字母　　　　　　　　　　　　（b）统计

图 1-5-9　字母统计的运行界面

4. 打开工程文件 Dsg0504.vbp，在标题为"次对角线求和"的窗体 Form1 上，添加一个文本内容为空的文本框 Text1，其有水平和垂直滚动条；然后再添加两个标题分别为"生成方阵"和"求和"的命令按钮 Command1 和 Command2；最后添加一个标题为空、有边框的标签 Label1。程序运行时，单击"生成方阵"按钮，随机生成一个 5×5 方阵（方阵中每个元素都是两位正整数），并在 Text1 中显示，如图 1-5-10（a）所示；单击"求和"按钮，求该方阵的次对角线上的所有元素之和，并在 Label1 中显示求和结果，如图 1-5-10（b）所示。完成上述功能后，以原文件名保存工程，并生成可执行文件（Dsg0504.exe）。

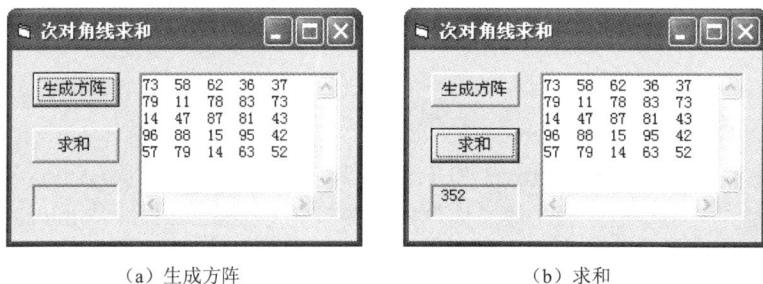

（a）生成方阵　　　　　　　　　　　　（b）求和

图 1-5-10　次对角线求和的运行界面

5. 打开工程文件 Dsg0505.vbp，在标题为"Fibonacci 数列"的窗体 Form1 上，添加一个标题为"请输入 n 的值"的标签 Label1；然后再添加两个文本内容为空的文本框 Text1 和 Text2；最后添加一个标题为"第 n 项"命令按钮 Command1。程序运行时，在 Text1 中输入一个大于 2 的自然数 n，单击"第 n 项"按钮，将前 n 项 Fibonacci 数列（1、1、2、3、5、8…）存于动态数组 Fib()中，并将数列的第 n 项显示在 Text2 中，如图 1-5-11 所示。完成上述功能后，以原文件名保存工程，并生成可执行文件（Dsg0505.exe）。

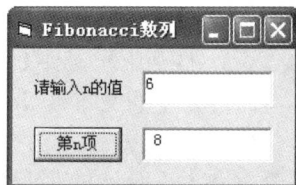

图 1-5-11　Fibonacci 数列的运行界面

实验六　常用控件的应用

一、实验目的

1. 掌握控件数组的创建及使用方法。
2. 列表框和组合框的常用属性、方法和事件。
3. 掌握选择控件、计时器控件以及滚动条的应用。
4. 掌握自定义类型及其数组的使用方法。

二、实验示例

1. 在标题为"业余爱好"的窗体 Form1 上，添加一个文本内容为空的简单组合框 Combo1；然后再添加两个标题分别为"添加"和"删除"的命令按钮 Command1 和 Command2。程序运行时，在 Combo1 的文本框中输入项目内容，单击"添加"按钮，将其添加到 Combo1 中；在 Combo1 中选定一个项目，单击"删除"按钮，则删除该项目。要求以"Insdel.frm"为窗体文件名、"Insdel.vbp"为工程文件名保存在 D:\01\2330006 文件夹中。

【操作步骤】

（1）创建用户界面。

新建一个"标准 EXE"类型的工程，在窗体 Form1 上添加一个组合框和两个命令按钮，然后用鼠标调整各个控件的大小和位置，调整后的控件布局如图 1-6-1（a）所示。

（2）设置对象属性。

根据设计要求，按表 1-6-1 所示的值设置各个控件对象的属性，设置后的界面如图 1-6-1（b）所示。

表 1-6-1　业余爱好的对象属性设置

对　象	对象名称	属　性	属　性　值	说　明
窗体	Form1	Caption	业余爱好	窗体的标题
组合框	Combo1	Text	（空白）	文本框内没有内容
		Style	1-SimpleCombo	组合框样式设置
命令按钮	Command1	Caption	添加	命令按钮的标题
命令按钮	Command2	Caption	删除	命令按钮的标题

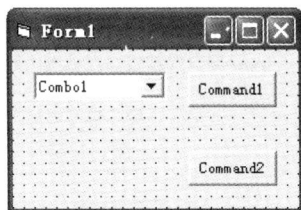

（a）控件布局

（b）属性设置

图 1-6-1　业余爱好的设计界面

（3）编写程序代码。

① 在"添加"按钮的 Click 事件过程中编写代码。

```
Private Sub Command1_Click()
  Combo1.AddItem Combo1.Text
End Sub
```

② 在"删除"按钮的 Click 事件过程中编写代码。

```
Private Sub Command2_Click()
  Combo1.RemoveItem Combo1.ListIndex
End Sub
```

（4）保存工程。

选择"文件"→"保存工程"命令，或者单击常用工具栏中的"保存工程"按钮，将窗体以"Insdel.frm"为文件名，将工程以"Insdel.vbp"为文件名保存在 D:\01\2330006 文件夹中。

【实验调试与结果分析】

（1）实验调试。

在编写"删除"按钮的 Click 事件过程中，书写语句"Combo1.RemoveItem Combo1.Text"将 Combo1 中选定的项目删除，结果出现"类型不匹配"的实时错误，如图 1-6-2 所示。由于 RemoveItem 方法的语法格式为"对象名.RemoveItem 索引"，因此将删除语句改为"Combo1.RemoveItem Combo1.ListIndex"，程序运行正确。

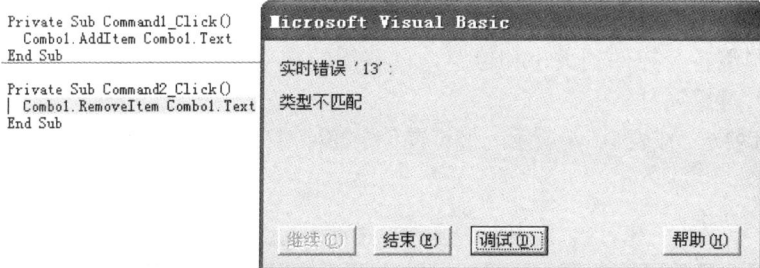

图 1-6-2　业余爱好的调试界面

（2）结果分析。

运行时，在 Combo1 的文本框中输入"音乐"，单击"添加"按钮，运行结果如图 1-6-3（a）所示，接着再添加"体育""美术""舞蹈"等项目；在 Combo1 中选定"音乐"，然后单击"删除"按钮，运行结果如图 1-6-3（b）所示。

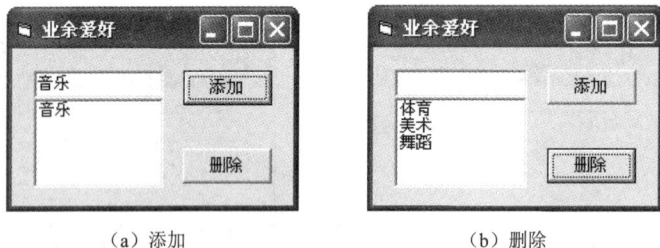

（a）添加　　　　　　　　（b）删除

图 1-6-3　业余爱好的运行界面

2. 在标题为"成绩排名"窗体 Form1 上，添加一个标题为"请输入学号、姓名和成绩："的标签 Label1；然后再添加 3 个文本内容为空的文本框 Text1、Text2 和 Text3，分别用于输入学号、姓名和成绩；接着再添加一个标题为"成绩总表"的框架 Frame1，并在框架内添加一个列表框 List1；最后添加两个标题分别为"输入"和"排序"的命令按钮 Command1和 Command2。程序运行时，在 Text1、Text2 和 Text3 输入相应的数据，然后单击"输入"按钮，将数据存储到学生成绩数组中，并在 List1 中显示；单击"排序"按钮，对数组按成绩进行降序排序，并将排序后的结果显示在 List1 中。要求以"Stuscore.frm"为窗体文件名、"Stuscore.vbp"为工程文件名保存在 D:\01\2330006 文件夹中。

【操作步骤】

（1）创建用户界面。

新建一个"标准 EXE"类型的工程，在窗体 Form1 上添加一个标签、3 个文本框、一个框架和两个命令按钮，并在框架中添加一个列表框，然后用鼠标调整各个控件的大小和位置，调整后的控件布局如图 1-6-4（a）所示。

（2）设置对象属性。

根据设计要求，按表 1-6-2 所示的值设置各个控件对象的属性，设置后的界面如图 1-6-4（b）所示。

表 1-6-2 成绩排名的对象属性设置

对 象	对象名称	属 性	属 性 值	说 明
窗体	Form1	Caption	成绩排名	窗体的标题
标签	Label1	Caption	请输入学号、姓名和成绩：	标签内文字内容
文本框	Text1	Text	（空白）	文本框内没有文字
文本框	Text2	Text	（空白）	文本框内没有文字
文本框	Text3	Text	（空白）	文本框内没有文字
框架	Frame1	Caption	成绩总表	框架的标题
命令按钮	Command1	Caption	输入	命令按钮的标题
命令按钮	Command2	Caption	排序	命令按钮的标题

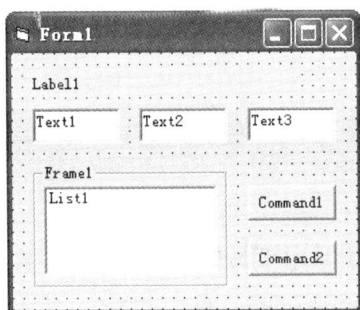

（a）控件布局

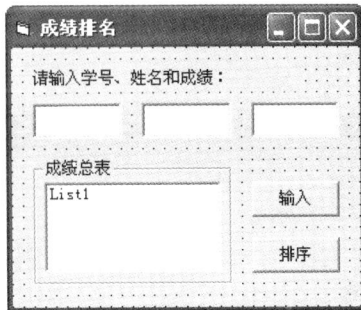

（b）属性设置

图 1-6-4 成绩排名的设计界面

（3）编写程序代码。

① 在窗体模块的通用声明段中声明学生信息类型及模块级数组和变量。

```
Private Type StuInfo
  Num As Integer
  Name As String * 6
```

```
      Score As Integer
   End Type
   Dim stu(1 To 5) As StuInfo
   Dim c As Integer
```

② 在 "输入" 按钮的 Click 事件过程中编写代码。

```
Private Sub Command1_Click()
   If c >= 5 Then
      MsgBox "已经添加 5 条学生记录！", 64, "提示信息"
      Exit Sub
   End If
   c = c + 1
   stu(c).Num = Val(Text1.Text)
   stu(c).Name = Text2.Text
   stu(c).Score = Val(Text3.Text)
   List1.AddItem stu(c).Num & " " & stu(c).Name & " " & stu(c).Score
   Text1.Text = ""
   Text2.Text = ""
   Text3.Text = ""
End Sub
```

③ 在 "排序" 按钮的 Click 事件过程中编写代码。

```
Private Sub Command2_Click()
   Dim t As StuInfo
   Dim i As Integer, j As Integer, k As Integer
   For i = 1 To 4
      k = i
      For j = i + 1 To 5
         If stu(k).Score < stu(j).Score Then k = j
      Next j
      If i <> k Then
         t = stu(i)
         stu(i) = stu(k)
         stu(k) = t
      End If
   Next i
   List1.Clear
   For i = 1 To 5
      List1.AddItem stu(i).Num & " " & stu(i).Name & " " & stu(i).Score
   Next i
End Sub
```

（4）保存工程。

选择 "文件" → "保存工程" 命令，或者单击常用工具栏中的 "保存工程" 按钮 ，将窗体以 "Stuscore.frm" 为文件名，将工程以 "Stuscore.vbp" 为文件名保存在 D:\01\2330006 文件夹中。

【实验调试与结果分析】

（1）实验调试。

在编写 "输入" 按钮的 Click 事件过程中，对自定义类型变量的数据成员进行直接访问，程序运行时出现 "变量未定义" 的编译错误。访问自定义类型变量的数据成员的一般格式为 "自定义类型变量名.成员名"，因此图 1-6-5 中代码 "Num = Val(Text1.Text)" 改为 "stu(c).Num = Val(Text1.Text)"，程序运行正确。

```
Private Sub Command1_Click()
  If c >= 5 Then
     MsgBox "已经添加5条学生记录"
     Exit Sub
  End If
  c = c + 1
  Num = Val(Text1.Text)
  stu(c).Name = Text2.Text
  stu(c).Score = Val(Text3.Text)
  List1.AddItem stu(c).Num & "
  Text1.Text = ""
  Text2.Text = ""
  Text3.Text = ""
End Sub
```

Microsoft Visual Basic

编译错误：

变量未定义

确定   帮助

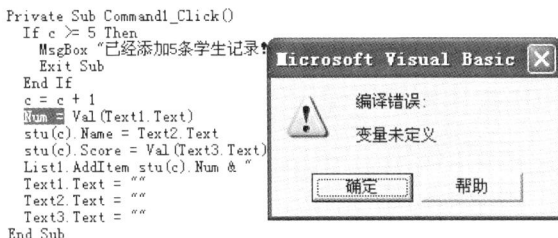

图 1-6-5   成绩排名的调试界面

（2）结果分析。

运行时，分别在文本框 Text1、Text2 和 Text3 中输入学号、姓名和成绩，单击"输入"按钮，接着按同样方法进行输入操作 4 次，运行结果如图 1-6-6（a）所示；然后单击"排序"按钮，运行结果如图 1-6-6（b）所示。

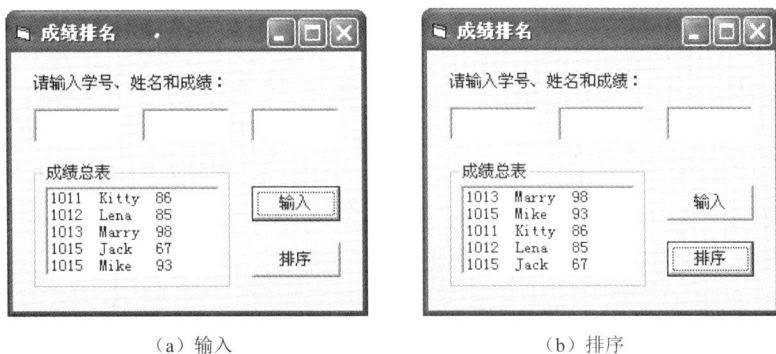

（a）输入

（b）排序

图 1-6-6   成绩排名的运行界面

三、实验内容

1. 打开工程文件 Dsg0601.vbp，在标题为"四则运算"的窗体 Form1 上，添加 3 个标题分别"操作数 1""操作数 2"和"计算结果"的标签 Label1、Label2 和 Label3；然后再添加 3 个文本内容为空的文本框 Text1、Text2 和 Text3；最后添加一个标题为"运算符"的框架 Frame1，并在框架内设置一组单选按钮控件数组 Op，该控件数组包含 4 个标题分别为"加""减""乘"和"除"的单选按钮（下标 Index 分别为 0、1、2 和 3）。程序运行时，在 Text1 和 Text2 中输入两个操作数，单击相应的单选按钮，则对操作数 1 和操作数 2 进行加、减、乘和除 4 种运算，并将计算结果显示在 Text3 中，如图 1-6-7 所示。完成上述功能后，以原文件名保存工程，并生成可执行文件（Dsg0601.exe）。

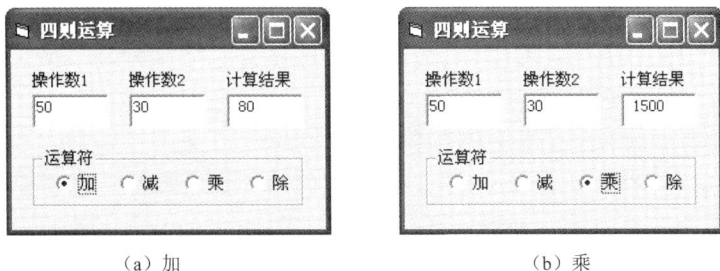

（a）加

（b）乘

图 1-6-7   四则运算的运行界面

2. 打开工程文件 Dsg0602.vbp，在标题为"排序算法"的窗体 Form1 上，添加两个列表框 List1 和 List2；然后再添加两个标题分别为"序列生成"和"升序排序"的命令按钮 Command1 和 Command2。程序运行时，单击"序列生成"按钮，自动生成 10 个 10～90 之间的随机整数，存于数组 a 中并在 List1 中显示，如图 1-6-8（a）所示；单击"升序排序"按钮，对数组 a 中的 10 个整数按从小到大进行排序，并将排序结果显示在 List2 中，如图 1-6-8（b）所示。完成上述功能后，以原文件名保存工程，并生成可执行文件（Dsg0602.exe）。

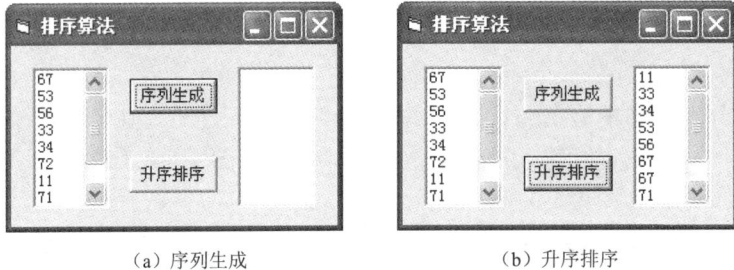

（a）序列生成　　　　　　　　　（b）升序排序

图 1-6-8　排序算法的运行界面

3. 打开工程文件 Dsg0603.vbp，在标题为"随机序列"的窗体 Form1 上，添加一个列表框 List1；然后再添加 3 个标题分别为"暂停""继续"和"删除"的命令按钮 Command1、Command2 和 Command3，其中"继续"按钮处于非活动状态；最后添加一个计时器控件 Timer1，其事件间隔时间为 1 秒。程序运行时，每隔 1 秒产生一个 5 位随机整数，并添加在 List1 中；单击"暂停"按钮，暂停产生随机序列，且"继续"按钮变成活动状态，而"暂停"按钮变成非活动状态，如图 1-6-9（a）所示；单击"继续"按钮，继续产生随机序列，且"暂停"按钮变成活动状态，而"继续"按钮变成非活动状态，如图 1-6-9（b）所示；选定 List1 中的一个选项，然后单击"删除"按钮，则删除该选项。完成上述功能后，以原文件名保存工程，并生成可执行文件（Dsg0603.exe）。

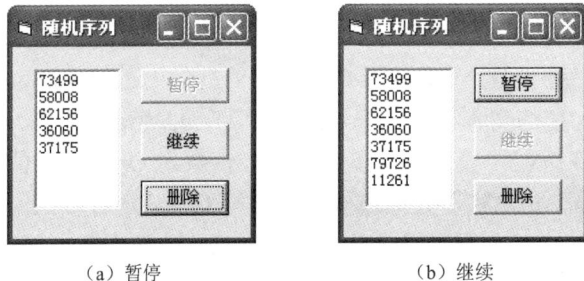

（a）暂停　　　　　　　　　（b）继续

图 1-6-9　随机序列的运行界面

4. 打开工程文件 Dsg0604.vbp，在标题为"选课统计"的窗体 Form1 上，添加一个列表框 List1，并在 List1 中依次添加"音乐欣赏""影视鉴赏""网站设计""网络基础"和"多媒体技术" 5 项，且在 List1 中显示复选标记；然后再添加一个标题为"统计"的命令按钮 Command1；最后添加一个文本内容为空的文本框 Text1。程序运行时，在 List1 选中若干项目，单击"统计"按钮，在 Text1 中显示选定的项目数，如图 1-6-10 所示。完成上述功能后，以原文件名保存工程，并生成可执行文件（Dsg0604.exe）。

5. 打开工程文件 Dsg0605.vbp，在标题为"球类项目"的窗体 Form1 上，添加一个下拉列表框 Combo1，并在 Combo1 中依次添加"篮球""排球""足球""乒乓球"和"网球"；

然后再添加一个列表框 List1；最后添加一个标题为"选定"的命令按钮 Command1。程序运行时，选中 Combo1 中的某一项，单击"选定"按钮，将 Combo1 中选定项添加到 List1 末尾；双击 List1 中某一项，则将该项从 List1 中删除，如图 1-6-11 所示。完成上述功能后，以原文件名保存工程，并生成可执行文件（Dsg0605.exe）。

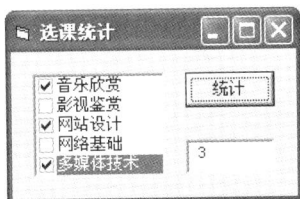

图 1-6-10　选课统计的运行界面

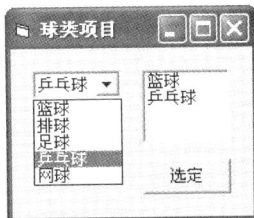

图 1-6-11　球类项目的运行界面

实验七　过　　程

一、实验目的

1. 掌握 Function 过程和 Sub 过程的定义和调用方法。
2. 掌握形参和实参的对应关系。
3. 掌握值传递和地址传递的传递方式。
4. 掌握递归的概念和使用方法。
5. 掌握过程和变量的作用域。

二、实验示例

1. 在标题为"表达式求解"的窗体 Form1 上，添加 3 个标题分别为"整数 m""整数 n"和"整数 p"的标签 Label1、Label2 和 Label3；然后再添加 4 个文本内容为空的文本框 Text1、Text2、Text3 和 Text4；最后添加一个标题为"求值"的命令按钮 Command1。编写一个 Sub 过程 Add(ByVal k%, ByRef sum&)，用于求 1+2+…+k 的值。程序运行时，在 Text1、Text2 和 Text3 中分别输入 m、n 和 p 的值，单击"求值"按钮，则调用 Add 过程计算以下 y 的值，并在 Text4 中显示运算结果（结果保留 3 位小数）。要求以"Expression.frm"为窗体文件名、"Expression.vbp"为工程文件名保存在 D:\01\2330007 文件夹中。

$$y=\frac{(1+2+\cdots+m)+(1+2+\cdots+n)}{1+2+\cdots+p}$$

【操作步骤】

（1）创建用户界面。

新建一个"标准 EXE"类型的工程，在窗体 Form1 上添加 3 个标签、4 个文本框和一个命令按钮，然后用鼠标调整各个控件的大小和位置，调整后的控件布局如图 1-7-1（a）所示。

（2）设置对象属性。

根据设计要求，按表 1-7-1 所示的值设置各个控件对象的属性，设置后的界面如图 1-7-1（b）所示。

表 1-7-1　表达式求解的对象属性设置

对　　象	对 象 名 称	属　　性	属 性 值	说　　明
窗体	Form1	Caption	表达式求解	窗体的标题
标签	Label1	Caption	整数 m	标签内文字内容
标签	Label2	Caption	整数 n	标签内文字内容
标签	Label3	Caption	整数 p	标签内文字内容
文本框	Text1	Text	（空白）	文本框内没有文字
文本框	Text2	Text	（空白）	文本框内没有文字

续表

对 象	对象名称	属 性	属 性 值	说 明
文本框	Text3	Text	（空白）	文本框内没有文字
文本框	Text4	Text	（空白）	文本框内没有文字
命令按钮	Command1	Caption	求值	命令按钮的标题

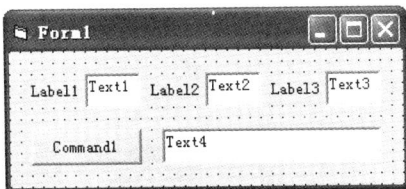 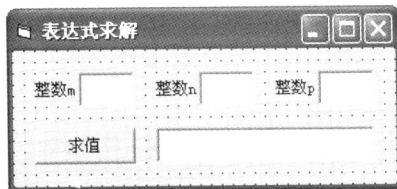

（a）控件布局 （b）属性设置

图 1-7-1 表达式求解的设计界面

（3）编写程序代码。

① 在窗体的代码窗口中编写 Sub 过程代码。

```
Private Sub Add(ByVal k%, ByRef sum&)
  Dim i As Integer
  sum = 0
  For i = 1 To k
    sum = sum + i
  Next i
End Sub
```

② 在"求值"按钮的 Click 事件过程中编写代码。

```
Private Sub Command1_Click()
  Dim n As Integer, m As Integer, p As Integer
  Dim a As Long, b As Long, c As Long
  Dim y As Double
  m = Val(Text1.Text)
  n = Val(Text2.Text)
  p = Val(Text3.Text)
  Call Add(m, a)
  Call Add(n, b)
  Call Add(p, c)
  y = (a + b) / c
  Text4.Text = Format(y, "0.000")
End Sub
```

（4）保存工程。

选择"文件"→"保存工程"命令，或者单击常用工具栏的"保存工程"按钮 ![save]，将窗体以"Expression.frm"为文件名，将工程以"Expression.vbp"为文件名保存在 D:\01\2330007 文件夹中。

【实验调试与结果分析】

（1）实验调试。

在调用过程时，形参表与实参表中的对应变量名可以不同，但个数要相同，并且对应位置的参数类型要一致。在编写"求值"按钮的 Click 事件过程中，将实参变量 a 类型定义为 Integer，而对应形参变量 sum 的类型为 Long，因此程序运行时产生"ByRef 参数类型不符"的编译错误，如图 1-7-2 所示。将实参变量 a 的类型改为 Long，程序运行正确。

（2）结果分析。

运行时，在文本框 Text1、Text2 和 Text3 中分别输入整数 6、7、8，然后单击"求值"按钮，运行结果如图 1-7-3 所示。

图 1-7-2　表达式求解的调试界面　　　　　图 1-7-3　表达式求解的运行界面

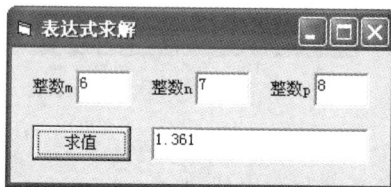

2. 在标题为"统计字符"的窗体 Form1 上，添加两个标题为"字符串"和"统计目标"的标签 Label1 和 Label2；然后再添加 3 个文本内容为空的文本框 Text1、Text2 和 Text3；最后添加一个标题为"统计"的命令按钮 Command1。编写一个 Function 过程 CharNum(s As String, t As String) As Integer，用于统计字符串 s 中字符 t 的数量。程序运行时，在 Text1 中输入一个字符串，接着在 Text2 中输入一个字符，然后单击"统计"按钮，调用函数 CharNum() 统计输入的字符个数，并将统计结果显示在 Text3 中。要求以"Statistics.frm"为窗体文件名、"Statistics.vbp"为工程文件名保存在 D:\01\2330007 文件夹中。

【操作步骤】

（1）创建用户界面。

新建一个"标准 EXE"类型的工程，在窗体 Form1 上添加两个标签、3 个文本框和一个命令按钮，然后用鼠标调整各个控件的大小和位置，调整后的控件布局如图 1-7-4（a）所示。

（2）设置对象属性。

根据设计要求，按表 1-7-2 所示的值设置各个控件对象的属性，设置后的界面如图 1-7-4（b）所示。

表 1-7-2　统计字符的对象属性设置

对　象	对 象 名 称	属　性	属 性 值	说　明
窗体	Form1	Caption	统计字符	窗体的标题
标签	Label1	Caption	字符串	标签内文字内容
标签	Label2	Caption	统计目标	标签内文字内容
文本框	Text1	Text	（空白）	文本框内没有文字
文本框	Text2	Text	（空白）	文本框内没有文字
文本框	Text3	Text	（空白）	文本框内没有文字
命令按钮	Command1	Caption	统计	命令按钮的标题

(a) 控件布局   (b) 属性设置

图 1-7-4 统计字符的设计界面

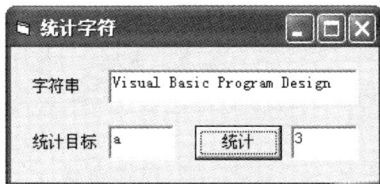

（3）编写程序代码。

① 在窗体的代码窗口中编写 Function 过程代码。

```vb
Private Function CharNum(s As String, t As String) As Integer
  Dim i As Integer
  CharNum = 0
  For i = 1 To Len(s)
    If Mid(s, i, 1) = t Then
      CharNum = CharNum + 1
    End If
  Next i
End Function
```

② 在"统计"按钮的 Click 事件过程中编写代码。

```vb
Private Sub Command1_Click()
  Dim a As String, b As String
  a = Text1.Text
  b = Text2.Text
  Text3.Text = CharNum(a, b)
End Sub
```

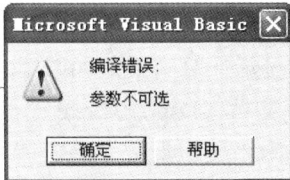

（4）保存工程。

选择"文件"→"保存工程"命令，或者单击常用工具栏的"保存工程"按钮📙，将窗体以"Statistics.frm"为文件名，将工程以"Statistics.vbp"为文件名保存在 D:\01\2330007 文件夹中。

【实验调试与结果分析】

（1）实验调试。

在调用过程时，形参表与实参表中参数个数要相同。在"统计"按钮的 Click 事件过程中，调用函数 CharNum(a)的实参的个数（1 个）少于形参的个数（2 个），系统运行时产生"参数不可选"的编译错误，如图 1-7-5 所示。将调用函数改为 CharNum(a, b)，程序运行正确。

（2）结果分析。

运行时，在文本框 Text1 中输入字符串"Visual Basic Program Design"，接着在文本框 Text2 中输入字符"a"，然后单击"统计"按钮，运行结果如图 1-7-6 所示。

图 1-7-5 统计字符的调试界面   图 1-7-6 统计字符的运行界面

三、实验内容

1. 打开工程文件 Dsg0701.vbp，在标题为"阶乘累加"的窗体 Form1 上，添加一个标题为"请输入 n 的值"的标签 Label1；然后再添加一个标题为"计算"的命令按钮 Command1；最后添加两个文本内容为空的文本框 Text1 和 Text2。要求编写一个求 n!的 Function 过程 fact(ByVal n As Integer) As Double。程序运行时，在 Text1 中输入一个正整数 n 的值，单击"计算"按钮，调用函数 fact 求"1! + 2! + 3! +⋯+ n!"的值，并将计算结果显示在 Text2 中，如图 1-7-7 所示。完成上述功能后，以原文件名保存工程，并生成可执行文件（Dsg0701.exe）。

2. 打开工程文件 Dsg0702.vbp，在标题为"降序排序"的窗体 Form1 上，添加一个标题为"排序"的命令按钮 Command1；然后再添加 4 个文本内容为空的文本框 Text1、Text2、Text3 和 Text4。要求编写一个 Sub 过程 Swap(ByRef x%, ByRef y%)，用于交换 x 和 y 的值。程序运行时，在 Text1、Text2 和 Text3 中输入 3 个整数，单击"排序"按钮，调用过程 Swap 实现对 3 个整数按从大到小的顺序进行排序，并在 Text4 中输出排序结果（整数之间用空格隔开），如图 1-7-8 所示。完成上述功能后，以原文件名保存工程，并生成可执行文件（Dsg0702.exe）。

3. 打开工程文件 Dsg0703.vbp，在标题为"最小公倍数"的窗体 Form1 上，添加两个标题分别为"整数 m"和"整数 n"的标签 Label1 和 Label2；然后再添加 3 个文本内容为空的文本框 Text1、Text2 和 Text3；最后添加一个标题为"最小公倍数"的命令按钮 Command1。要求编写一个 Function 过程 Gcd(ByVal m%, ByVal n%) As Integer，用于求整数 m 和 n 的最大公约数。程序运行时，在 Text1 和 Text2 中分别输入整数 m 和 n，单击"最小公倍数"按钮，调用函数 Gcd 求出这两个整数的最小公倍数，并在 Text3 中显示求解结果，如图 1-7-9 所示。完成上述功能后，以原文件名保存工程，并生成可执行文件（Dsg0703.exe）。

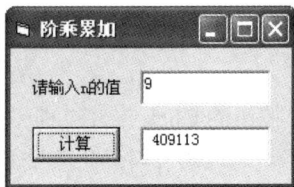

图 1-7-7　阶乘累加的运行界面　　　图 1-7-8　降序排序的运行界面　　　图 1-7-9　最小公倍数的运行界面

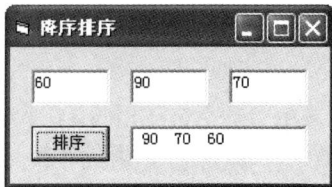

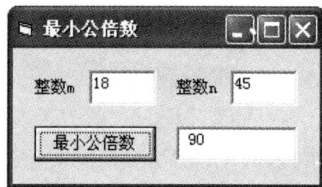

4. 打开工程文件 Dsg0704.vbp，在标题为"数列累加"的窗体 Form1 上，添加两个标题分别为"参数 x"和"参数 n"的标签 Label1 和 Label2；然后再添加 3 个文本内容为空的文本框 Text1、Text2 和 Text3；最后添加一个标题为"求值"的命令按钮 Command1。编写一个 Function 过程 Square(ByVal x%, ByVal n%) As Double，用于求 x^n 的值。程序运行时，在 Text1 和 Text2 中分别输入 x 和 n 的值，单击"求值"按钮，则调用 Square 函数计算表达式"$1+x+x^2+\cdots+x^n$"的值，并在 Text3 中显示计算结果，如图 1-7-10 所示。完成上述功能后，以原文件名保存工程，并生成可执行文件（Dsg0704.exe）。

5. 打开工程文件 Dsg0705.vbp，在标题为"显示素数"的窗体 Form1 上，添加两个标题分别为"整数 m"和"整数 n"的标签 Label1 和 Label2；然后再添加 3 个文本内容为空的文本框 Text1、Text2 和 Text3，其中 Text3 带有水平滚动条；最后添加一个标题为"显示"

的命令按钮 Command1；要求编写一个 Function 过程 Isprime (n As Integer) As Boolean，用于判断整数 n 是否为素数，如果是素数函数返回 True，否则函数返回 False。程序运行时，在 Text1 和 Text2 中分别输入正整数 m 和 n（n>m≥2），单击"显示"按钮，调用 Isprime 函数过程，找出 m～n 之间全部素数，按从小到大的顺序显示在 Text3 中，素数之间用空格隔开，如图 1-7-11 所示。完成上述功能后，以原文件名保存工程，并生成可执行文件（Dsg0705.exe）。

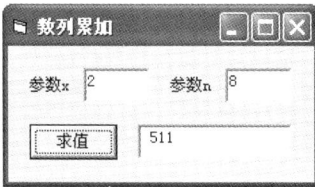

图 1-7-10　数列累加的运行界面　　　图 1-7-11　显示素数的运行界面

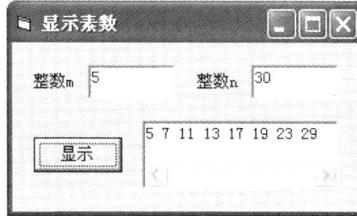

实验八　图　形　操　作

一、实验目的

1. 了解 Visual Basic 的图形设计功能。
2. 掌握建立图形坐标系统的方法。
3. 掌握图形控件的常用属性、事件和方法。
4. 掌握简单动画设计的基本方法及图形缩放的简单方法。
5. 掌握常用的绘图方法。
6. 掌握键盘和鼠标事件。

二、实验示例

1. 在标题为"图片自动放大"的窗体 Form1 上，添加一个图像框 Image1，能自动改变大小以适应图片，并在其中加载图片（Park.bmp）；然后再添加两个标题分别为"放大"和"还原"的命令按钮 Command1 和 Command2；最后添加一个计时器 Timer1，事件间隔时间为 1 秒，计时器处于非激活状态。程序运行时，单击"放大"按钮，每隔 1 秒图片放大一倍；单击"还原"按钮，图片恢复到原始尺寸，并停止放大。要求以"AutoStretch.frm"为窗体文件名、"AutoStretch.vbp"为工程文件名保存在 D:\01\2330008 文件夹中。

【操作步骤】

（1）创建用户界面。

新建一个"标准 EXE"类型的工程，在窗体 Form1 上添加一个图像框、两个命令按钮和一个计时器，然后用鼠标调整各个控件的大小和位置，调整后的控件布局如图 1-8-1（a）所示。

（2）设置对象属性。

根据设计要求，按表 1-8-1 所示的值设置各个控件对象的属性，设置后的界面如图 1-8-1（b）所示。

表 1-8-1　图片自动放大的对象属性设置

对　象	对象名称	属　性	属性值	说　明
窗体	Form1	Caption	图片自动放大	窗体的标题
图像框	Image1	Picture		加载的图片
命令按钮	Command1	Caption	放大	命令按钮的标题
命令按钮	Command2	Caption	还原	命令按钮的标题
计时器	Timer1	Enabled	False	运行时计时器不工作
		Interval	1000	事件间隔时间为 1 秒

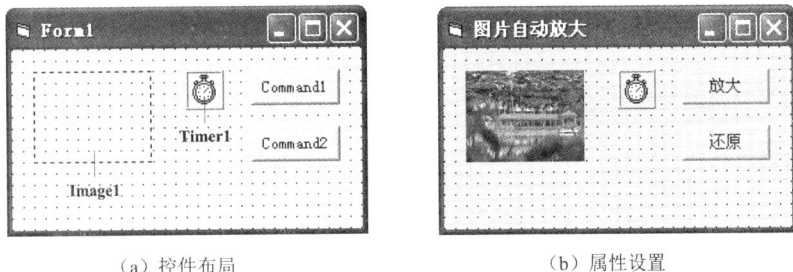

（a）控件布局　　　　　　　　　　（b）属性设置

图 1-8-1　图片自动放大的设计界面

（3）编写程序代码。

① 在"放大"按钮的 Click 事件过程中编写代码。

```
Private Sub Command1_Click()
  Timer1.Enabled = True
  Image1.Stretch = True
End Sub
```

② 在"还原"按钮的 Click 事件过程中编写代码。

```
Private Sub Command2_Click()
  Timer1.Enabled = False
  Image1.Stretch = False
End Sub
```

③ 在计时器的 Timer 事件过程中编写代码。

```
Private Sub Timer1_Timer()
  Image1.Width = Image1.Width * Sqr(2)
  Image1.Height = Image1.Height * Sqr(2)
End Sub
```

（4）保存工程。

选择"文件"→"保存工程"命令，或者单击常用工具栏中的"保存工程"按钮，将窗体以"AutoStretch.frm"为文件名，将工程以"AutoStretch.vbp"为文件名保存在 D:\01\2330008 文件夹中。

【实验调试与结果分析】

（1）实验调试。

在计时器的 Timer 事件过程中，编写"Image1.Width = Image1.Width * 2"语句实现每秒将图片放大一倍，程序运行后，发现图片只在水平方向放大，垂直方向没有放大，不符合题目要求。然后再添加一条代码"Image1.Height = Image1.Height * 2"，此时图片可以在垂直方向放大，但每次放大图片的面积是原来的 4 倍。因此将图像框的宽度乘以 $\sqrt{2}$，图片框的高度乘以 $\sqrt{2}$，这样图片可以在水平方向和垂直方向同时放大，而且每次放大为原来的一倍，符合题目要求。

（2）结果分析。

运行时，单击"放大"按钮，运行结果如图 1-8-2（a）所示；单击"还原"按钮，运行结果如图 1-8-2（b）所示。

2. 在标题为"Line 方法示例"的窗体 Form1 上，添加一个高为 1215、宽为 1695 的图片框 Picture1；然后再添加两个标题分别为"直线"和"矩形"的单选按钮 Option1 和 Option2。程序运行时，单击"直线"单选按钮，Picture1 清空并画一条由左上向右下的对角线；单击"矩形"单选按钮，Picture1 清空并画一个左上顶点为(400, 300)、右下顶点为(1200, 900)的矩形。要求以"Draw.frm"为窗体文件名、"Draw.vbp"为工程文件名保存在 D:\01\2330008 文件夹中。

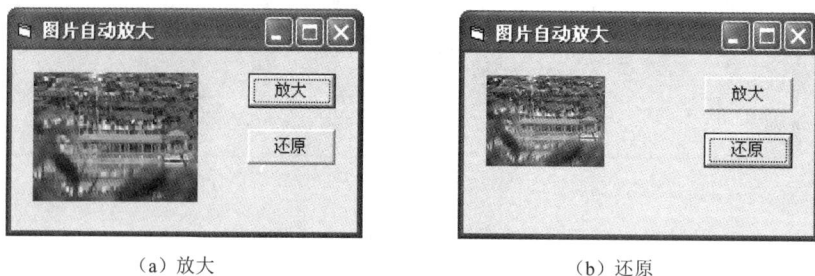

（a）放大　　　　　　　　　（b）还原

图 1-8-2　图片自动放大的运行界面

【操作步骤】

（1）创建用户界面。

新建一个"标准 EXE"类型的工程，在窗体 Form1 上添加一个图片框和两个单选按钮，然后用鼠标调整各个控件的大小和位置，调整后的控件布局如图 1-8-3（a）所示。

（2）设置对象属性。

根据设计要求，按表 1-8-2 所示的值设置各个控件对象的属性，设置后的界面如图 1-8-3（b）所示。

表 1-8-2　Line 方法示例的对象属性设置

对　　象	对象名称	属　　性	属 性 值	说　　明
窗体	Form1	Caption	Line 方法示例	窗体的标题
图片框	Picture1	Height	1215	图片框的高
		Width	1695	图片框的宽
命令按钮	Option1	Caption	直线	命令按钮的标题
命令按钮	Option2	Caption	矩形	命令按钮的标题

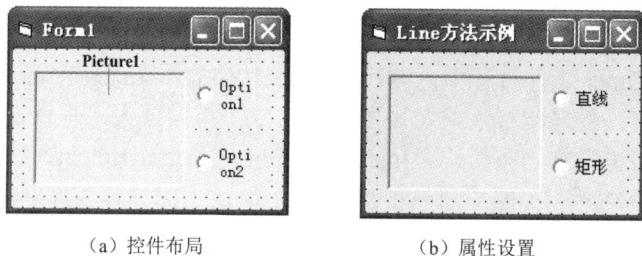

（a）控件布局　　　　　　　　　（b）属性设置

图 1-8-3　Line 方法示例的设计界面

（3）编写程序代码。

① 在"直线"单选按钮的 Click 事件过程中编写代码。

```
Private Sub Option1_Click()
  Picture1.Cls
  Picture1.Line (0, 0)-(1695, 1215)
End Sub
```

② 在"矩形"单选按钮的 Click 事件过程中编写代码。

```
Private Sub Option2_Click()
  Picture1.Cls
  Picture1.Line (400, 300)-(1200, 900), , B
End Sub
```

（4）保存工程。

选择"文件"→"保存工程"命令，或者单击常用工具栏中的"保存工程"按钮，将窗体以"Draw.frm"为文件名，将工程以"Draw.vbp"为文件名保存在 D:\01\2330008 文件夹中。

【实验调试与结果分析】

（1）实验调试。

在编写"矩形"单选按钮的 Click 事件过程中，编写语句"Picture1.Line (400, 300)-(1200, 900), B"来画矩形图形，结果运行时出现如图 1-8-4 所示的错误。由于使用 Line 方法时，如果想省略中间的参数，分隔的逗号不能省略，因此在画矩形时省略了颜色这个参数，则必须加上两个连续的逗号，它表明颜色参数采用默认值。

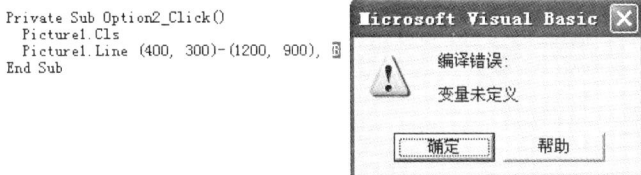

图 1-8-4 Line 方法示例的调试界面

（2）结果分析。

运行时，单击"直线"单选按钮，运行结果如图 1-8-5（a）所示；单击"矩形"单选按钮，运行结果如图 1-8-5（b）所示。

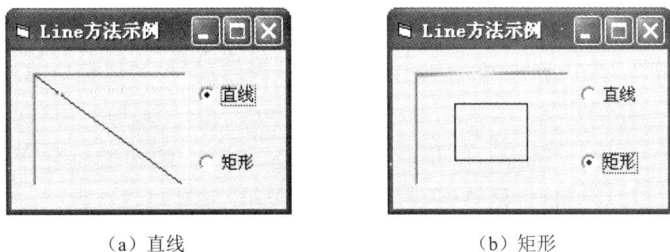

（a）直线 （b）矩形

图 1-8-5 Line 方法示例的运行界面

三、实验内容

1. 打开工程文件 Dsg0801.vbp，在标题为"图片加载"的窗体 Form1 上，添加一个图片框 Picture1，其能自动调整大小与显示的图片匹配；然后再添加两个标题分别为"加载"和"清除"的命令按钮 Command1 和 Command2。程序运行时，单击"加载"按钮，在 Picture1 中加载图片（Dsg0801.bmp），如图 1-8-6（a）所示；单击"清除"按钮，清除 Picture1 中的图片，如图 1-8-6（b）所示。完成上述功能后，以原文件名保存工程，并生成可执行文件（Dsg0801.exe）。

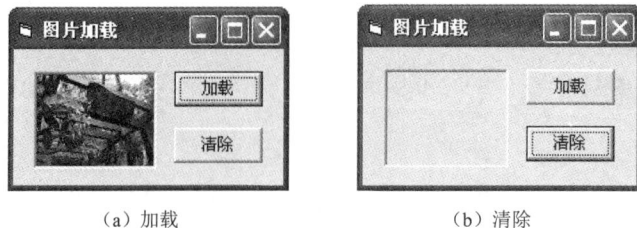

（a）加载　　　　　　　　　　（b）清除

图 1-8-6　图片加载的运行界面

2. 打开工程文件 Dsg0802.vbp，在标题为"图片显示"的窗体 Form1 上，添加一个有边框的图像框 Image1，其高度为 1200，宽度为 2400，设置相应属性使其加载的图片能够自动改变大小以适应图像框的大小；然后再添加两个标题分别为"显示边框"和"显示图片"的复选框 Check1 和 Check2，其中 Check1 处于选中状态。程序运行时，是否选中 Check1，控制 Image1 是否有边框，如图 1-8-7（a）所示；是否选中 Check2，控制 Image1 是否显示图片（Dsg0802.jpg），如图 1-8-7（b）所示。完成上述功能后，以原文件名保存工程，并生成可执行文件（Dsg0802.exe）。

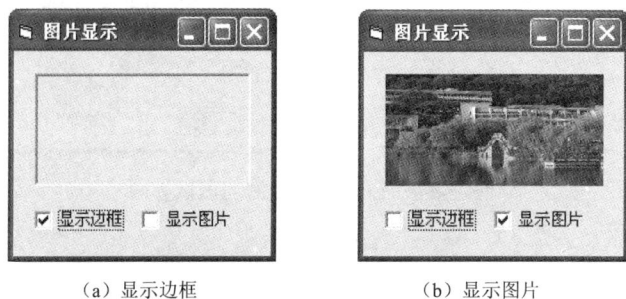

（a）显示边框　　　　　　　　　（b）显示图片

图 1-8-7　图片显示的运行界面

3. 打开工程文件 Dsg0803.vbp，在标题为"改变形状"的窗体 Form1 上，添加一个高度为 1000、宽度为 1500 的形状控件 Shape1；接着再添加一个水平滚动条 HScroll1 和一个垂直滚动条 VScroll1，其中 HScroll1 的最大值为 5、最小值为 0，VScroll1 的最大值为 7、最小值为 0。程序运行时，Shape1 的形状会随着 HScroll1 中滑块的位置变化而变化；Shape1 的填充样式会随着 VScroll1 中滑块的位置变化而变化，如图 1-8-8 所示。完成上述功能后，以原文件名保存工程，并生成可执行文件（Dsg0803.exe）。

4. 打开工程文件 Dsg0804.vbp，在标题为"图形绘制"的窗体 Form1 上，添加一个高为 1200、宽为 1600 的图片框 Picture1；然后再添加两个标题分别为"直线"和"椭圆"的命令按钮 Command1 和 Command2。程序运行时，在 Picture1 中采用默认坐标系，单击"直线"按钮，Picture1 清空并画一个起点为(0, 600)、终点为(1600, 600)的直线，如图 1-8-9（a）所示；单击"椭圆"按钮，Picture1 清空并画一个中心为(800, 600)、半径为 500、长短轴比例为 2 的椭圆，如图 1-8-9（b）所示。完成上述功能后，以原文件名保存工程，并生成可执行文件（Dsg0804.exe）。

图 1-8-8　改变形状的运行界面

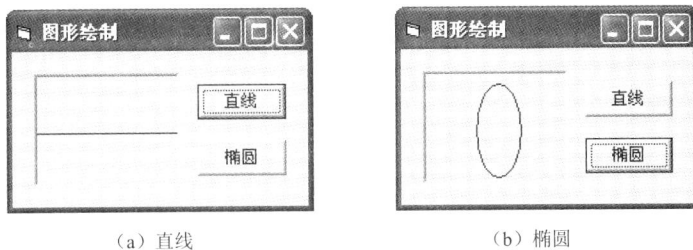

(a) 直线　　　　　　　　　　(b) 椭圆

图 1-8-9　图形绘制的运行界面

5. 打开工程文件 Dsg0805.vbp，在标题为"输入控制"的窗体 Form1 上，添加一个文本内容为空的文本框 Text1；然后再添加一个标题为空、有边框的标签 Label1。程序运行时，只允许在 Text1 中输入数字字符，当在 Text1 中输入非数字字符时，则 Label1 中显示"非法输入"，并撤销该字符输入，如图 1-8-10（a）所示；当在 Text1 中输入数字字符时，则 Label1 中显示"合法输入"，如图 1-8-10（b）所示。完成上述功能后，以原文件名保存工程，并生成可执行文件（Dsg0805.exe）。

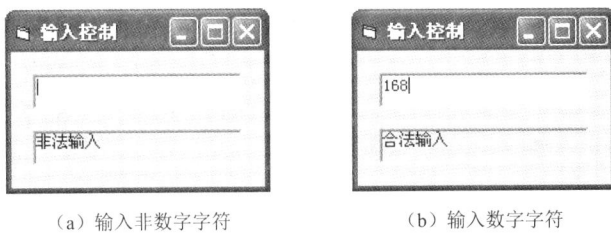

（a）输入非数字字符　　　　　　（b）输入数字字符

图 1-8-10　输入控制的运行界面

实验九　文　　件

一、实验目的

1. 了解顺序文件、随机文件及二进制文件的特点和区别。
2. 掌握顺序文件的打开、关闭和读/写操作。
3. 了解随机文件的打开、关闭和读/写操作。
4. 了解二进制文件的打开、关闭和读/写操作。
5. 掌握文件系统控件的常用属性、事件和方法。

二、实验示例

1. 在标题为"文本加密"的窗体 Form1 上，添加一个文本内容为空、有垂直滚动条的文本框 Text1；然后再添加 3 个标题分别为"读入"、"加密"和"保存"的命令按钮 Command1、Command2 和 Command3。程序运行时，单击"读入"按钮，将当前目录下的 PlainFile.txt 文件（如图 1-9-1 所示）中的文本读入 Text1 中；单击"加密"按钮，对 Text1 中的文本内容进行加密，并将加密结果显示在 Text1 中；单击"保存"按钮，将加密后的 Text1 中的内容保存到当前目录下的文件 CipherFile.txt（如图 1-9-2 所示）中。要求以"Encryption.frm"为窗体文件名、"Encryption.vbp"为工程文件名保存在 D:\01\2330009 文件夹中。

加密方法：把明文中的所有英文字母都转换为其后的第二个字母，当超出最后一个字母 Z 或 z 时，循环转换；非英文字母不转换。例如，A 转换为 C，Y 转换为 A，Z 转换为 B，a 转换为 c，y 转换为 a，z 转换为 b。

图 1-9-1　PlainFile.txt 文件　　　　　　　　图 1-9-2　CipherFile.txt 文件

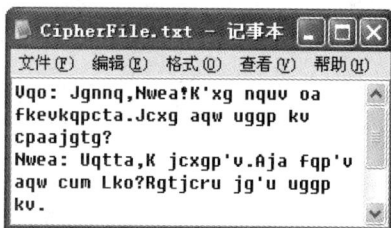

【操作步骤】

（1）创建用户界面。

新建一个"标准 EXE"类型的工程，在窗体 Form1 上添加一个文本框和 3 个命令按钮，然后用鼠标调整各个控件的大小和位置，调整后的控件布局如图 1-9-3（a）所示。

（2）设置对象属性。

根据设计要求，按表 1-9-1 所示的值设置各个控件对象的属性，设置后的界面如图 1-9-3（b）所示。

表 1-9-1　文本加密的对象属性设置

对　象	对象名称	属　性	属 性 值	说　明
窗体	Form1	Caption	文本加密	窗体的标题
文本框	Text1	Text	（空白）	文本框内没有文字
		MultiLine	True	设置多行显示
		ScrollBars	2-Vertical	设置垂直滚动条
命令按钮	Command1	Caption	读入	命令按钮的标题
命令按钮	Command2	Caption	加密	命令按钮的标题
命令按钮	Command3	Caption	保存	命令按钮的标题

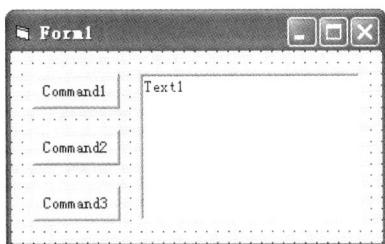

（a）控件布局

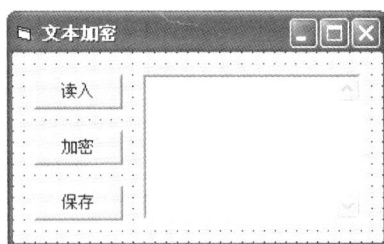

（b）属性设置

图 1-9-3　文本加密的设计界面

（3）编写程序代码。

① 在"读入"按钮的 Click 事件过程中编写代码。

```
Private Sub Command1_Click()
  Dim s As String
  Text1.Text = ""
  Open App.Path & "\PlainFile.txt" For Input As #1
  Do While Not EOF(1)
    Line Input #1, s
    Text1.Text = Text1.Text & s & vbCrLf
  Loop
  Close #1
End Sub
```

② 在"加密"按钮的 Click 事件过程中编写代码。

```
Private Sub Command2_Click()
  Dim s As String, t As String, m As String
  Dim i As Integer
  s = Trim(Text1.Text)
  m = ""
  For i = 1 To Len(s)
    t = Mid(s, i, 1)
    If UCase(t) >= "A" And UCase(t) <= "X" Then
      t = Chr(Asc(t) + 2)
    End If
    If UCase(t) = "Y" Or UCase(t) = "Z" Then
      t = Chr(Asc(t) - 24)
    End If
    m = m & t
```

```
    Next i
    Text1.Text = m
  End Sub
```

③ 在"保存"按钮的 Click 事件过程中编写代码。

```
Private Sub Command3_Click()
  Open App.Path & "\CipherFile.txt" For Output As #1
  Print #1, Text1.Text
  Close #1
End Sub
```

（4）保存工程。

选择"文件"→"保存工程"命令，或者单击常用工具栏中的"保存工程"按钮 🔲，将窗体以"Encryption.frm"为文件名，将工程以"Encryption.vbp"为文件名保存在 D:\01\2330009 文件夹中。

【实验调试与结果分析】

（1）实验调试。

在调试程序时，没有在当前目录下创建一个名为"PlainFile.txt"的文本文件，结果程序运行时出现"文件未找到"的实时错误，如图 1-9-4 所示。以读入方式打开文件时，指明的文件必须存在，如果要打开的文件不存在或文件名写错，系统将产生错误。在当前目录下建立一个名为"PlainFile.txt"的文本文件，并输入相应文本，程序运行正确。

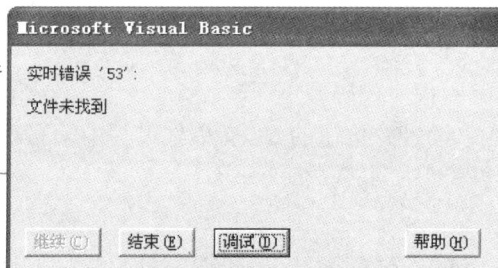

图 1-9-4   文本加密的调试界面

（2）结果分析。

运行时，单击"读入"按钮，运行结果如图 1-9-5（a）所示；接着单击"加密"按钮，运行结果如图 1-9-5（b）所示；然后单击"保存"按钮，在当前目录下生成如图 1-9-2 所示的文件"CipherFile.txt"。

（a）读入   （b）加密

图 1-9-5   文本加密的运行界面

2. 在标题为"文件数据求和"的窗体 Form1 上，添加两个文本内容为空的文本框 Text1 和 Text2，其中 Text1 有水平滚动条；然后再添加两个标题分别为"读入数据"和"奇数和"

的命令按钮 Command1 和 Command2。程序运行时，单击"读入数据"按钮，将当前目录下
Num.txt 文件（如图 1-9-6 所示）中的 20 个正整数依次
读入数组 a，并显示在 Text1 中；单击"奇数和"按钮，
将数组 a 中所有奇数和显示在 Text2 中。要求以
"OddSum.frm"为窗体文件名、"OddSum.vbp"为工程
文件名保存在 D:\01\2330009 文件夹中。

图 1-9-6 Num.txt 文件

【操作步骤】

（1）创建用户界面。

新建一个"标准 EXE"类型的工程，在窗体 Form1 上添加两个文本框和两个命令按钮，
然后用鼠标调整各个控件的大小和位置，调整后的控件布局如图 1-9-7（a）所示。

（2）设置对象属性。

根据设计要求，按表 1-9-2 所示的值设置各个控件对象的属性，设置后的界面如图 1-9-7（b）
所示。

表 1-9-2 文件数据求和的对象属性设置

对　象	对象名称	属　性	属　性　值	说　明
窗体	Form1	Caption	文件数据求和	窗体的标题
文本框	Text1	Text	（空白）	文本框内没有文字
		MultiLine	True	设置多行显示
		ScrollBars	1-Horizontal	设置水平滚动条
文本框	Text2	Text	（空白）	文本框内没有文字
命令按钮	Command1	Caption	读入数据	命令按钮的标题
命令按钮	Command2	Caption	奇数和	命令按钮的标题

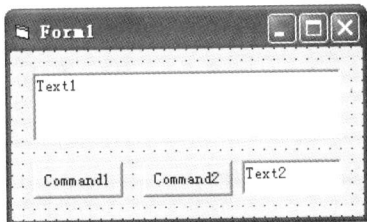

（a）控件布局

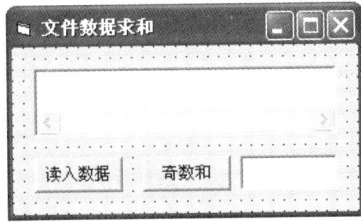

（b）属性设置

图 1-9-7 文件数据求和的设计界面

（3）编写程序代码。

① 在窗体模块的通用声明段中声明模块级数组。

```
Dim a(1 To 20) As Integer
```

② 在"读入数据"按钮的 Click 事件过程中编写代码。

```
Private Sub Command1_Click()
  Dim i As Integer
  Text1.Text = ""
  Open App.Path & "\Num.txt" For Input As #1
  For i = 1 To 20
    Input #1, a(i)
```

```
        Text1.Text = Text1.Text & a(i) & Space(2)
    Next i
    Close #1
End Sub
```

③ 在"奇数和"按钮的 Click 事件过程中编写代码。

```
Private Sub Command2_Click()
    Dim sum As Long, i As Integer
    sum = 0
    For i = 1 To 20
      If a(i) Mod 2 <> 0 Then
        sum = sum + a(i)
      End If
    Next i
    Text2.Text = sum
End Sub
```

（4）保存工程。

选择"文件"→"保存工程"命令，或者单击常用工具栏的"保存工程"按钮，将窗体以"OddSum.frm"为文件名，将工程以"OddSum.vbp"为文件名保存在 D:\01\2330009 文件夹中。

【实验调试与结果分析】

（1）实验调试。

在编写读操作语句时，将文件号写错了，结果运行时出现"错误的文件号或号码"的实时错误，如图 1-9-8 所示。在进行读/写操作时，使用的文件号必须与 Open 语句中的文件号相同。将程序中 Input 语句的文件号改为"#1"，程序运行正确。

图 1-9-8　文件数据求和的调试界面

（2）结果分析。

运行时，单击"读入数据"按钮，运行结果如图 1-9-9（a）所示；单击"奇数和"按钮，运行结果如图 1-9-9（b）所示。

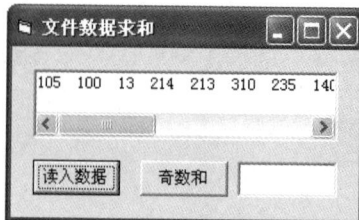

（a）读入数据

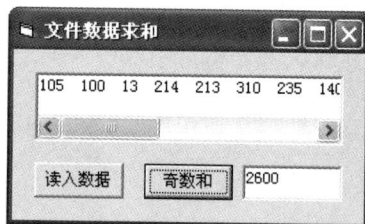

（b）奇数和

图 1-9-9　文件数据求和的运行界面

三、实验内容

1. 打开工程文件 Dsg0901.vbp，在标题为"满分统计"的窗体 Form1 上，添加两个文本内容为空的文本框 Text1 和 Text2，其中 Text1 带有水平滚动条；然后再添加两个标题分别为"读入成绩"和"统计人数"的命令按钮 Command1 和 Command2。程序运行时，单击"读入成绩"按钮，将当前目录下 Dsg0901.txt 文件（如图 1-9-10 所示）中的 30 个学生成绩顺序读入数组 score，并显示在 Text1 中，数据之间用空格隔开；单击"统计人数"按钮，统计数组 score 中成绩为 100 的人数，并在 Text2 中显示统计结果，如图 1-9-11 所示。完成上述功能后，以原文件名保存工程，并生成可执行文件（Dsg0901.exe）。

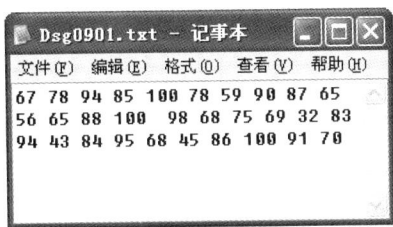

图 1-9-10　Dsg0901.txt 文件

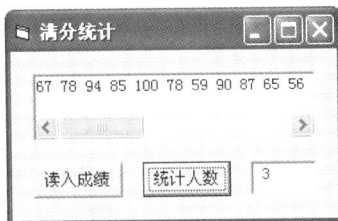

图 1-9-11　满分统计的运行界面

2. 打开工程文件 Dsg0902.vbp，在标题为"字符转换"的窗体 Form1 上，添加一个文本内容为空、有垂直滚动条的文本框 Text1；然后再添加两个标题分别为"打开"和"保存"的命令按钮 Command1 和 Command2。程序运行时，单击"打开"按钮，则将当前目录下 Dsg0902.txt 文件（文件中只有字母和空格）读入 Text1 中，如图 1-9-12（a）所示；单击"保存"按钮，则将 Text1 中的所有小写字母都转换为大写字母，显示在 Text1 中，如图 1-9-12（b）所示，然后将转换后 Text1 中的内容存入当前目录下 OutFile.txt 文件中。完成上述功能后，以原文件名保存工程，并生成可执行文件（Dsg0902.exe）。

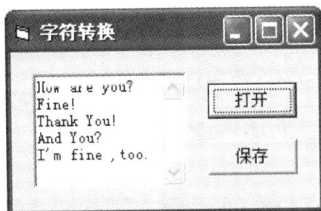
（a）打开

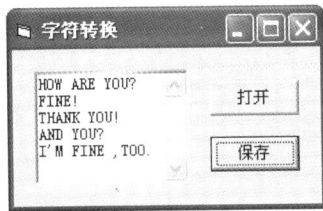
（b）保存

图 1-9-12　字符转换的运行界面

3. 打开工程文件 Dsg0903.vbp，在标题为"数据选择"的窗体 Form1 上，添加两个文本内容为空、有水平滚动条的文本框 Text1 和 Text2；然后再添加两个标题分别为"读入整数"和"选择整数"的命令按钮 Command1 和 Command2。程序运行时，单击"读入整数"按钮，将当前目录下 Dsg0903.txt 文件（如图 1-9-13 所示）中的 20 个正整数依次读入数组 a，并显示在 Text1 中，整数之间用空格隔开；单击"选择整数"按钮，在 Text2 中顺序显示数组 a 中能被 3 整除的整数，如图 1-9-14 所示。完成上述功能后，以原文件名保存工程，并生成可执行文件（Dsg0903.exe）。

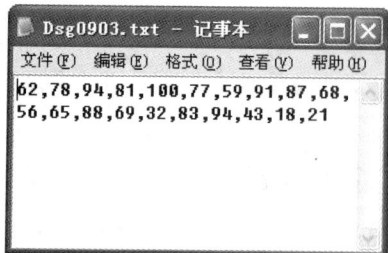

图 1-9-13　Dsg0903.txt 文件

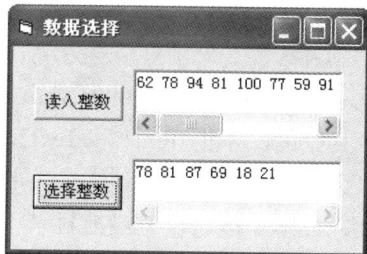

图 1-9-14　数据选择的运行界面

4. 打开工程文件 Dsg0904.vbp，在标题为"字母统计"的窗体 Form1 上，添加 3 个标题分别为"读入数据"、"大写字母"和"小写字母"的命令按钮 Command1、Command2 和 Command3；然后再添加 3 个文本内容为空的文本框 Text1、Text2 和 Text3，其中 Text1 带有垂直滚动条。程序运行时，单击"读入数据"按钮，将当前目录下 Dsg0904.txt 文件（如图 1-9-15 所示）中的内容读入到 Text1 中；单击"大写字母"按钮，将 Text1 中大写字母的个数显示在 Text2 中；单击"小写字母"按钮，将 Text1 中小写字母的个数显示在 Text3 中，如图 1-9-16 所示。完成上述功能后，以原文件名保存工程，并生成可执行文件（Dsg0904.exe）。

图 1-9-15　Dsg0904.txt 文件

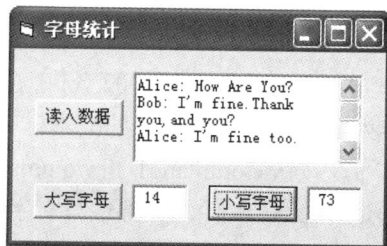

图 1-9-16　字母统计的运行界面

5. 打开工程文件 Dsg0905.vbp，在标题为"文件选择"的窗体 Form1 上，添加一个驱动器列表框 Drive1、一个目录列表框 Dir1 和一个文件列表框 File1，File1 显示的文件类型是文本文件；然后再添加一个文本内容为空、有水平滚动条的文本框 Text1。程序运行时，驱动器、目录和文件列表框能够同步显示，单击 File1 中的文件时，在 Text1 中显示选中文件带路径的完整文件名，如图 1-9-17 所示。完成上述功能后，以原文件名保存工程，并生成可执行文件（Dsg0905.exe）。

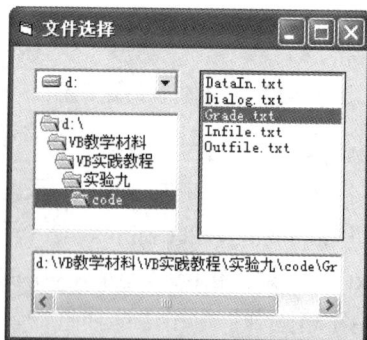

图 1-9-17　文件选择的运行界面

实验十　界　面　设　计

一、实验目的

1. 掌握下拉式菜单和弹出式菜单的设计方法。
2. 熟悉菜单编辑器的使用方法。
3. 掌握"打开""另存为""颜色"和"字体"对话框的设计方法。
4. 了解多文档界面应用程序的设计方法。
5. 综合运用常用控件和程序控制结构完成应用程序的设计。

二、实验示例

1. 在标题为"加减运算"的窗体 Form1 上，添加两个文本内容为空的文本框 Text1 和 Text2；然后再添加一个标题为空、有边框的标签 Label1；接着建立两个标题分别为"计算"和"清除"的菜单 MnuCal 和 MnuClean，其中"计算"菜单有两个标题分别为"加法"和"减法"的菜单项 MnuAdd 和 MnuSub。程序运行时，在 Text1 和 Text2 中输入运算数，选择"加法"菜单项，在 Label1 显示加法计算结果；选择"减法"菜单项，在 Label1 显示减法计算结果；选择"清除"菜单命令，清除 Text1、Text2 和 Label1 中的内容。要求以"Dmenu.frm"为窗体文件名、"Dmenu.vbp"为工程文件名保存在 D:\01\2330010 文件夹中。

【操作步骤】

（1）创建用户界面。

新建一个"标准 EXE"类型的工程，在窗体 Form1 上添加两个文本框和一个标签，然后用鼠标调整各个控件的大小和位置，调整后的控件布局如图 1-10-1（a）所示。

（2）设置对象属性。

根据设计要求，按表 1-10-1 所示的值设置各个控件对象的属性和创建菜单，设置后的界面如图 1-10-1（b）所示。

表 1-10-1　加减运算的对象属性设置

对　　象	对 象 名 称	属　　性	属　性　值	说　　明
窗体	Form1	Caption	加减运算	窗体的标题
文本框	Text1	Text	（空白）	文本框内没有文字
文本框	Text2	Text	（空白）	文本框内没有文字
标签	Label1	Caption	（空白）	标签内没有文字
		BorderStyle	1-Fixed Single	设置标签的边框样式
顶级菜单	MnuCal	Caption	计算	菜单的标题
一级菜单	MnuAdd	Caption	加法	菜单的标题
一级菜单	MnuSub	Caption	减法	菜单的标题
顶级菜单	MnuClean	Caption	清除	菜单的标题

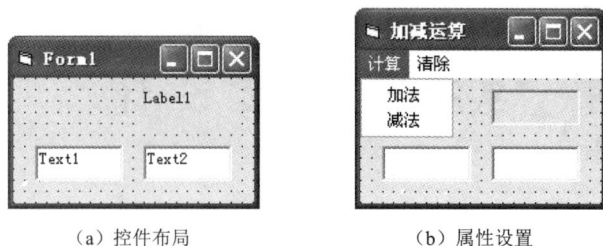

（a）控件布局　　　　　（b）属性设置

图 1-10-1　加减运算的设计界面

（3）编写程序代码。

① 在"加法"菜单项的 Click 事件过程中编写代码。

```
Private Sub MnuAdd_Click()
  Label1.Caption = Val(Text1.Text) + Val(Text2.Text)
End Sub
```

② 在"减法"菜单项的 Click 事件过程中编写代码。

```
Private Sub MnuSub_Click()
  Label1.Caption = Val(Text1.Text) - Val(Text2.Text)
End Sub
```

③ 在"清除"菜单项的 Click 事件过程中编写代码。

```
Private Sub MnuClean_Click()
  Text1.Text = ""
  Text2.Text = ""
  Label1.Caption = ""
End Sub
```

（4）保存工程。

选择"文件"→"保存工程"命令，或者单击常用工具栏中的"保存工程"按钮█，将窗体以"Dmenu.frm"为文件名，将工程以"Dmenu.vbp"为文件名保存在 D:\01\2330010 文件夹中。

【实验调试与结果分析】

（1）实验调试。

使用菜单编辑器创建菜单后，单击"确定"按钮，弹出如图 1-10-2 所示的错误信息。由于在建立菜单时没有设置菜单的名称，因此出现该错误。设置各个菜单的菜单名后，程序运行正确。

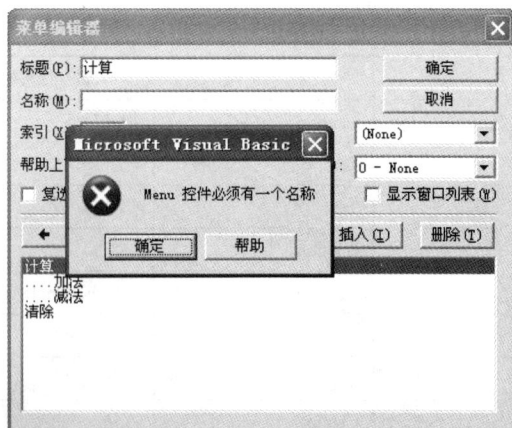

图 1-10-2　加减运算的调试界面

（2）结果分析。

运行时，在文本框 Text1 和 Text2 中分别输入整数 200 和 100，然后选择"加法"菜单项，运行结果如图 1-10-3（a）所示；选择"减法"菜单项，运行结果如图 1-10-3（b）所示；选择"清除"菜单项，运行结果如图 1-10-3（c）所示。

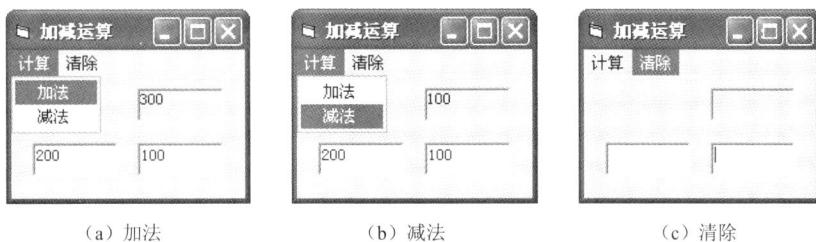

(a) 加法　　　　　　(b) 减法　　　　　　(c) 清除

图 1-10-3　加减运算的运行界面

2. 在标题为"通用对话框示例"的窗体 Form1 上，添加一个文本内容为空、带有垂直滚动条的文本框 Text1；然后再添加两个标题分别为"打开"和"字体"的命令按钮 Command1 和 Command2；最后添加一个通用对话框 CommonDialog1。程序运行时，单击"打开"按钮，打开标准的"打开"对话框，对话框默认路径为"C:\WINDOWS"，默认列出的文件扩展名为".txt"的文件，选定路径及文件名后，单击"打开"按钮，该路径及文件名显示在 Text1 中；单击"字体"按钮，打开标准的"字体"对话框，利用该对话框设置 Text1 中文本的字体、样式和字号。要求以"Cdialog.frm"为窗体文件名、"Cdialog.vbp"为工程文件名保存在 D:\01\2330010 文件夹中。

【操作步骤】

（1）创建用户界面。

新建一个"标准 EXE"类型的工程，在窗体 Form1 上添加一个文本框、两个命令按钮和一个通用对话框，然后用鼠标调整各个控件的大小和位置，调整后的控件布局如图 1-10-4（a）所示。

（2）设置对象属性。

根据设计要求，按表 1-10-2 所示的值设置各个控件对象的属性，设置后的界面如图 1-10-4（b）所示。

表 1-10-2　通用对话框示例的对象属性设置

对　象	对象名称	属　性	属　性　值	说　明
窗体	Form1	Caption	通用对话框示例	窗体的标题
文本框	Text1	Text	（空白）	文本框内没有文字
文本框	Text1	MultiLine	True	设置多行显示
		ScrollBars	2-Vertical	设置垂直滚动条
命令按钮	Command1	Caption	打开	命令按钮的标题
命令按钮	Command2	Caption	字体	命令按钮的标题

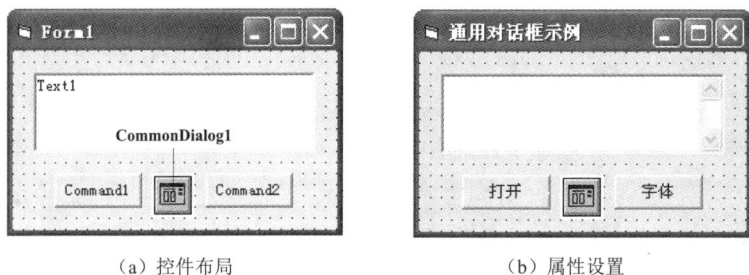

(a) 控件布局　　　　　　　　　　(b) 属性设置

图 1-10-4　通用对话框示例的设计界面

（3）编写程序代码。

① 在"打开"按钮的 Click 事件过程中编写代码。

```
Private Sub Command1_Click()
  CommonDialog1.InitDir = "C:\WINDOWS"
  CommonDialog1.Filter = "文本文件|*.txt|所有文件|*.*"
  CommonDialog1.FilterIndex = 1
  CommonDialog1.Action = 1
  If Trim(CommonDialog1.FileName) <> "" Then
    Text1.Text = CommonDialog1.FileName
  Else
    Text1.Text = ""
  End If
End Sub
```

② 在"字体"按钮的 Click 事件过程中编写代码。

```
Private Sub Command2_Click()
  CommonDialog1.Flags = 3
  CommonDialog1.ShowFont
  If CommonDialog1.FontName <> "" Then
    Text1.FontName = CommonDialog1.FontName
  End If
  Text1.FontSize = CommonDialog1.FontSize
  Text1.FontBold = CommonDialog1.FontBold
  Text1.FontItalic = CommonDialog1.FontItalic
End Sub
```

（4）保存工程。

选择"文件"→"保存工程"命令，或者单击常用工具栏的"保存工程"按钮 ■，将窗体以"Cdialog.frm"为文件名，将工程以"Cdialog.vbp"为文件名保存在 D:\01\2330010 文件夹中。

【实验调试与结果分析】

（1）实验调试。

程序运行时，单击"字体"按钮，弹出如图 1-10-5 所示的错误信息。这是由于没有设置 CommonDialog 控件的 Flags 属性。通常设置该值为"3"，表示屏幕字体、打印机字体两者皆有。在语句"CommonDialog1.ShowFont"前添加语句"CommonDialog1.Flags = 3"之后，程序运行正确。

（2）结果分析。

运行时，单击"打开"按钮，打开标准的"打开"对话框，在"C:\WINDOWS"目录下选择文件"SchedLgU.Txt"，单击"打开"按钮，运行结果如图 1-10-6（a）所示；单击"字

体"按钮,打开标准的"字体"对话框,在对话框中选择"楷体_GB2312""粗体""小三",
单击"确定"按钮,运行结果如图 1-10-6(b)所示。

图 1-10-5　通用对话框示例的调试界面

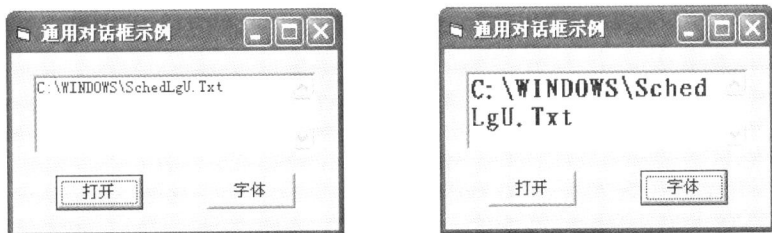

（a）打开　　　　　　　　　（b）字体

图 1-10-6　通用对话框示例的运行界面

三、实验内容

1. 打开工程文件 Dsg1001.vbp,在标题为"菜单设计"的窗体上,添加一个文本内容
为"程序设计基础"的文本框 Text1,Text1 的文字格式为粗体、小三号、居中,且处于不
可编辑状态;然后建立两个标题分别为"文件"和"编辑"的菜单 MnuFile 和 MnuEdit,"文
件"菜单有 3 个标题分别为"打开""保存""退出"的菜单项 FOpen、FSave 和 FExit,在
"退出"菜单项之前有一个分隔条 Sep,其中,"保存"菜单项在运行时处于非激活状态,"退
出"菜单项的快捷键为"Ctrl+Q"。程序运行时,选择"编辑"菜单项,则 Text1 中的内容
可编辑,且"保存"菜单项处于激活状态;选择"保存"菜单项,则 Text1 中的内容不可

编辑,且"保存"菜单项处于非激活状态,如图 1-10-7 所
示。完成上述功能后,以原文件名保存工程,并生成可执
行文件（Dsg1001.exe）。

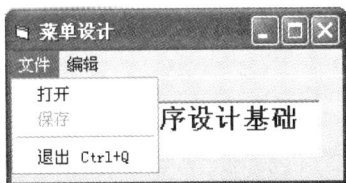

图 1-10-7　菜单设计的运行界面

2. 打开工程文件 Dsg1002.vbp,在标题为"数据显示"
的窗体 Form1 上,添加一个文本内容为空的文本框 Text1;
然后建立一个标题为"操作"的主菜单 Op,"操作"菜单
有两个标题分别为"显示"和"清除"的菜单项 Dis 和 Clea。

程序运行时,选择"显示"菜单项,在 Text1 中显示"计算机等级考试",如图 1-10-8(a)
所示;选择"清除"菜单项,清除 Text1 中显示的内容,如图 1-10-8(b)所示。完成上述
功能后,以原文件名保存工程,并生成可执行文件（Dsg1002.exe）。

（a）显示　　　　　　　　　（b）清除

图 1-10-8　数据显示的运行界面

3. 打开工程文件 Dsg1003.vbp，在标题为"算术运算"的窗体 Form1 上，添加两个文本内容为空的文本框 Text1 和 Text2；然后再添加一个标题为空、有边框的标签 Label1；接着建立两个标题分别为"计算"和"清除"的菜单 MnuCal 和 MnuClean；"计算"菜单有两个标题分别为"平方和"和"平方差"的菜单项 SqAdd 和 SqSub。程序运行时，在 Text1 和 Text2 中输入运算数，选择"平方和"菜单项，在 Label1 中显示计算结果，如图 1-10-9（a）所示；选择"平方差"菜单项，在 Label1 中显示计算结果，如图 1-10-9（b）所示；选择"清除"菜单项，清除 Text1、Text2 和 Label1 中的内容，如图 1-10-9（c）所示。完成上述功能后，以原文件名保存工程，并生成可执行文件（Dsg1003.exe）。

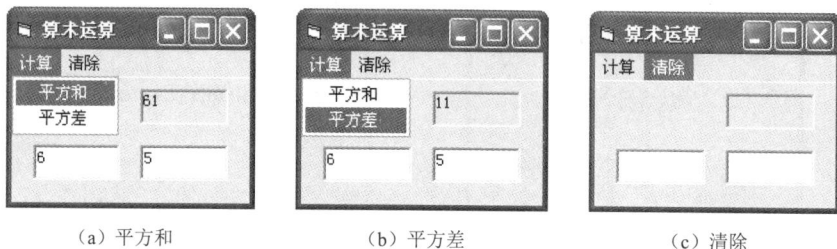

| （a）平方和 | （b）平方差 | （c）清除 |

图 1-10-9　算术运算的运行界面

4. 打开工程文件 Dsg1004.vbp，在标题为"颜色设置"的窗体 Form1 上，添加一个形状控件 Shape1，其填充方式为"0-Solid"；然后建立一个"颜色"菜单 MnuColor，"颜色"菜单有两个标题分别为"蓝色"和"红色"的菜单项 MnuBlue 和 MnuRed。程序运行时，选择"蓝色"或"红色"菜单项，形状控件的填充颜色变为蓝色或红色，如图 1-10-10 所示。完成上述功能后，以原文件名保存工程，并生成可执行文件（Dsg1004.exe）。

5. 打开工程文件 Dsg1005.vbp，在标题为"查找算法"的窗体 Form1 上，添加一个文本内容为空的文本框 Text1 和一个列表框 List1；然后建立一个标题为"操作"的主菜单 MnuOp，"操作"菜单有两个标题分别为"查找"和"清除"的菜单项 Find 和 Clea。程序运行时，在 Text1 中输入一个正整数 n，选择"查找"菜单项，在 List1 中按从小到大顺序显示 1~n 之间所有平方根为整数的数，如图 1-10-11（a）所示；选择"清除"菜单项，清除 Text1 和 List1 中显示的内容，如图 1-10-11（b）所示。完成上述功能后，以原文件名保存工程，并生成可执行文件（Dsg1005.exe）。

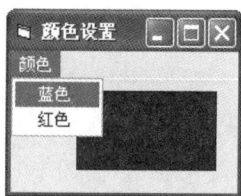

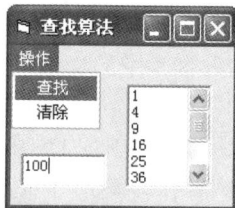

图 1-10-10　颜色设置的运行界面

| （a）查找 | （b）清除 |

图 1-10-11　查找算法的运行界面

提　示

整数 x 的平方根为整数的条件表达式可描述为 "$Sqr(x) = Int(Sqr(x))$"。

第二部分

习题测评

第 1 章　Visual Basic 程序设计概述

1.1　例 题 精 解

一、选择题

1. 下列叙述错误的是（　　）。
   A. Visual Basic 是可视化程序设计语言
   B. Visual Basic 采用事件驱动的编程机制
   C. Visual Basic 是面向对象的程序设计语言
   D. Visual Basic 程序不支持结构化程序设计方法

【分析】Visual Basic 是一种面向对象的可视化设计工具，采用事件驱动的编程机制，同时也具有结构化程序设计语言的特点。显然选项 D 的描述是不正确的。

【答案】D

2. Visual Basic 应用程序在（　　）模式下不能编写代码和设计界面。
   A. 运行　　　　　B. 中断　　　　　C. 设计　　　　　D. 以上均不能

【分析】设计模式既可以进行用户界面编辑，也可以进行程序代码编辑。运行模式既不能进行用户界面编辑，也不能进行程序代码编辑。中断模式是指程序运行暂时停止，可以进行程序调试，此时可以编辑代码，但不能编辑界面。

【答案】A

3. Visual Basic 集成开发环境不包括（　　）窗口。
   A. 窗体设计器　　　　　　　　　B. 代码设计
   C. 工程资源管理器　　　　　　　D. DOS 界面

【分析】Visual Basic 6.0 的集成开发环境包括主窗口、窗体设计器窗口、代码编辑器窗口、属性窗口、工程资源管理器窗口以及工具箱窗口等，但不包括 DOS 界面窗口。

【答案】D

4. 在设计阶段，双击窗体上的某个控件，可以打开（　　）。
   A. 代码窗口　　　B. 属性窗口　　　C. 工具箱窗口　　　D. 工程资源管理窗口

【分析】双击窗体或窗体上某个对象，打开的是代码窗口。

【答案】A

5. 一个 Visual Basic 工程可以包括多种类型文件，（　　）不是 Visual Basic 文件的扩展名。
   A. .bas　　　　　B. .obj　　　　　C. .ocx　　　　　D. .frm

【分析】*.bas 是 Visual Basic 的标准模块文件类型；*.ocx 是 Visual Basic 的 ActiveX 控件的文件类型；*.frm 是 Visual Basic 的窗体文件类型；而*.obj 不是 Visual Basic 的文件类型，而是程序编译过程中生成的文件。

【答案】B

6. 下列关于 Visual Basic 应用程序的运行说法正确的是（　　）。

　　A. 从第一个建立的窗体模块开始执行　　B. 以最后建立的窗体模块结束

　　C. 程序执行顺序不是预先完全确定的　　D. 执行顺序是预先确定好的

【分析】许多程序是从第一个建立的窗体模块开始执行，但 Visual Basic 还允许设置某一个窗体为启动窗体；在任何一个窗体模块中，如果执行到 End 命令都会结束程序的运行。显然选项 A、B 不是本题正确答案。事件驱动编程与传统的线性编程是不同的，传统程序以线性方式进行，是顺序执行的，程序有明显的起点和终点。事件驱动程序运行时等待事件被触发，执行的顺序在很大程度上是由用户的操作决定的，不可能事先完全确定，程序没有明显的起点和终点。

【答案】C

7. 关于 Visual Basic 的"方法"概念的叙述错误的是（　　）。

　　A. 方法是对象的一部分　　　　　　B. 方法是预先定义好的操作

　　C. 方法是对事件的响应　　　　　　D. 方法用于完成某些特定功能

【分析】对象是属性、方法和事件的集成；方法是指为程序设计人员提供的一种特殊的过程和函数，是系统预先规定好，用于完成某些特定的功能。在对象上发生了事件后，对象对该事件做出的响应称为事件过程。

【答案】C

8. 下列叙述中错误的是（　　）。

　　A. 事件过程是响应特定事件的一段程序

　　B. 事件可以由用户触发，也可以由系统触发

　　C. 对象的方法是执行指定操作的过程

　　D. 对象事件的名称可以由编程者指定

【分析】事件是指预先定义好的、对象能够识别的外部刺激动作，如果事件的名称可以由程序设计人员任意指定，那么就不会被对象识别。

【答案】D

9. 下列叙述中正确的是（　　）。

　　A. 窗体的 Name 属性指定窗体的名称，用于标记一个窗体

　　B. 窗体的 Name 属性的值是显示在窗体标题栏中的文本

　　C. 可以在运行期间改变对象的 Name 属性的值

　　D. 对象的 Name 属性值可以为空

【分析】Name 属性是只读属性，只能在属性窗口的"（名称）"栏中修改，不能在运行时修改窗体的名称。窗体的名称作为对象的标记在程序中引用，不会显示在窗体上而且不能为空。显示在窗体标题栏中的文本是由窗体的 Caption 属性决定的。

【答案】A

10. 下列叙述中正确的是（　　）。

　　A. Move 属性用于移动窗体，但不可改变其大小

　　B. Move 属性用于移动窗体，并可改变其大小

　　C. Move 方法用于移动窗体，但不可改变其大小

　　D. Move 方法用于移动窗体，并可改变其大小

【分析】Move 是窗体及除时钟、菜单外的所有控件的一个方法，用于移动窗体或控

件，并可改变其大小。

【答案】D

二、操作题

1. 创建一个标题为"移动窗体"的窗体 Form1，设置相关属性使 Form1 的标题栏不显示"最小化"按钮和"最大化"按钮，窗体的高度和宽度分别为 2000 和 3000。程序运行时，窗体位于屏幕的右上角；每次单击窗体，都使窗体向左移动 100，向下移动 100，同时在窗体的标题栏中显示窗体的左上角坐标，如图 2-1-1 所示。

【界面设计】

（1）新建一个"标准 EXE"类型的工程，系统自动创建一个窗体 Form1。

（2）根据设计要求，按表 2-1-1 所示的值设置窗体对象的属性，设置后的界面如图 2-1-2 所示。

（a）初始状态

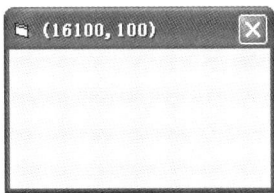
（b）单击窗体

图 2-1-1　移动窗体的运行界面

图 2-1-2　移动窗体的设计界面

表 2-1-1　移动窗体的对象属性设置

对　象	对 象 名 称	属　性	属 性 值	说　明
窗体	Form1	Caption	移动窗体	窗体的标题
		MinButton	False	无"最小化"按钮
		MaxButton	False	无"最大化"按钮
		Height	2000	窗体的高度
		Width	3000	窗体的宽度

【代码设计】

（1）在窗体 Load 事件过程中编写代码。

```
Private Sub Form_Load()
  Form1.Left = Screen.Width - Form1.Width
  Form1.Top = 0
End Sub
```

（2）在窗体 Click 事件过程中编写代码。

```
Private Sub Form_Click()
  Form1.Left = Form1.Left - 100
  Form1.Top = Form1.Top + 100
  Form1.Caption = "(" & Form1.Left & "," & Form1.Top & ")"
End Sub
```

【运行结果】

运行时，窗体自动位于屏幕的右上角，运行结果如图 2-1-1（a）所示；单击窗体，运行结果如图 2-1-1（b）所示。

2. 在标题为"登录窗口"的窗体 Form1 上，添加一个标题为空的标签 Label1，其文字为隶书、小四号；然后再添加两个标题分别为"进入"和"退出"的命令按钮 Command1 和 Command2。程序运行时，单击"进入"按钮，在 Label1 中显示"欢迎您使用 Visual Basic 6.0!"，如图 2-1-3（a）所示；单击"退出"按钮，则在 Label1 中显示"谢谢您使用 Visual Basic! 6.0"，如图 2-1-3（b）所示。

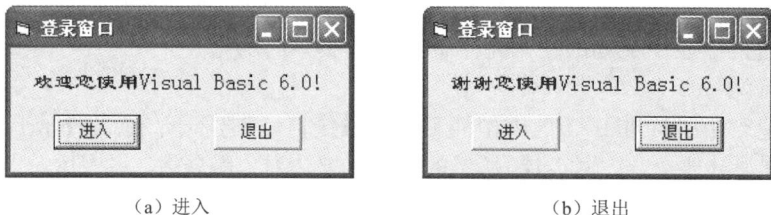

（a）进入　　　　　　　　（b）退出

图 2-1-3　登录窗口的运行界面

【界面设计】

（1）新建一个"标准 EXE"类型的工程，在窗体 Form1 上添加一个标签和两个命令按钮，然后用鼠标调整各个控件的大小和位置，调整后的控件布局如图 2-1-4（a）所示。

（2）根据设计要求，按表 2-1-2 所示的值设置各对象的属性，设置后的界面如图 2-1-4（b）所示。

表 2-1-2　登录窗口的对象属性设置

对　象	对象名称	属　性	属　性　值	说　明
窗体	Form1	Caption	登录窗口	窗体的标题
标签	Label1	Caption	（空白）	标签内没有文字
		Font	字体：隶书；大小：小四	字体设置
命令按钮	Command1	Caption	进入	命令按钮的标题
命令按钮	Command2	Caption	退出	命令按钮的标题

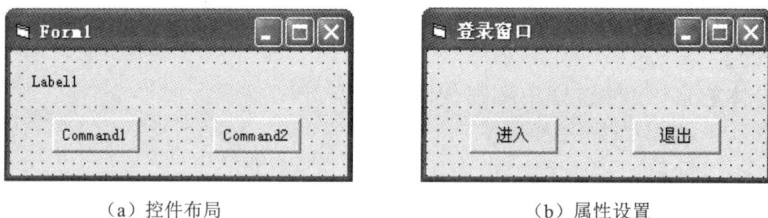

（a）控件布局　　　　　　　（b）属性设置

图 2-1-4　登录窗口的设计界面

【代码设计】

（1）在"进入"按钮的 Click 事件过程中编写代码。

```
Private Sub Command1_Click()
  Label1.Caption = "欢迎您使用 Visual Basic 6.0!"
End Sub
```

（2）在"退出"按钮的 Click 事件过程中编写代码。

```
Private Sub Command2_Click()
  Label1.Caption = "谢谢您使用 Visual Basic 6.0!"
```

```
    End Sub
```

【运行结果】

运行时，单击"进入"按钮，运行结果如图 2-1-3（a）所示；单击"退出"按钮，运行结果如图 2-1-3（b）所示。

3. 创建一个标题为"学院窗口"的窗体 Form1，并以图片 logo.bmp 作为窗体背景。程序运行时，单击窗体，在窗体的适当位置输出阴影字"计算机与信息学院"，如图 2-1-5 所示。

（a）初始状态

（b）单击窗体

图 2-1-5　学院窗口的运行界面

【界面设计】

（1）新建一个"标准 EXE"类型的工程，系统自动创建一个窗体 Form1。

（2）根据设计要求，按表 2-1-3 所示的值设置窗体对象的属性，设置后的界面如图 2-1-6 所示。

表 2-1-3　移动窗体的对象属性设置

对　象	对象名称	属　性	属 性 值	说　明
窗体	Form1	Caption	学院窗口	窗体的标题
		Picture	福建农林大学	加载的图片

图 2-1-6　学院窗口的设计界面

【代码设计】

在窗体的 Click 事件过程中编写代码。

```
Private Sub Form_Click()
  Form1.CurrentX = 200          '设置输出文字的起点的 X 坐标
  Form1.CurrentY = 1500         '设置输出文字的起点的 Y 坐标
  Form1.FontSize = 30           '设置前景文字的字体大小
  Form1.FontName = "楷体_GB2312"  '设置前景文字的字体
  Form1.ForeColor = vbBlack     '设置前景文字的颜色
  Form1.Print "计算机与信息学院"   '输出文字
```

```
        Form1.ForeColor = vbRed               '设置前景文字的颜色
        Form1.CurrentX = 240                  '设置输出文字的起点的 X 坐标
        Form1.CurrentY = 1540                 '设置输出文字的起点的 Y 坐标
        Form1.Print "计算机与信息学院"          '输出文字
    End Sub
```

【运行结果】

运行时，初始运行结果如图 2-1-5（a）所示；单击窗体，运行结果如图 2-1-5（b）所示。

1.2　习　题　测　评

一、选择题

1.（　　）版本的 Visual Basic 6.0 具有其他两个版本的全部功能，它能够开发分布式应用程序。

　　A. 学习版　　　　　　B. 标准版　　　　C. 专业版　　　　　D. 企业版

2. Visual Basic 采用了（　　）的编程机制。

　　A. 面向过程　　　　　B. 面向对象　　　C. 事件驱动　　　　D. 可视化

3. Visual Basic 的启动有多种方法，下面不能启动 Visual Basic 的是（　　）。

　　A. 使用"开始"菜单中的"程序"命令

　　B. 使用"开始"菜单中的"运行"命令，在打开的对话框中输入 Visual Basic 启动文件的名称

　　C. 使用"我的电脑"窗口，在 Visual Basic 所在硬盘驱动器中找到相应的 Visual Basic 文件，然后运行该文件

　　D. 打开 Visual Basic 的"文件"菜单，再按 Alt+Q 组合键

4. 在 Visual Basic 集成开发环境中创建 Visual Basic 应用程序时，除了工具箱窗口、窗体窗口、属性窗口外，必不可少的窗口是（　　）。

　　A. 窗体布局窗口　　B. 立即窗口　　　C. 代码窗口　　　　D. 监视窗口

5. 下列不能打开属性窗口的操作是（　　）。

　　A. 选择"视图"→"属性窗口"命令

　　B. 按 F4 键

　　C. 按 Ctrl+T 组合键

　　D. 单击常用工具栏上的"属性窗口"按钮

6. 通过（　　）窗口可以在设计时直观地调整窗体在屏幕上的位置。

　　A. 代码　　　　　　　　　　　　B. 窗体布局

　　C. 窗体设计器　　　　　　　　　D. 属性

7. 使用 Visual Basic 的工程资源管理器可管理多种类型的文件，下面叙述不正确的是（　　）。

　　A. 窗体文件的扩展名为.frm，每个窗体对应一个窗体文件

　　B. 标准模块是一个纯代码性质的文件，它不属于任何一个窗体

　　C. 用户通过类模块来定义自己的类，每个类都用一个文件来保存，其扩展名为.bas

D. 资源文件是一种纯文本文件，可以用简单的文字编辑器来编辑

8. 新建一个标准 EXE 工程后，不在工具箱中出现的控件是（　　　）。

    A. 单选按钮　　　　　B. 图片框　　　　　C. 通用对话框　　　　　D. 文本框

9. 一个应用程序的窗体中含有图片框控件（已装入图像），则该 Visual Basic 应用程序从文件上看，至少应该包括的文件有（　　　）。

    A. 窗体文件（.frm）、项目文件（.vbp/vbw）

    B. 窗体文件（.frm）、项目文件（.vbp/vbw）和代码文件（.bas）

    C. 窗体文件（.frm）、项目文件（.vbp/vbw）和模块文件（.bas）

    D. 窗体文件（.frm）、项目文件（.vbp/vbw）和窗体的二进制文件（.frx）

10. 下列叙述中错误的是（　　　）。

    A. 打开一个工程文件时，系统自动装入与该工程有关的窗体、标准模块等文件

    B. 保存 Visual Basic 程序时，应分别保存窗体文件和工程文件

    C. Visual Basic 应用程序只能以解释方式执行

    D. 事件可以由用户引发，也可以由系统引发

11. 下列叙述中错误的是（　　　）。

    A. 在工程资源管理器窗口中只能包含一个工程文件及属于该工程的其他文件

    B. 以.bas 为扩展名的文件是标准模块文件

    C. 窗体文件包含该窗体及其控件的属性

    D. 一个工程中可以含有多个标准模块文件

12. 在开发 Visual Basic 应用程序时，一个工程一般至少应含有（　　　）。

    A. 标准模块文件和类模块文件　　　　　B. 工程文件和窗体文件

    C. 工程文件和类模块文件　　　　　D. 工程文件和标准模块文件

13. 下列叙述中正确的是（　　　）。

    A. 对象具有属性、方法和事件

    B. 对象的属性只能在属性窗口中设置

    C. 对象的属性只能在代码中进行设置

    D. 事件过程都要由用户单击对象来触发

14. Visual Basic 是一种面向对象的程序设计语言，下面（　　　）不是面向对象包含的三要素。

    A. 变量　　　　　B. 事件　　　　　C. 属性　　　　　D. 方法

15. 在面向对象方法中，类的实例称为（　　　）。

    A. 集合　　　　　B. 抽象　　　　　C. 对象　　　　　D. 模板

16. 在 Visual Basic 中，对象的行为被称作（　　　），它是被事先编写好的相应的过程或函数，供用户直接调用。

    A. 属性　　　　　B. 方法　　　　　C. 事件　　　　　D. 消息

17. 设有语句 "Command1.Caption ="确定""，则 Command1、Caption 和"确定"分别代表（　　　）。

    A. 对象、属性、值　　　　　B. 对象、方法、值

    C. 对象、值、属性　　　　　D. 属性、对象、值

18. 设有语句 "Form1.Print "欢迎使用 Visual Basic 6.0!""，则 Form1、Print 和"欢迎使

用 Visual Basic 6.0!"则分别代表（　　　）。

  A. 对象、属性、值   B. 对象、方法、参数

  C. 对象、值、属性   D. 属性、对象、值

19. Visual Basic 是一种面向对象的可视化程序设计语言，采取了（　　　）的编程机制。

  A. 从窗体开始执行   B. 按书写顺序执行

  C. 从主程序开始执行   D. 事件驱动

20. 下列关于 Visual Basic 编程的说法中不正确的是（　　　）。

  A. 属性是描述对象特征的数据

  B. 事件是能被对象识别的动作

  C. 方法指示对象的行为

  D. Visual Basic 程序采用的运行机制是面向对象

21. 下列关于事件的叙述中不正确的是（　　　）。

  A. 事件是系统预先为对象定义，能被对象识别的动作

  B. 事件可以分为用户事件和系统事件

  C. Visual Basic 为每个对象设置好各种事件，并定义好事件过程的过程名，但过程代码必须由用户自行编写

  D. Visual Basic 中的所有对象的默认事件都是 Click

22. 在 Visual Basic 中最基本的对象是（　　　），它是应用程序的基石。

  A. 标签   B. 窗体   C. 文本框   D. 命令按钮

23. 窗体的 Caption 属性的作用是（　　　）。

  A. 确定窗体的名称   B. 确定窗体的标题

  C. 确定窗体的边界类型   D. 确定窗体的字体

24. 能够改变窗体边框线类型的属性是（　　　）。

  A. FontStyle   B. BorderStyle   C. BackStyle   D. Border

25. 通过（　　　）属性设置窗体的图标。

  A. Icon   B. Picture   C. MouseIcon   D. DownPicture

26. 将窗体的（　　　）属性设置为 True，可使 Form_Load 事件中的 Print 方法显示结果。

  A. Drawstyle   B. DrawMode   C. AutoRedraw   D. Enabled

27. 使用（　　　）方法可以隐藏窗体，但不从内存中释放。

  A. Show   B. Load   C. Hide   D. Unload

28. 窗体的显示和隐藏方法是（　　　）。

  A. Move、Hide   B. Show、Hide   C. Print、Hide   D. Show、Print

29. 程序运行时，不是由系统触发的事件是（　　　）。

  A. Initialize   B. Load   C. Terminate   D. Click

30. 要使窗体 Form1 的标题栏显示"欢迎使用 Visual Basic 6.0!"，以下语句正确的是（　　　）。

  A. Form1.Caption ="欢迎使用 Visual Basic 6.0! "

  B. Form1.Caption ='欢迎使用 Visual Basic 6.0! '

  C. Form.Caption = "欢迎使用 Visual Basic 6.0! "

  D. Form.Caption = '欢迎使用 Visual Basic 6.0! '

二、设计题

1. 打开工程文件 VbDsg0101.vbp，设置窗体 Form1 的标题为"大小和位置"，高度和宽度分别为 1500 和 2700，左端和顶端距离分别为 3000 和 2100，如图 2-1-7 所示。完成上述设计后，以原文件名保存工程，并生成可执行文件（VbDsg0101.exe）。

2. 打开工程文件 VbDsg0102.vbp，设置窗体 Form1 的标题为"图片显示"，然后在窗体中加载一幅图片（Park.jpg），并设置相应属性使窗体的标题栏左端无控制菜单框，如图 2-1-8 所示。完成上述设计后，以原文件名保存工程，并生成可执行文件（VbDsg0102.exe）。

图 2-1-7　大小和位置的运行界面　　　　图 2-1-8　图片显示的运行界面

3. 打开工程文件 VbDsg0103.vbp，设置窗体 Form1 的标题为"浏览器"，然后设置相关属性使窗体的标题栏显示 IE 图标（Ie.ico）且无"最小化"按钮和"最大化"按钮，接着将窗体的背景颜色和前景颜色分别设置为白色和红色，如图 2-1-9 所示。完成上述设计后，以原文件名保存工程，并生成可执行文件（VbDsg0103.exe）。

4. 打开工程文件 VbDsg0104.vbp，设置窗体 Form1 的标题为"字体设置"，并设置相关属性使在窗体上输出的文本格式为黑体、30 号、粗体。程序运行时，单击窗体，清除窗体上的文字并输出"程序设计"，如图 2-1-10 所示。完成上述设计后，以原文件名保存工程，并生成可执行文件（VbDsg0104.exe）。

图 2-1-9　浏览器的运行界面　　　　图 2-1-10　字体设置的运行界面

三、编程题

1. 打开工程文件 VbProg0101.vbp，如图 2-1-11 所示，添加适当的事件过程代码，实现以下功能。

（1）单击窗体，窗体的标题变为"显示图片"，清除窗体上的文本，并以图片 GreatWall.jpg 作为窗体背景。

（2）双击窗体，窗体的标题变为"显示文本"，同时清除窗体上的图片，并以宋体、45 号、斜体的蓝色字在窗体上显示"万里长城"。

完成上述功能后，以原文件名保存工程，并生成可执行文件（VbProg0101.exe）。

（a）单击窗体

（b）双击窗体

图 2-1-11　万里长城的运行界面

2. 打开工程文件 VbProg0102.vbp，如图 2-1-12 所示，添加适当的事件过程代码，实现以下功能。

（1）单击"左"按钮，窗体向左移动 100。

（2）单击"右"按钮，窗体向右移动 100。

（3）单击"上"按钮，窗体向上移动 200。

（4）单击"下"按钮，窗体向下移动 200。

（5）单击"大"按钮，窗体的高度和宽度都增加 200。

（6）单击"小"按钮，窗体的高度和宽度都减少 100。

图 2-1-12　可变窗体的运行界面

完成上述功能后，以原文件名保存工程，并生成可执行文件（VbProg0102.exe）。

第2章 Visual Basic 程序设计基础

2.1 例题精解

一、选择题

1. 在 Visual Basic 中，不同类型的数据占用存储空间的大小是不同的。下列各组数据类型中，满足占用存储空间从小到大顺序排列的是（　　）。

    A. Byte、Integer、Long、Double　　　B. Byte、Integer、Double、Boolean

    C. Boolean、Byte、Integer、Double　　D. Boolean、Byte、Integer、Long

【分析】Byte 型占用 1 字节，Boolean 型和 Integer 型占用 2 字节，Long 型占用 4 字节，Double 型占用 8 字节。

【答案】A

2. 数据类型中的数值类型可以包括（　　）、Double、Currency 和 Byte。

    A. Integer、Object、Single　　　　　B. Integer、Long、Variant

    C. Integer、Long、Date　　　　　　　D. Integer、Long、Single

【分析】选项 A 中的 Object 是对象类型，而非数值类型；选项 B 中的 Variant 是变体类型，而非数值类型；选项 C 中的 Date 是日期类型，而非数值类型；选项 D 中数据类型分别为整型、长整型和单精度型，均为数值类型。

【答案】D

3. 若要处理一个值为 50000 的整数，应采用 Visual Basic 标准数据类型（　　）来描述更合适。

    A. Integer　　　　　B. Long　　　　　C. Single　　　　　D. String

【分析】Integer 型表示范围为-32768～+32767；Long 型表示范围为-2147483648～+2147483647；Single 是单精度型，能表示的范围比 Long 型更广；String 是字符串类型。显然 50000 在 Long 表示范围内，因此选项 B 正确。

【答案】B

4. 在 Visual Basic 中，表示日期常量用符号（　　）将日期型数据括起来。

    A. %　　　　　　　B. #　　　　　　　C. &　　　　　　　D. " "

【分析】%是整型的类型符；#既是双精度型的类型符，也是日期时间数据的定界符；&是长整型的类型符；" "是字符串的定界符。

【答案】B

5. 下列是整型变量的是（　　）。

    A. x!　　　　　　　B. x#　　　　　　　C. x%　　　　　　　D. x$

【分析】!是单精度型的类型符，#是双精度型的类型符，%是整型的类型符，$是字符串的类型符。

【答案】C

6. 声明一个长度为 10 个字符的字符串变量 str，应使用（　　）。

    A. Dim str As 10　　　　　　　　B. Dim str As String * 10

    C. Dim str As String (10)　　　　　D. Dim str(10) As String

【分析】对于字符串类型变量，有两种定义方法："Dim 字符串变量名 As String"和"Dim 字符串变量名 As String * 字符数"。前者定义的是变长的字符串，最多可存放 2MB 个字符；后者定义的字符串的长度由"*"后面的字符数决定。显然选项 A、C 定义格式不正确，选项 D 是定义字符串数组 str。

【答案】B

7. 表达式 4 + 6 \ 5 * 9 / 9 Mod 3 的值是（　　）。

    A. 4　　　　　B. 5　　　　　C. 6　　　　　D. 7

【分析】表达式中出现的算术运算符的优先级依次为*（/）、\、Mod、+，于是计算过程为 4 + 6 \ 5 * 9 / 9 Mod 3=4 + 6 \45 / 9 Mod 3=4 + 6 \ 5 Mod 3=4 + 1 Mod 3=4 + 1=5。

【答案】B

8. 如果 x 是一个正实数，对 x 的小数点后第 3 位数进行四舍五入的表达式是（　　）。

    A. 0.01 * Int(x + 0.05)　　　　　B. 0.01 * Int(100 * (x + 0.005))

    C. 0.01 * Int(100 * (x + 0.05))　　D. 0.01 * Int(x + 0.05)

【分析】由数学常识和 Visual Basic 表达式书写规则可知，对一个大于零的实数的第 3 位小数进行四舍五入的表达式是 0.01 * Int(100 * (x + 0.005))。

【答案】B

9. 设 a="Visual Basic"，下面使 b="Basic"的语句是（　　）。

    A. b = Left(a, 8, 12)　　　　　B. b = Mid(a, 8, 5)

    C. b = Right(a, 5, 5)　　　　　D. b = Left(a, 8, 5)

【分析】Left(s,n)函数用于取字符串 s 左边的 n 个字符，不符合题意，且选项 A 和选项 D 的函数书写格式也不正确；Right(s,n) 函数用于取字符串 s 右边的 n 个字符，显然选项 C 的函数书写格式也不正确；选项 B 是从字符串 a 中的第 8 个字符开始选出 5 个字符，显然只有选项 B 是正确的。

【答案】B

10. 在 Visual Basic 中要在一行中书写多条语句，各语句之间使用（　　）符号来分隔。

    A. :　　　　　B. *　　　　　C. -　　　　　D. @

【分析】Visual Basic 允许使用复合语句行，即把几个语句放在一行中，各语句之间用语句间隔符——冒号（:）隔开。

【答案】A

二、操作题

1. 在标题为"算术运算"的窗体 Form1 上，添加 3 个标题分别为"操作数 1""操作数 2"和"计算结果"的标签 Label1、Label2 和 Label3；然后再添加 3 个文本内容为空的文本框 Text1、Text2 和 Text3；最后添加 4 个标题分别为"加""减""乘"和"除"的命令按钮 Command1、Command2、Command3 和 Command4。程序运行时，在 Text1 和 Text2 中输入两个操作数，单击相应的命令按钮，则对操作数 1 和操作数 2 进行加、减、乘和除 4 种运算，并将计算结果显示在 Text3 中，如图 2-2-1 所示。

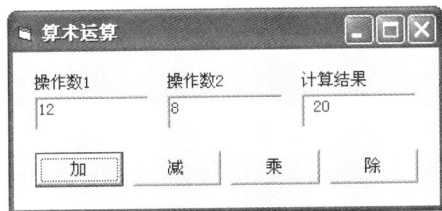
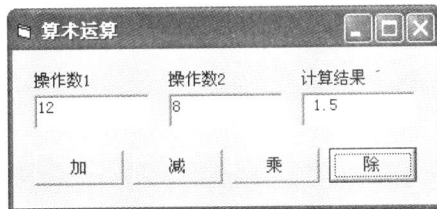

（a）加   （b）除

图 2-2-1　算术运算的运行界面

【界面设计】

（1）新建一个"标准 EXE"类型的工程，在窗体 Form1 上添加 3 个标签、3 个文本框和 4 个命令按钮，然后用鼠标调整各个控件的大小和位置，调整后的控件布局如图 2-2-2（a）所示。

（2）根据设计要求，按表 2-2-1 所示的值设置各对象的属性，设置后的界面如图 2-2-2（b）所示。

表 2-2-1　算术运算的对象属性设置

对　　象	对 象 名 称	属　　性	属 性 值	说　　明
窗体	Form1	Caption	算术运算	窗体的标题
标签	Label1	Caption	操作数 1	标签内文字内容
	Label2	Caption	操作数 2	标签内文字内容
	Label3	Caption	计算结果	标签内文字内容
文本框	Text1	Text	（空白）	文本框内没有文字
	Text2	Text	（空白）	文本框内没有文字
	Text3	Text	（空白）	文本框内没有文字
命令按钮	Command1	Caption	加	命令按钮的标题
	Command2	Caption	减	命令按钮的标题
	Command3	Caption	乘	命令按钮的标题
	Command4	Caption	除	命令按钮的标题

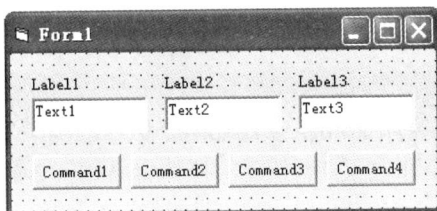
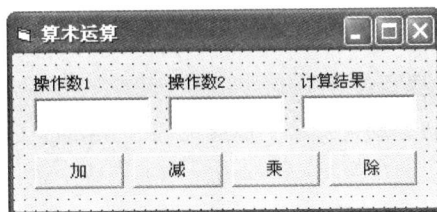

（a）控件布局   （b）属性设置

图 2-2-2　算术运算的设计界面

【代码设计】

（1）在"加"按钮的 Click 事件过程中编写代码。

```
Private Sub Command1_Click()
  Dim a As Single
  Dim b As Single
  Dim c As Single
  a = Val(Text1.Text)
```

```
        b = Val(Text2.Text)
        c = a + b
        Text3.Text = Str(c)
    End Sub
```

（2）在"减"按钮的 Click 事件过程中编写代码。

```
    Private Sub Command2_Click()
        Text3.Text = Str(Val(Text1.Text) - Val(Text2.Text))
    End Sub
```

（3）在"乘"按钮的 Click 事件过程中编写代码。

```
    Private Sub Command3_Click()
        Text3.Text = Str(Val(Text1.Text) * Val(Text2.Text))
    End Sub
```

（4）在"除"按钮的 Click 事件过程中编写代码。

```
    Private Sub Command4_Click()
        Text3.Text = Str(Val(Text1.Text) / Val(Text2.Text))
    End Sub
```

【运行结果】

运行时，在文本框 Text1 和 Text2 中分别输入 12 和 8，单击"加"按钮，运行结果如图 2-2-1（a）所示；单击"除"按钮，运行结果如图 2-2-1（b）所示。

2. 在标题为"数据处理"的窗体 Form1 上，添加两个标题分别为"三位整数"和"逆序输出"的标签 Label1 和 Label2；然后再添加两个文本内容为空的文本框 Text1 和 Text2；最后添加两个标题分别为"产生"和"输出"的命令按钮 Command1 和 Command2。程序运行时，单击"产生"按钮，在 Text1 中随机生成一个 3 位正整数，如图 2-2-3（a）所示；单击"输出"按钮，在 Text2 中逆序输出该整数，如图 2-2-3（b）所示。

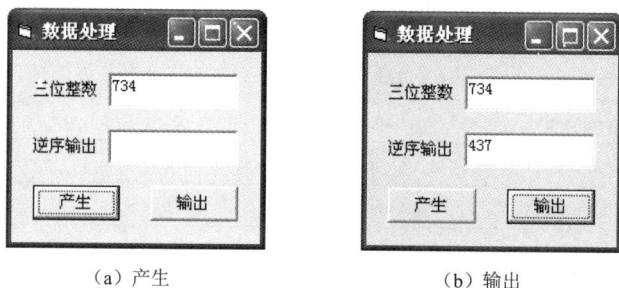

（a）产生　　　　　　　　　（b）输出

图 2-2-3　数据处理的运行界面

【界面设计】

（1）新建一个"标准 EXE"类型的工程，在窗体 Form1 上添加两个标签、两个文本框和两个命令按钮，然后用鼠标调整各个控件的大小和位置，调整后的控件布局如图 2-2-4（a）所示。

（2）根据设计要求，按表 2-2-2 所示的值设置各对象的属性，设置后的界面如图 2-2-4（b）所示。

表 2-2-2　数据处理的对象属性设置

对　象	对象名称	属　性	属 性 值	说　明
窗体	Form1	Caption	数据处理	窗体的标题
标签	Label1	Caption	三位整数	标签内文字内容
	Label2	Caption	逆序输出	标签内文字内容

续表

对 象	对象名称	属 性	属 性 值	说 明
文本框	Text1	Text	（空白）	文本框内没有文字
	Text2	Text	（空白）	文本框内没有文字
命令按钮	Command1	Caption	产生	命令按钮的标题
	Command2	Caption	输出	命令按钮的标题

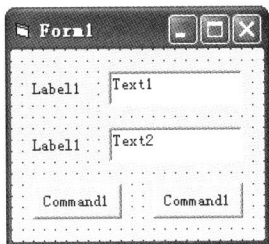

（a）控件布局

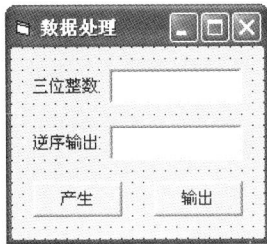

（b）属性设置

图 2-2-4　数据处理的设计界面

【代码设计】

（1）在"产生"按钮的 Click 事件过程中编写代码。

```
Private Sub Command1_Click()
  Text1.Text = Int(Rnd * (999 - 100 + 1) + 100)
  Text2.Text = ""
End Sub
```

（2）在"输出"按钮的 Click 事件过程中编写代码。

```
Private Sub Command2_Click()
  Text2.Text = Mid(Text1.Text, 3, 1) & Mid(Text1.Text, 2, 1) &
Mid(Text1.Text, 1, 1)
End Sub
```

【运行结果】

运行时，单击"产生"按钮，运行结果如图 2-2-3（a）所示；单击"输出"按钮，运行结果如图 2-2-3（b）所示。

3. 在标题为"大写小写转换"的窗体 Form1 上，添加一个文本内容为空的文本框 Text1 和一个标题为空的标签 Label1；然后再添加两个标题分别为"大写"和"小写"的命令按钮 Command1 和 Command2。程序运行时，在 Text1 中输入一串字符，单击"大写"按钮，将 Text1 中的字符转换为大写，并显示在 Label1 中，如图 2-2-5（a）所示；单击"小写"按钮，将 Text1 中的字符转换为小写，并显示在 Label1 中，如图 2-2-5（b）所示。

（a）大写

（b）小写

图 2-2-5　"大写小写转换"的运行界面

【界面设计】

（1）新建一个"标准 EXE"类型的工程，在窗体 Form1 上添加一个文本框、一个标签和两个命令按钮，然后用鼠标调整各个控件的大小和位置，调整后的控件布局如图 2-2-6（a）所示。

（2）根据设计要求，按表 2-2-3 所示的值设置各对象的属性，设置后的界面如图 2-2-6（b）所示。

表 2-2-3　大写小写转换的对象属性设置

对　　象	对象名称	属　　性	属 性 值	说　　明
窗体	Form1	Caption	大写小写转换	窗体的标题
文本框	Text1	Text1	（空白）	文本框内没有文字
标签	Label1	Caption	（空白）	标签内没有文字
命令按钮	Command1	Caption	大写	命令按钮的标题
	Command2	Caption	小写	命令按钮的标题

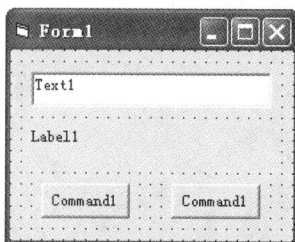
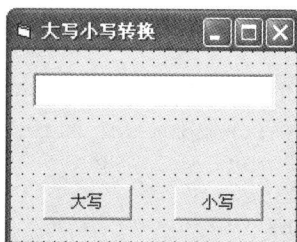

（a）控件布局　　　　　　　　（b）属性设置

图 2-2-6　大写小写转换的设计界面

【代码设计】

（1）在"大写"按钮的 Click 事件过程中编写代码。

```
Private Sub Command1_Click()
  Label1.Caption = UCase(Text1.Text)
End Sub
```

（2）在"小写"按钮的 Click 事件过程中编写代码。

```
Private Sub Command2_Click()
  Label1.Caption = LCase(Text1.Text)
End Sub
```

【运行结果】

运行时，在文本框 Text1 中输入"Visual Basic Program Design"，单击"大写"按钮，运行结果如图 2-2-5（a）所示；单击"小写"按钮，运行结果如图 2-2-5（b）所示。

2.2　习　题　测　评

一、选择题

1. 在 Visual Basic 中，如果一个变量未做类型声明而直接使用，则该变量的数据类型是（　　）。

    A. 字符串型　　　　B. 数值型　　　　C. 变体类型　　　　D. 可以是任何类型

2. 设有如下语句：

```
Dim a, b As Integer
c = "Visual Basic"
d = #7/20/2005#
```

以下关于这段代码的叙述中，错误的是（　　　）。

　　A. a 被定义为 Integer 类型变量　　　　B. b 被定义为 Integer 类型变量

　　C. c 中的数据是字符串　　　　　　　　D. d 中的数据是日期类型

3. 下列关于变体数据类型的叙述中正确的是（　　　）。

　　A. 变体是一种没有类型的数据

　　B. 给变体变量赋某一种类型数值后，就不能再赋给另一种类型数值

　　C. 一个变量没有定义就赋值，该变量即为变体类型

　　D. 变体的空值就表示该变体值为 0

4. 下面（　　　）是不合法的整常数。

　　A. 100　　　　　　B. &O100　　　　　C. &H100　　　　　D. %100

5. 下面（　　　）是合法的字符常数。

　　A. ABC$　　　　　B. "ABC"　　　　　C. 'ABC'　　　　　D. ABC

6. 下面（　　　）是不合法的单精度常数。

　　A. 100!　　　　　B. 100.0　　　　　C. 1E+2　　　　　D. 100.0D+2

7. 下面（　　　）是合法的单精度型变量。

　　A. num!　　　　　B. sum%　　　　　C. xint$　　　　　D. mm#

8. 下列不可作为 Visual Basic 变量名的是（　　　）。

　　A. 4*Delta　　　　B. Alpha　　　　　C. ABC　　　　　　D. ABT1

9. 以下合法的 Visual Basic 标识符是（　　　）。

　　A. ForLoop　　　　B. Const　　　　　C. 6abc　　　　　D. b#x

10. 设有如下变量声明：

```
Dim TestDate As Date
```

能为变量 TestDate 正确赋值的是（　　　）。

　　A. TestDate = #1/1/2012#　　　　　　B. TestDate=#"1/1/2012"#

　　C. TestDate = Date("1/1/2012")　　　　D. TestDate = Format("m/d/yy", "1/1/2012")

11. 在 Visual Basic 的基本数据类型中，变体类型（Variant）可以表示任何类型的变量，如果有定义"Dim a"，则以下变量赋值中正确的是（　　　）。

　　A. a="OK"　　　B. a$=OK　　　　C. a=04/01/2011　　D. a$="OK"

12. 如果变量 a、b、c 均为整型，下列程序段的输出结果为（　　　）。

```
a = 2
b = 3
c = a * b
Print a & "*" & b & "=" & c
```

　　A. c=6　　　　　B. a*b=c　　　　　C. 2*3=6　　　　　D. a*b=6

13. 设 a = 2、b = 3、c = 4、d = 5，则表达式 3 > 2 * b Or a = c And b <> c Or c > d 的值是（　　　）。

　　A. 1　　　　　　B. -1　　　　　　C. False　　　　　D. True

14. 下列逻辑表达式中，能正确表示条件"x，y 都是奇数"的是（   ）。

     A. x Mod 2 = 1 Or y Mod 2 = 1   B. x Mod 2 = 0 Or y Mod 2 = 0

     C. x Mod 2 = 1 And y Mod 2 = 1   D. x Mod 2 = 0 And y Mod 2 = 0

15. 表达式 4 + 5 \ 6 * 7 / 8 Mod 9 的值是（   ）。

     A. 4   B. 5   C. 6   D. 7

16. 设 a=3、b=5，则以下表达式值为真的是（   ）。

     A. a>=b And b>10   B. (a > b) Or (b > 0)

     C. (a < 0) Eqv (b > 0)   D. (−3 + 5 > a) And (b > 0)

17. 在直角坐标系中，x、y 是坐标系中任意点的位置，用 x 与 y 表示在第一或第三象限的表达式，以下不正确的是（   ）。

     A. (x > 0 And y > 0) And (x < 0 And y < 0)

     B. (x > 0 And y > 0) Or (x < 0 And y < 0)

     C. x * y > 0

     D. x * y = Abs(x * y)

18. 表达式 Int(8 * Sqr(36 * (10 ^ (−2)) * 10 + 0.5)) / 10 的值是（   ）。

     A. 1   B. 16   C. 1.6   D. 0.16

19. 表达式 2 * 3 ^ 2 + 2 * 8 / 4 + 3 ^ 2 的值为（   ）。

     A. 64   B. 31   C. 49   D. 22

20. 表达式 2 + 3 * 4 ^ 5 + 1 / 2 中最先进行的运算是（   ）。

     A. 4^5   B. 3*4   C. x+1   D. 1/2

21. 表达式 Int(−17.8) + Sgn(17.8)的值是（   ）。

     A. 18   B. −17   C. −18   D. −16

22. 计算结果为 0 的表达式是（   ）。

     A. Int(2.4) + Int(−2.8)   B. CInt(2.4) + CInt(−2.8)

     C. Fix(2.4) + Int(−2.8)   D. Fix(2.4) + Fix(−2.8)

23. 用于获得字符串 s 从第二个字符开始的 3 个字符的函数是（   ）。

     A. Mid$(s, 2, 3)   B. Middle(s, 2, 3)

     C. Right$(s, 2, 3)   D. Left$(s, 2, 3)

24. 执行以下程序段后，变量 c$的值为（   ）。

```
a$ = "Visual Basic"
b$ = "Quick"
c$ = b$ & UCase(Mid$(a$, 2, 3)) & Right$(a$, 2)
```

     A. Quick Visual   B. Quick Basic

     C. Quickisuic   D. QuickISUic

25. 用于从字符串左边截取字符的函数是（   ）。

     A. Ltrim()   B. Trim()   C. Left()   D. Instr()

26. 表达式 Val(".123E2CD")的值是（   ）。

     A. 123   B. 0   C. 12.3   D. 123E2CD

27. 表达式 Str(Len("1234")) + Str(5.9)的值为（　　　）。

    A. 45.9　　　　　　B. 4 5.9　　　　　　C. 12345.9　　　　D. 1234 5.9

28. 表达式 Len("幸运 52")的值是（　　　）。

    A. 0　　　　　　　B. 4　　　　　　　　C. 6　　　　　　　D. 8

29. 可获得当前系统日期的函数是（　　　）。

    A. Date()　　　　　B. Time()　　　　　C. IsDate()　　　　D. Year()

30. 产生[5, 46]之间随机整数的 Visual Basic 表达式是（　　　）。

    A. Int(Rnd(1) * 42) + 6　　　　　　　B. Int(Rnd(1) * 42) + 5

    C. Int(Rnd(1)) + 41　　　　　　　　D. Int(Rnd(1) * 41) + 5

二、设计题

1. 打开工程文件 VbDsg0201.vbp，在标题为"字符串连接"的窗体 Form1 上，添加 3 个文本内容为空的文本框 Text1、Text2 和 Text3；然后再添加一个标题为"连接"的命令按钮 Command1。程序运行时，在 Text1 和 Text2 中分别输入一个字符串，单击"连接"按钮，将这两个字符串按顺序连接成一个新的字符串，并在 Text3 中显示，如图 2-2-7 所示。完成上述设计后，以原文件名保存工程，并生成可执行文件（VbDsg0201.exe）。

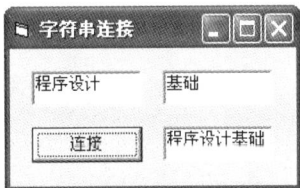

2. 打开工程文件 VbDsg0202.vbp，在标题为"日历显示"的窗体 Form1 上，添加两个标题分别为"当前日期"和"当前星期"的命令按钮 Command1 和 Command2；然后再添加两个文本内容为空的文本框 Text1 和 Text2。程序运行时，单击"当前日期"按钮，在 Text1 中显示当前日期；单击"当前星期"按钮，在 Text2 中显示当前星期，如图 2-2-8 所示。完成上述设计后，以原文件名保存工程，并生成可执行文件（VbDsg0202.exe）。

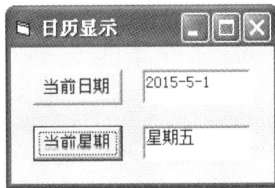

图 2-2-7　字符串连接的运行界面　　　　图 2-2-8　日历显示的运行界面

三、编程题

1. 打开工程文件 VbProg0201.vbp，如图 2-2-9 所示，添加适当的事件过程代码，实现以下功能。

在文本框 Text1 中输入圆半径，单击"圆周长"按钮，计算该圆的周长，并将计算结果（保留一位小数）显示在文本框 Text2 中。

完成上述功能后，以原文件名保存工程，并生成可执行文件（VbProg0201.exe）。

2. 打开工程文件 VbProg0202.vbp，如图 2-2-10 所示，添加适当的事件过程代码，实现以下功能。

在文本框 Text1 和 Text2 中分别输入 a 和 b 的值，单击"计算"按钮，求下面公式的值，并将计算结果（保留两位小数）显示在文本框 Text3 中。

$$\frac{(a-b)^3 + \sqrt[3]{a+3b}}{2a} + a*b$$

完成上述功能后，以原文件名保存工程，并生成可执行文件（VbProg0202.exe）。

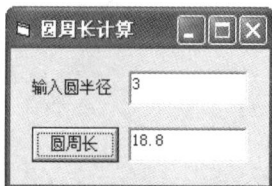

图 2-2-9　圆周长计算的运行界面　　　　图 2-2-10　表达式计算的运行界面

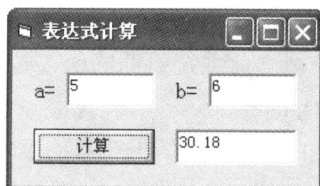

3. 打开工程文件 VbProg0203.vbp，如图 2-2-11 所示，添加适当的事件过程代码，实现以下功能。

在文本框 Text1 中输入一个较长的字符串，然后在文本框 Text2 中输入起始位置，接着在文本框 Text3 中输入获取字符长度，单击"子串"按钮，对 Text1 中的字符串从起始位置开始提取指定长度的字符，并将提取结果显示在文本框 Text4 中。

完成上述功能后，以原文件名保存工程，并生成可执行文件（VbProg0203.exe）。

4. 打开工程文件 VbProg0204.vbp，如图 2-2-12 所示，添加适当的事件过程代码，实现以下功能。

（1）单击"随机数 1"按钮，在文本框 Text1 中显示一个 50～100 之间的随机整数。

（2）单击"随机数 2"按钮，在文本框 Text2 中显示一个 10～30 之间的随机整数。

（3）单击"相加"按钮，对文本框 Text1 和 Text2 中的两个整数进行"加法"运算，并将计算结果显示在文本框 Text3 中。

（4）单击"求余"按钮，对文本框 Text1 和 Text2 中的两个整数进行"求余"运算，并将计算结果显示在文本框 Text4 中。

完成上述功能后，以原文件名保存工程，并生成可执行文件（VbProg0204.exe）。

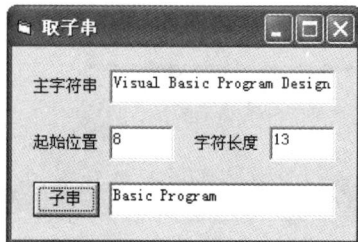

图 2-2-11　取子串的运行界面　　　　　图 2-2-12　随机数计算的运行界面

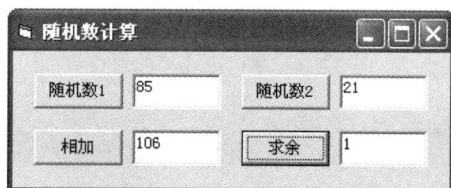

第3章 顺序结构程序设计

3.1 例 题 精 解

一、选择题

1. 下列语句合法的是（　　　）。

A. x+y=2　　　　　B. x>2=y　　　　　C. x=y>2　　　　　D. c=y++

【分析】在 Visual Basic 中，赋值号"="左边一定只能是变量名或对象属性名，不能是常量、符号常量、函数或表达式。显然，选项 A 和 B 赋值号左边都是表达式，因此不能构成赋值语句。而选项 D 的"++"不是合法的 Visual Basic 运算符。

【答案】C

2. 下列正确的赋值语句是（　　　）。

A. i+j=10　　　　　B. 2i=j　　　　　C. j=i+j　　　　　D. i=j==0

【分析】选项 A 赋值号"="左边是表达式；选项 B 赋值号"="左边的"2i"不是合法的标识符；选项 D 中的"=="不是合法的 Visual Basic 运算符。

【答案】C

3. Print "10+6=";10+6 的输出结果是（　　　）。

A. 16=10+6　　　B. 10+6=10+6　　　C. 10+6= 16　　　D. "10+6="10+6

【分析】用 Print 方法在窗体上输出时，对于字符串常量，按原样显示两个双引号之间的内容，而且不显示双引号；对于算术表达式则先进行计算，然后输出计算结果。因此本题先输出字符串"10+6="，然后计算表达式"10+6"，将结果"16"输出。由于这两个数据之间用分号隔开，因此输出"10+6= 16"。

【答案】C

4. （　　　）组语句可以实现将变量 x、y 互换。

A. x = y: y = x　　　　　　　　　B. t = y: x = y: y = t

C. x = t: t = y: y = x　　　　　　D. t = x: x = y: y = t

【分析】选项 A、B 中最后的 x、y 的值均为原来 y 的值；选项 C 中最后的 x、y 值均是 t；选项 D 中最后的 x、y 值分别是原来 y、x 的值。

【答案】D

5. 执行语句 x = InputBox("请输入半径", 0, "求面积")，在输入框中输入 3 后按 Enter 键，则下列叙述中正确的是（　　　）。

A. x 的值是数值3　　　　　　　B. x 的值是字符"3"

C. 0 是默认值　　　　　　　　　D. 对话框的标题是"求面积"

【分析】InputBox()函数的语法格式为"变量名=InputBox(提示信息[,标题][,默认值])"，由此可知本题中"请输入半径"是提示信息，0 是对话框的标题，"求面积"是默认值，因此选项 C、D 不正确。另外，InputBox()函数返回值类型为字符串型，因此选项 A 不正确。

【答案】B

6. 下列程序运行时，分别在两个输入框中输入 123 和 321，在窗体上显示的结果是（　　）。

```
Private Sub Command1_Click()
    x = InputBox("x=")
    y = InputBox("y=")
    Print x + y
End Sub
```

　　A. 444　　　　　　B. 123321　　　　　C. 123+321　　　　D. 显示出错信息

【分析】InputBox()函数的返回值类型为字符串型，故得到的 x 和 y 值分别为字符串 "123"和"321"，则表达式 x+y="123"+"321"="123321"，因此选项 B 正确。

【答案】B

7. 设置命令按钮的（　　）属性为 True，可使按 Esc 键时，执行该按钮的单击事件过程。

　　A. Cancel　　　　B. Enabled　　　　C. Value　　　　D. Default

【分析】当命令按钮的 Default 属性设置为 True 时，按 Enter 键可执行其 Click 事件；当其 Cancel 属性设置为 True 时，按 Esc 键可执行其 Click 事件；命令按钮的 Value 属性返回或设置一个值，用于检查命令按钮是否被按下；Enabled 属性则指定该按钮是否可操作。因此选项 A 正确。

【答案】A

8. 设置（　　）属性使标签 Label1 没有边框。

　　A. Label1.Borderstyle=0　　　　　　　　B. Label1.Borderstyle=1
　　C. Label1.BackStyle=True　　　　　　　　D. Label1.BackStyle=False

【分析】标签的 Borderstyle 属性用于设置标签的边框样式，其值为 0 表示标签无边框，值为 1 表示标签有边框；标签的 BackStyle 属性用于设置标签的背景样式，其值为 0 表示标签背景透明，值为 1 表示标签背景不透明。因此选项 A 正确。

【答案】A

9. 文本框的 ScrollBars 属性设置为非零值，却没有效果，其原因是（　　）。

　　A. 文本框没有内容　　　　　　　　　　B. 文本框的 MultiLine 属性为 False
　　C. 文本框的 MultiLine 属性为 True　　　D. 文本框的 Locked 属性为 True

【分析】文本框的 MultiLine 属性为 False 时，对 ScrollBars 属性设置的值均无效，而且输入的内容只能在一行上显示。因此选项 B 正确。

【答案】B

10. 当对象 A 的焦点移向对象 B 时，以下说法正确的是（　　）。

　　A. 同时触发对象 A 的 LostFocus 事件与对象 B 的 GotFocus 事件
　　B. 先触发对象 A 的 LostFocus 事件，再触发对象 B 的 GotFocus 事件
　　C. 先触发对象 B 的 GotFocus 事件，再触发对象 A 的 LostFocus 事件
　　D. 对象 A 的 LostFocus 事件必定会触发，对象 B 的 GotFocus 事件不一定会触发

【分析】LostFocus 事件在一个对象失去焦点时发生，而 GotFocus 事件在一个对象获得焦点时发生。焦点从对象 A 移向对象 B 的过程是一个首先对象 A 失去焦点，然后对象 B

获得焦点的过程。因此首先触发对象 A 的 LostFocus 事件，再触发对象 B 的 GotFocus 事件。

【答案】B

二、操作题

1. 在标题为"圆面积和周长"的窗体 Form1 上，添加 3 个标题分别为"圆半径"、"圆面积"和"圆周长"的标签 Label1、Label2 和 Label3；然后再添加一个标题为"计算"的命令按钮 Command1；接着再添加两个标题为空、有边框的标签 Label4 和 Label5；最后添加一个文本内容为空的文本框 Text1。程序运行时，在 Text1 中输入圆半径的值，单击"计算"按钮，计算圆的面积和周长，并在 Label4 和 Label5 中显示计算结果，如图 2-3-1 所示。

图 2-3-1 圆面积和周长的运行界面

【界面设计】

（1）新建一个"标准 EXE"类型的工程，在窗体 Form1 上添加 5 个标签、一个命令按钮和一个文本框，然后用鼠标调整各个控件的大小和位置，调整后的控件布局如图 2-3-2（a）所示。

（2）根据设计要求，按表 2-3-1 所示的值设置各个控件对象的属性，设置后的界面如图 2-3-2（b）所示。

表 2-3-1 圆面积和周长的对象属性设置

对 象	对象名称	属 性	属 性 值	说 明
窗体	Form1	Caption	圆面积和周长	窗体的标题
标签	Label1	Caption	圆半径	标签内文字内容
标签	Label2	Caption	圆面积	标签内文字内容
标签	Label3	Caption	圆周长	标签内文字内容
标签	Label4	Caption	（空白）	标签内没有文字
		BorderStyle	1-Fixed Single	设置标签的边框样式
标签	Label5	Caption	（空白）	标签内没有文字
		BorderStyle	1-Fixed Single	设置标签的边框样式
命令按钮	Command1	Caption	计算	命令按钮的标题
文本框	Text1	Text	（空白）	文本框内没有文字

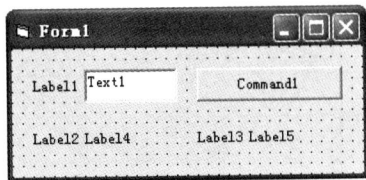

（a）控件布局

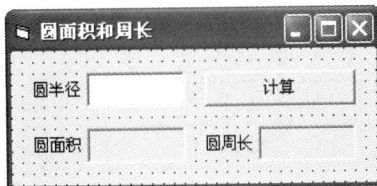

（b）属性设置

图 2-3-2 圆面积和周长的设计界面

【代码设计】

在"圆面积和周长"按钮的 Click 事件过程中编写代码。

```
Private Sub Command1_Click()
    Const PI As Single = 3.14159
    Dim r As Single, s As Single, l As Single
    r = Val(Text1.Text)        '输入半径
    s = PI * r * r             '计算圆面积
    l = 2 * PI * r             '计算圆周长
    Label4.Caption = Str(s)    '输出圆面积
    Label5.Caption = Str(l)    '输出圆周长
End Sub
```

【运行结果】

运行时，在文本框 Text1 中输入整数 5，单击"圆面积和周长"按钮，运行界面如图 2-3-1 所示。

2. 在标题为"温度转换"的窗体 Form1 上，添加两个标题分别为"华氏温度"和"摄氏温度"的标签 Label1 和 Label3；然后再添加两个标题为空、有边框的标签 Label2 和 Label4；最后添加两个标题分别为"输入"和"转换"的命令按钮 Command1 和 Command2。程序运行时，单击"输入"按钮，通过如图 2-3-3（a）所示的输入框输入华氏温度，并显示在 Label2 中；单击"转换"按钮，将 Label2 中的华氏温度转换为摄氏温度（计算公式为 C=(F-32)*5/9，其中 F 表示华氏温度，C 表示摄氏温度），并显示在 Label4 中，如图 2-3-3（c）所示。

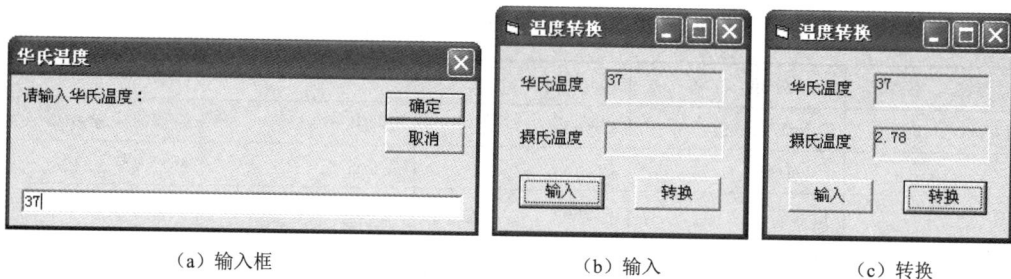

（a）输入框　　　　　　　　　　（b）输入　　　　　　　　（c）转换

图 2-3-3　温度转换的运行界面

【界面设计】

（1）新建一个"标准 EXE"类型的工程，在窗体 Form1 上添加 4 个标签和两个命令按钮，然后用鼠标调整各个控件的大小和位置，调整后的控件布局如图 2-3-4（a）所示。

（2）根据设计要求，按表 2-3-2 所示的值设置各个控件对象的属性，设置后的界面如图 2-3-4（b）所示。

表 2-3-2　温度转换的对象属性设置

对　　象	对象名称	属　　性	属 性 值	说　　明
窗体	Form1	Caption	温度转换	窗体的标题
标签	Label1	Caption	华氏温度	标签内文字内容
标签	Label2	Caption	（空白）	标签内没有文字
		BorderStyle	1-Fixed Single	设置标签的边框样式

续表

对　象	对象名称	属　性	属 性 值	说　明
标签	Label3	Caption	摄氏温度	标签内文字内容
标签	Label4	Caption	（空白）	标签内没有文字
		BorderStyle	1-Fixed Single	设置标签的边框样式
命令按钮	Command1	Caption	输入	命令按钮的标题
命令按钮	Command2	Caption	转换	命令按钮的标题

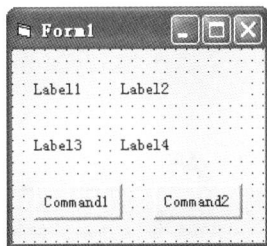　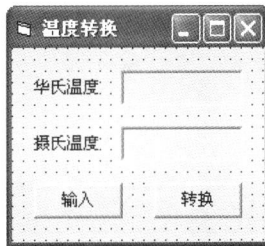

（a）控件布局　　　　　　　（b）属性设置

图 2-3-4　温度转换的设计界面

【代码设计】

（1）在"输入"按钮的 Click 事件过程中编写代码。

```
Private Sub Command1_Click()
  Label2.Caption = InputBox("请输入华氏温度：", "华氏温度")
End Sub
```

（2）在"转换"按钮的 Click 事件过程中编写代码。

```
Private Sub Command2_Click()
  Dim f As Single, c As Single
  f = Val(Label2.Caption)
  c = 5 / 9 * (f - 32)
  Label4.Caption - Format(c, "0.00")  '保留两位小数
End Sub
```

【运行结果】

运行时，单击"输入"按钮，打开如图 2-3-3（a）所示的对话框，然后在对话框中输入整数 37，单击"确定"按钮，运行结果如图 2-3-3（b）所示；单击"转换"按钮，运行结果如图 2-3-3（c）所示。

3. 在标题为"登录"的窗体 Form1 上，添加两个标题分别为"用户名"和"密码"的标签 Label1 和 Label2；然后再添加两个文本框 Text1 和 Text2，其中 Text1 的文本内容为"请输入您的姓名"，Text2 的文本内容为"888888"，且在 Text2 中输入的任何字符都显示为"*"；最后添加两个标题分别为"确定"和"退出"的命令按钮 Command1 和 Command2。程序运行时，单击"确定"按钮或按 Enter 键，通过消息框提示登录成功；单击"退出"按钮或按 Esc 键，结束程序运行，如图 2-3-5 所示。

【界面设计】

（1）新建一个"标准 EXE"类型的工程，在窗体 Form1 上添加两个标签、两个文本框和两个命令按钮，然后用鼠标调整各个控件的大小和位置，调整后的控件布局如图 2-3-6（a）所示。

（a）初始界面　　　　（b）消息框

图 2-3-5　登录的运行界面

（2）根据设计要求，按表 2-3-3 所示的值设置各个控件对象的属性，设置后的界面如图 2-3-6（b）所示。

表 2-3-3　登录的对象属性设置

对　　象	对象名称	属　性	属　性　值	说　　明
窗体	Form1	Caption	登录	窗体的标题
标签	Label1	Caption	用户名	标签内文字内容
标签	Label2	Caption	密　码	标签内文字内容
文本框	Text1	Text	请输入您的姓名	文本框内文字内容
文本框	Text2	Text	888888	文本框内文字内容
		PasswordChar	*	显示为*
命令按钮	Command1	Caption	确定	命令按钮的标题
		Default	True	设置为默认按钮
命令按钮	Command2	Caption	退出	命令按钮的标题
		Cancel	True	设置为默认取消按钮

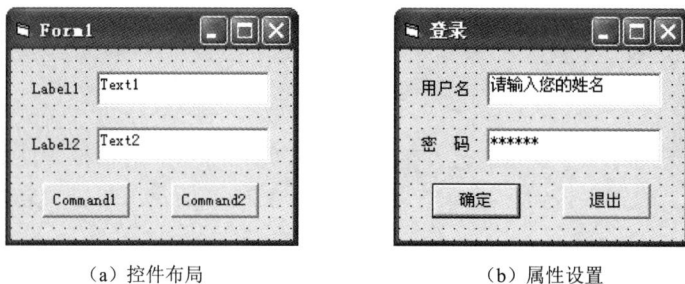

（a）控件布局　　　　（b）属性设置

图 2-3-6　登录的设计界面

【代码设计】

（1）在"确定"按钮的 Click 事件过程中编写代码。

```
Private Sub Command1_Click()
  MsgBox "登录成功!", 64, "提示"
End Sub
```

（2）在"退出"按钮的 Click 事件过程中编写代码。

```
Private Sub Command2_Click()
  End
End Sub
```

【运行结果】

运行时，初始运行界面如图 2-3-5（a）所示，单击"确定"按钮，弹出如图 2-3-5（b）所示的消息框；单击"退出"按钮，程序结束运行。

3.2 习 题 测 评

一、选择题

1. 如果变量 a、b、c 均为整型，下列程序段的输出结果为（　　）。

```
a = 2
b = 3
c = a * b
Print a & "*" & b & "=" & c
```

  A. c=6   B. a*b=c   C. 2*3=6   D. a*b=6

2. 语句"Print 5\5 * 5"的输出结果是（　　）。

  A. 5   B. 25   C. 0   D. 1

3. 以下语句的输出结果是（　　）。

```
Print Format$(1234.5, "00,000.00")
```

  A. 1234.5   B. 01,234.50   C. 01,234.5   D. 1,234.50

4. 当执行以下过程时，在窗体上将显示（　　）。

```
Private Sub Command1_Click()
  Print "VB"
  Print "Hello!";
  Print "VB"
End Sub
```

  A. VB　Hello! VB   B. VBHello!VB

  C. VB   D. VB

    Hello! VB   Hello!

                VB

5. 在窗体中添加一个命令按钮 Command1，两个文本框 Text1 和 Text2，然后编写如下程序：

```
Private Sub Command1_Click()
  a = Text1.Text
  b = Text2.Text
  C = LCase(a)
  D = UCase(b)
  Print C; D
End Sub
```

程序运行后，在文本框 Text1 和 Text2 中分别输入 AbC 和 Efg，显示结果是（　　）。

  A. abcEFG   B. abcefg   C. ABCefg   D. ABCEFG

6. 在窗体上添加一个命令按钮 Command1 和一个文本框 Text1，并在命令按钮的 Click 事件过程中编写如下代码：

```
Private Sub Command1_Click()
  A = 1.2
  C = Len(Str$(A) + Space(10))
  Text1.Text = C
End Sub
```

程序运行后，单击命令按钮，在文本框中显示（　　　）。

    A. 3　　　　　　　B. 8　　　　　　　C. 14　　　　　　　D. 10

7. InputBox()函数返回值的类型为（　　　）。

    A. 数值　　　　　　　　　　　　　B. 字符串

    C. 变体　　　　　　　　　　　　　D. 数值或字符串（视输入的数据而定）

8. 设有语句：

```
x = InputBox("输入数值", "0", "示例")
```

程序运行后，输入 10 后按 Enter 键，下列描述中正确的是（　　　）。

    A. 变量 x 的值是"输入数值"

    B. 在 InputBox 对话框标题栏中显示的是"示例"

    C. 0 是默认值

    D. 变量 x 的值是字符串"10"

9. 在窗体上添加一个命令按钮 Command1 和一个文本框 Text1，把文本框的 Text 属性设置为空白，然后编写如下事件过程：

```
Private Sub Command1_Click()
  a = InputBox("Enter an Integer")
  b = InputBox("Enter an Integer")
  Text1.Text = b + a
End Sub
```

程序运行后，单击命令按钮，如果在输入对话框中分别输入 8 和 10，则文本框中显示的内容是（　　　）。

    A. 108　　　　　　B. 18　　　　　　C. 810　　　　　　D. 出错

10. 在 MsgBox 函数中（　　　）是必需的。

    A. Prompt　　　　B. Button　　　　C. Title　　　　D. Context

11. 执行语句 "x=MsgBox("数据类型不匹配",1,"出错提示！")"，然后单击消息框中的"取消"按钮，x 的值是（　　　）。

    A. True　　　　　B. False　　　　C. 1　　　　　　D. 2

12. 下列语句中正确的是（　　　）。

    A. MsgBox vbOKOnly, "Error"　　　　B. MsgBox "Error", vbOKOnly

    C. MsgBox(VbOkOnly,"Error")　　　　D. MsgBox ("Error",VbOkOnly)

13. 执行语句 "Msgbox "除数不为 0",18,"数据出错""，弹出的消息框中显示的图标是（　　　）。

    A. 停止图标　　　B. 问号图标　　　C. 感叹号图标　　　D. 消息图标

14. MsgBox 函数返回值的类型为（　　　）。

    A. 整型数值　　　　　　　　　　　B. 字符串

    C. 变体　　　　　　　　　　　　　D. 数值或字符串（视输入的数据而定）

15. 下列程序运行过程中，信息框中显示的内容是（　　　）。

```
Private Sub Command1_Click()
  MsgBox Str(123 + 123)
End Sub
```

    A. 123+123　　　　B. 123　　　　　C. 246　　　　　D. 显示出错信息

16. 命令按钮的 Caption 属性包含（　　　），则按 Alt+C 组合键可激活该按钮。

    A. &C　　　　　　B. $C　　　　　　C. #C　　　　　　D. @C

17. 设置命令按钮的（　　　）属性为 True，可使按 Enter 键时，执行该按钮的单击事件过程。

    A. Cancel　　　　B. Enabled　　　C. Value　　　　　D. Default

18. 设置命令按钮的（　　　）属性，可使鼠标指针指向该按钮时，显示提示内容。

    A. Caption　　　　B. ToolTipText　C. Font　　　　　D. Tag

19. 下列叙述中错误的是（　　　）。

    A. 单击命令按钮可触发 MouseDown 事件

    B. 单击命令按钮可触发 MouseUp 事件

    C. 命令按钮支持单击事件

    D. 命令按钮支持双击事件

20. 窗体上有命令按钮 "OK"，它的单击事件过程为 CmdOK_Click，则该命令按钮的 Name 和 Caption 属性分别为（　　　）。

    A. OK、Cmd　　B. Cmd、OK　　　C. CmdOK、OK　　　D. OK、CmdOK

21. 执行（　　　）语句，可使命令按钮上显示 "确定"。

    A. Command1.Show = "确定"　　　　　B. Command1.Caption = "确定"

    C. Command1.Name = "确定"　　　　　D. Command1.Visible = "确定"

22. 命令按钮不能响应以下（　　　）事件。

    A. DblClick　　　B. DragDrop　　　C. KeyPress　　　D. MouseMove

23. 设置标签 Label1 的（　　　）属性可使它不可见。

    A. Label1.Visible=0　　　　　　　　B. Label1.Visible=1

    C. Label1.Visible=True　　　　　　D. Label1.Visible=False

24. 设置标签的（　　　）属性可改变其文字的对齐方式。

    A. Jusify　　　　B. Font　　　　　C. Alignment　　　D. 以上都不是

25. 下列叙述中错误的是（　　　）。

    A. 标签和文本框都有 Caption 属性

    B. 标签和文本框的主要区别在于能否编辑其内容

    C. 标签具有 Autosize 属性，而文本框没有

    D. 文本框具有 StrollBar 属性，而标签没有

26. 触发文本框 Change 事件的操作是（　　　）。

    A. 改变文本框的内容　　　　　　B. 改变文本框的大小

    C. 文本框获得焦点　　　　　　　D. 文本框失去焦点

27. 在文本框的（　　　）属性值设置为 True 后，设置 ScrollBars 属性后才可使文本框中出现滚动条。

    A. Text　　　　　B. PasswordChar　C. Enabled　　　D. MultiLine

28. 文本框没有（　　　）属性。

    A. Enabled　　　B. Visible　　　　C. BackColor　　　D. Caption

29. 下列叙述中正确的是（　　　）。

    A. 不同控件的 TabIndex 属性可以相同

B. 窗体、命令按钮、标签和文本框控件都有 TabIndex

C. 窗体上控件的 TabIndex 属性值必须小于其控件个数

D. 同一个窗体不同控件的 TabIndex 属性值可以任意设置

30. 下列叙述中错误的是（　　）。

A. 获得焦点时，控件可接受用户的键盘输入

B. TabStop 属性被设为 False 的控件无法获得焦点

C. Tab 顺序是指按 Tab 键时光标在各个控件之间移动的顺序

D. 可通过更改控件的 TabIndex 属性值来改变控件的 Tab 顺序

二、设计题

1. 打开工程文件 VbDsg0301.vbp，在标题为"程序控制"的窗体 Form1 上，添加一个标题为空、有边框的标签 Label1，其内容居中显示；然后再添加两个标题分别为"运行"和"暂停"的命令按钮 Command1 和 Command2。程序运行时，单击"运行"按钮，Command1 变为非激活状态，Command2 变为激活状态，且 Label1 中显示"正在运行程序"，如图 2-3-7（a）所示；单击"暂停"按钮，Command2 变为非激活状态，Command1 变为激活状态，且 Label1 中显示"暂停程序运行"，如图 2-3-7（b）所示。完成上述设计后，以原文件名保存工程，并生成可执行文件（VbDsg0301.exe）。

（a）运行　　　　　　　　（b）停止

图 2-3-7　程序控制的运行界面

2. 打开工程文件 VbDsg0302.vbp，在标题为"显示控制"的窗体 Form1 上，添加一个文本内容为"程序设计基础"、带有水平滚动条的文本框 Text1；然后再添加两个标题分别为"隐藏"和"显示"的命令按钮 C1 和 C2。程序运行时，单击"隐藏"按钮，隐藏 Text1，如图 2-3-8（a）所示；单击"显示"按钮，显示 Text1，如图 2-3-8（b）所示。完成上述设计后，以原文件名保存工程，并生成可执行文件（VbDsg0302.exe）。

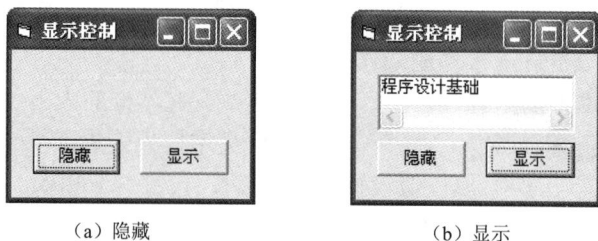

（a）隐藏　　　　　　　　（b）显示

图 2-3-8　显示控制的运行界面

3. 打开工程文件 VbDsg0303.vbp，在标题为"同步显示"的窗体 Form1 上，添加一个文本内容为空、带有垂直滚动条的文本框 Text1，其字体格式为黑体、加粗、20 号；然后再添加一个标题为空、有边框的标签 Label1，其字体格式为宋体、斜体、20 号。程序运行

时，在 Text1 中输入的内容可在 Label1 中同步显示，如图 2-3-9 所示。完成上述设计后，以原文件名保存工程，并生成可执行文件（VbDsg0303.exe）。

4. 打开工程文件 VbDsg0304.vbp，在标题为"复制文本"的窗体 Form1 上，添加一个文本内容为空的文本框 Text1；然后再添加一个标题为空、有边框的标签 Label1；最后添加一个标题为"复制"的命令按钮 Command1。程序运行时，在 Text1 中输入若干个字符，并选中其中部分字符，然后单击"复制"按钮，将选定字符在 Label1 中显示出来，且 Text1 重新获得焦点，如图 2-3-10 所示。完成上述设计后，以原文件名保存工程，并生成可执行文件（VbDsg0304.exe）。

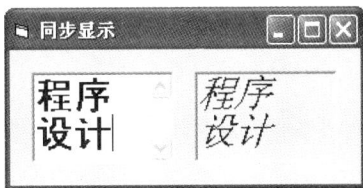

图 2-3-9　同步显示的运行界面　　　　图 2-3-10　复制文本的运行界面

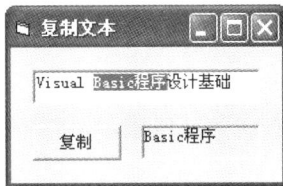

三、编程题

1. 打开工程文件 VbProg0301.vbp，如图 2-3-11 所示，添加适当的事件过程代码，实现以下功能。

（1）在文本框 Text1 中输入正方体的棱长 p，单击"体积"按钮，将该正方体的体积显示在文本框 Text2 中。

（2）单击"表面积"按钮，将该正方体的表面积显示在文本框 Text3 中。

完成上述功能后，以原文件名保存工程，并生成可执行文件（VbProg0301.exe）。

2. 打开工程文件 VbProg0302.vbp，如图 2-3-12 所示，添加适当的事件过程代码，实现以下功能。

在文本框 Text1 中输入 ·个正整数，表示秒表的总秒数，单击"换算"按钮，将 Text1 中的总秒数换算"小时""分"和"秒"，并分别显示在文本框 Text2、Text3 和 Text4 中。

完成上述功能后，以原文件名保存工程，并生成可执行文件（VbProg0302.exe）。

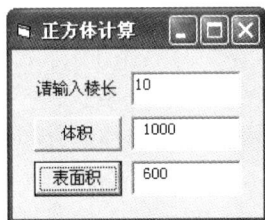

图 2-3-11　正方体计算的运行界面　　　　图 2-3-12　秒表换算的运行界面

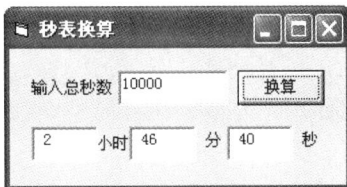

第4章 选择结构程序设计

4.1 例 题 精 解

一、选择题

1. 关于语句"If x = 1 Then y = 1",下列说法中正确的是（   ）。

    A. x=1 为赋值语句，y=1 为关系表达式

    B. x=1 和 y=1 均为关系表达式

    C. x=1 为关系表达式，y=1 为赋值语句

    D. x=1 和 y=1 均为赋值语句

【分析】在 Visual Basic 中，赋值语句的形式与有等号的关系表达式形式相同，系统自动根据其所处的位置进行语法检验。在语句"If x = 1 Then y = 1"中，"x=1"为关系表达式，"y=1"为赋值语句。

【答案】C

2. 下列求两数中较小数的程序段不正确的是（   ）。

    A. If x<y Then Min=x Else Min=y   B. Min=If(x<y,x,y)

    C. Min=x   D. If y<=x Then Min=y

        If y<=x Then Min=y   Min=x

【分析】选项 D 中有两条语句，先执行 If 语句，然后再执行语句"Min=x"，显然不管 y 是否小于 x，最终 Min 的值都等于 x。因此该程序段不能用于求 x、y 中的较小值。

【答案】D

3. 下列程序段的执行结果是（   ）。

```
x = 3: y = 5: z = 9
x = x + y
y = x - y
If x - y > z - x Then z = x + y
If x + y > z - y Then x = z + y
Print x, y, z
```

    A. 3   5   9   B. 11 3   11

    C. 14 3   11   D. 8   5   9

【分析】x、y、z 的初始值分别为 3、5、9；执行语句"x = x + y"后，x 的值为 8；执行语句"y = x−y"后，y 的值为 3；由于条件"x−y > z−x"即"8−3>9−8"成立，因此执行语句"z = x + y"，执行后 z 的值为 11。由于条件"x + y > z−y"即"8+3>11−3"成立，因此执行语句"x = z + y"，执行后 x 的值为 14。所以执行上面程序段后，x、y、z 的值分别为 14、3、11。

【答案】C

4. 窗体上有一个命令按钮 Command1，编写如下事件过程：

```
Private Sub Command1_Click()
  a = 80: b = 50: c = 30
  If a < b Or b > c Then b = c
  If b = c And a < c Then a = a - 30
  If a = b And b > c Then c = a + b
  Print a, b, c
End Sub
```

运行时，单击按钮，窗体输出的结果是（   ）。

A. 80　50　30　　　　　　B. 80　30　30

C. 50　30　80　　　　　　D. 50　30　30

【分析】a、b、c 的初始值分别为 80、50、30；由于条件"a < b Or b > c"即"80<50 Or 50>30"成立，因此执行语句"b = c"，执行后 b 的值为 30；由于条件"b = c And a < c"即"30=30 And 80<30"不成立，因此语句"a = a–30"不执行；由于条件"a = b And b > c"即"80=30 And 30>30"不成立，因此语句"c = a + b"不执行。所以执行上面程序段后，a、b、c 的值分别为 80、30、30。

【答案】B

5. 执行下列程序段后，直接按 Enter 键，则窗体的输出结果是（   ）。

```
Dim a As Integer
a = Val(InputBox("请输出 a 的值", , 6))
Select Case a
  Case 1 To 4
    Print "A"
  Case Is > 3
    Print "B"
  Case 5 To 10
    Print "C"
  Case Else
    Print "D"
End Select
```

A. A　　　　B. B　　　　C. C　　　　D. D

【分析】执行上面的程序段，在打开的输入对话框上直接按 Enter 键，则 a 的值为 6。根据 Select Case 分支结构，显然 a 与 Case Is > 3 匹配，故执行语句"Print "B""，因此窗体上输出选项 B 的内容。

【答案】B

6. 下列程序的输出结果是（   ）。

```
Private Sub Command1_Click()
  x = 6
  If x > 6 Then
    Print "x>6"
  Else
    If x < 8 Then
      Print "x<8"
    Else
      If x = 6 Then
        Print "x=6"
```

```
        End If
      End If
    End If
End Sub
```

　　A. x<8x=6　　　　　B. x<8　　　　　C. x=6　　　　　D. x<8 或 x=6

【分析】这是一个 If 语句的嵌套结构。程序先判断条件 "x > 6" 是否成立，由于 x 的值为 6，显然条件 "x > 6" 不成立，因此接着判断条件 "x < 8" 是否成立，由于条件 "x<8" 成立，因此执行语句 "Print "x<8""，在窗体上输出 x<8。

【答案】B

7. 下列（　　）语句设置单选按钮 Option1 为选中状态。

　　A. Option1.Value = 0　　　　　　B. Option1.Value = True

　　C. Option1.Value = 1　　　　　　D. Option1.Value = False

【分析】单选按钮的 Value 属性值可以设置为 True 和 False。若值为 True，表示单选按钮被选中；若值为 False，表示单选按钮未被选中。

【答案】B

8. 复选框的 Value 属性为 0 表示（　　）。

　　A. 复选框未被选中　　　　　　　B. 复选框被选中

　　C. 复选框内有灰色的对钩　　　　D. 操作出错

【分析】复选框的 Value 属性值可以设置为 0、1、2。若值为 0，表示没有选中复选框；若值为 1，表示选中复选框；若值为 2，表示复选框变成灰色。

【答案】A

9. 在复选框或单选按钮中，下面关于 Style 属性的说法中错误的是（　　）。

　　A. Style 是只读属性，只能在设计时使用

　　B. 当 Style 属性设置为 1 时，可以用 Picture 属性设置不同的图标

　　C. Style 属性设置为不同的值时，其外观不相同

　　D. 当 Style 属性设置为 1 时，单选按钮的外观类似于命令按钮，其作用与命令按钮相同

【分析】在 Visual Basic 中，Style 是只读属性，只能在设计时使用；Style 属性可以设置为 0 或 1，当设置成不同的值时，其外观也不一样；当 Style 属性设置为 1 时，可以用 Picture 属性设置不同的图标，此时单选按钮的外观类似于命令按钮，但其作用与命令按钮不相同。

【答案】D

10. 将框架的（　　）属性设为 False，可使框架内的所有对象在运行时均为不可见。

　　A. Enabled　　　　B. Visible　　　　C. BorderStyle　　　　D. ToolTipText

【分析】Enabled 属性用于设置框架及框架内的所有控件在运行时是否可用；Visible 属性用于设置框架及框架内的所有控件在运行时是否可见；BorderStyle 属性用于设置框架是否带有边框；ToolTipText 属性用于设置框架的提示信息。

【答案】B

二、操作题

1. 在标题为"水仙花数"的窗体 Form1 上，添加一个"请输入 3 位整数"的标签 Label1；

然后再添加一个标题为"判断"的命令按钮 Command1；最后添加两个文本内容为空的文本框 Text1 和 Text2。程序运行时，在 Text1 中输入一个 3 位正整数，单击"判断"按钮，若该数为水仙花数，在 Text2 中显示"是水仙花数"；否则，显示"不是水仙花数"，如图 2-4-1 所示。所谓水仙花数是指一个 3 位整数，其各位数字的立方和等于该整数本身，如 $153=1^3+5^3+3^3$。

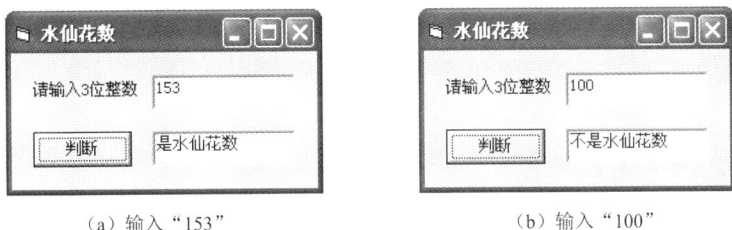

（a）输入"153"　　　　　　（b）输入"100"

图 2-4-1　水仙花数的运行界面

【界面设计】

（1）新建一个"标准 EXE"类型的工程，在窗体 Form1 上添加一个标签、一个命令按钮和两个文本框，然后用鼠标调整各个控件的大小和位置，调整后的控件布局如图 2-4-2（a）所示。

（2）根据设计要求，按表 2-4-1 所示的值设置各个控件对象的属性，设置后的界面如图 2-4-2（b）所示。

表 2-4-1　水仙花数的对象属性设置

对　象	对象名称	属　性	属 性 值	说　明
窗体	Form1	Caption	水仙花数	窗体的标题
标签	Label1	Caption	请输入 3 位整数	标签内文字内容
命令按钮	Command1	Caption	判断	命令按钮的标题
文本框	Text1	Text	（空白）	文本框内没有文字
文本框	Text2	Text	（空白）	文本框内没有文字

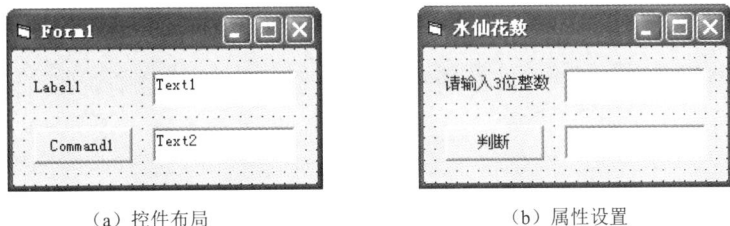

（a）控件布局　　　　　　（b）属性设置

图 2-4-2　水仙花数的设计界面

【代码设计】

在"判断"按钮的 Click 事件过程中编写代码。

```
Private Sub Command1_Click()
  Dim x%, a%, b%, c%, r As String
  x = Val(Text1.Text)              '输入 3 位正整数
  a = x \ 100                      '分离百位数
```

```
    b = (x \ 10) Mod 10                    '分离十位数
    c = x Mod 10                           '分离个位数
    If a ^ 3 + b ^ 3 + c ^ 3 = x Then      '判断
      r = "是水仙花数"
    Else
      r = "不是水仙花数"
    End If
    Text2.Text = r                         '输出判断结果
  End Sub
```

【运行结果】

运行时，在文本框 Text1 中输入整数 153，单击"判断"按钮，运行结果如图 2-4-1（a）所示；在文本框 Text1 中输入整数 100，单击"判断"按钮，运行结果如图 2-4-1（b）所示。

2. 在标题为"一元二次方程求解"的窗体 Form1 上，添加一个"请分别输入系数 a、b 和 c："的标签 Label1；然后再添加一个标题为"求解"的命令按钮 Command1；最后添加 4 个文本内容为空的文本框 Text1、Text2、Text3 和 Text4，其中 Text4 带有垂直滚动条。程序运行时，在 Text1、Text2 和 Text3 分别输入 a、b、c 的值，单击"求解"按钮，求一元二次方程 $ax^2+bx+c=0$ 的解并在 Text4 中显示，如图 2-4-3 所示。

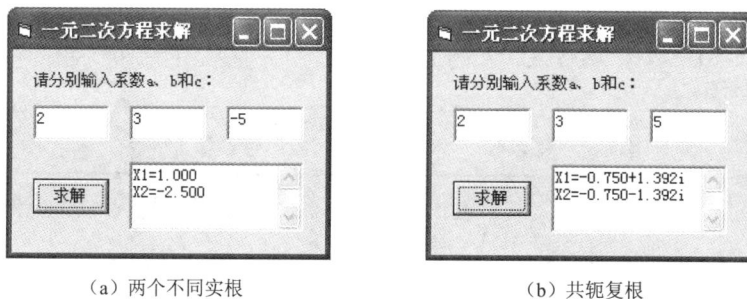

（a）两个不同实根　　　　　　　　　　　　（b）共轭复根

图 2-4-3　一元二次方程求解的运行界面

【界面设计】

（1）新建一个"标准 EXE"类型的工程，在窗体 Form1 上添加一个标签、一个命令按钮和 4 个文本框，然后用鼠标调整各个控件的大小和位置，调整后的控件布局如图 2-4-4（a）所示。

（2）根据设计要求，按表 2-4-2 所示的值设置各个控件对象的属性，设置后的界面如图 2-4-4（b）所示。

表 2-4-2　一元二次方程求解的对象属性设置

对　　象	对象名称	属　　性	属 性 值	说　　明
窗体	Form1	Caption	一元二次方程求解	窗体的标题
标签	Label1	Caption	请分别输入系数 a、b 和 c	标签内文字内容
命令按钮	Command1	Caption	求解	命令按钮的标题
文本框	Text1	Text	（空白）	文本框内没有文字
文本框	Text2	Text	（空白）	文本框内没有文字
文本框	Text3	Text	（空白）	文本框内没有文字

续表

对 象	对象名称	属 性	属 性 值	说 明
文本框	Text4	Text	（空白）	文本框内没有文字
		MultiLine	True	设置多行显示
		ScrollBars	2-Vertical	设置垂直滚动条

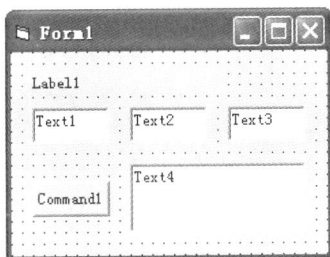

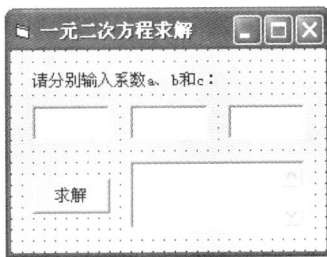

（a）控件布局   （b）属性设置

图 2-4-4 一元二次方程求解的设计界面

【代码设计】

在"求解"按钮的 Click 事件过程中编写代码。

```
Private Sub Command1_Click()
  Dim a!, b!, c!, p!, r!, delta!
  a = Val(Text1.Text)            '输入系数 a
  b = Val(Text2.Text)            '输入系数 b
  c = Val(Text3.Text)            '输入系数 c
  Text4.Text = ""
  If a = 0 Then
    If b = 0 Then                '如果系数 a 和 b 都为零,则提示重新输入
      MsgBox "系数为零,请重新输入!", vbCritical, "输入错误"
      Text1.SetFocus
    Else                        '如果系数 a 为零,b 不为零,求一个解
      p = -c / b
      Text4.Text = "X=" & Format(p, "0.000")
    End If
    Exit Sub                    '退出本事件过程
  End If
  '如果系数 a 不为零,根据 delta 的不同值求解
  delta = b * b - 4 * a * c
  p = -b / (2 * a)
  If delta = 0 Then             'delta 等于 0,有两个相同的实根
    Text4.Text = "X1=X2=" & Format(p, "0.000")
  ElseIf delta > 0 Then         'delta 大于 0,有两个相同的实根
    r = Sqr(delta) / (2 * a)
    Text4.Text = "X1=" & Format(p + r, "0.000") & vbCrLf
    Text4.Text = Text4.Text & "X2=" & Format(p - r, "0.000")
  Else                          'delta 小于 0,有两个共轭复根
    r = Sqr(-delta) / (2 * a)
    Text4.Text = "X1=" & Format(p, "0.000") & "+" & Format(r, "0.000")
  & "i" & vbCrLf
    Text4.Text = Text4.Text & "X2=" & Format(p, "0.000") & "-" & Format(r,
```

```
"0.000") & "i"
  End If
End Sub
```

【运行结果】

运行时，在文本框 Text1、Text2 和 Text3 中分别输入 2、3 和-5，单击"求解"按钮，运行结果如图 2-4-3（a）所示；在文本框 Text1、Text2 和 Text3 中分别输入 2、3 和 5，单击"求解"按钮，运行结果如图 2-4-3（b）所示。

3. 在标题为"字体字形设置"的窗体 Form1 上，添加一个文本内容为"Visual Basic 程序设计"的文本框 Text1；然后再添加两个标题分别为"字体"和"字形"的框架 Frame1 和 Frame2，接着在 Frame1 中添加两个标题分别为"楷体"和"黑体"的单选按钮 Option1 和 Option2，在 Frame2 中添加两个标题分别为"粗体"和"斜体"的复选框 Check1 和 Check2。程序运行时，单击某个单选按钮，对 Text1 中显示的文本的字体进行相应设置；单击某个复选框，对 Text1 中显示的文本的字形进行相应设置，如图 2-4-5 所示。

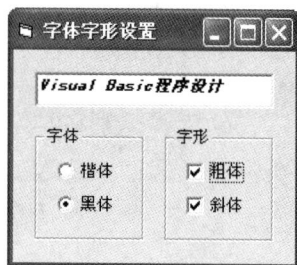

图 2-4-5　字体字形设置的运行界面

【界面设计】

（1）新建一个"标准 EXE"类型的工程，在窗体 Form1 上添加一个文本框和两个框架，接着分别在这两个框架内添加两个单选按钮和两个复选框，然后用鼠标调整各个控件的大小和位置，调整后的控件布局如图 2-4-6（a）所示。

（2）根据设计要求，按表 2-4-3 所示的值设置各个控件对象的属性，设置后的界面如图 2-4-6（b）所示。

表 2-4-3　字体字形设置的对象属性设置

对象	对象名称	属性	属性值	说明
窗体	Form1	Caption	字体字形设置	窗体的标题
文本框	Text1	Text	Visual Basic 程序设计	文本框内的文本内容
框架	Frame1	Caption	字体	框架的标题
框架	Frame2	Caption	字形	框架的标题
单选按钮	Option1	Caption	楷体	单选按钮的标题
单选按钮	Option2	Caption	黑体	单选按钮的标题
复选框	Check1	Caption	粗体	复选框的标题
复选框	Check2	Caption	斜体	复选框的标题

【代码设计】

（1）在"楷体"单选按钮的 Click 事件过程中编写代码。
```
Private Sub Option1_Click()
  Text1.FontName = "楷体_GB2312"
End Sub
```
（2）在"黑体"单选按钮的 Click 事件过程中编写代码。
```
Private Sub Option2_Click()
  Text1.FontName = "黑体"
End Sub
```

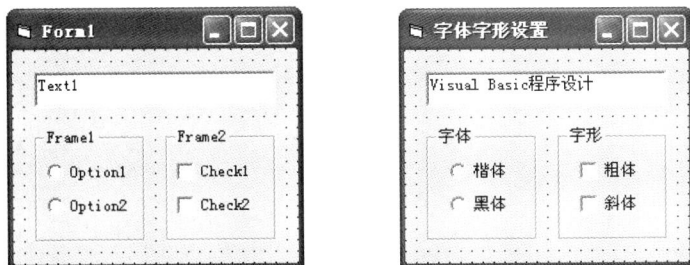

（a）控件布局   （b）属性设置

图 2-4-6　字体字形设置的设计界面

（3）在"粗体"单选按钮的 Click 事件过程中编写代码。

```
Private Sub Check1_Click()
  If Check1.Value = 1 Then
    Text1.FontBold = True
  Else
    Text1.FontBold = False
  End If
End Sub
```

（4）在"斜体"单选按钮的 Click 事件过程中编写代码。

```
Private Sub Check2_Click()
  If Check2.Value = 1 Then
    Text1.FontItalic = True
  Else
    Text1.FontItalic = False
  End If
End Sub
```

【运行结果】

运行时，选中"黑体"单选按钮，并选中"粗体"和"斜体"复选框，运行结果如图 2-4-5 所示。

4.2　习 题 测 评

一、选择题

1. 在窗体中添加一个命令按钮 Command1，并编写如下程序：

```
Private Sub Command1_Click()
  x = InputBox(x)
  If x ^ 2 = 9 Then y = x
  If x ^ 2 < 9 Then y = 1 / x
  If x ^ 2 > 9 Then y = x ^ 2 + 1
  Print y
End Sub
```

程序运行时，单击命令按钮，在 InputBox 中输入 3，然后单击"确定"按钮，程序的运行结果为（　　）。

    A. 3   B. 0.33   C. 17   D. 0.25

2. 当 Visual Basic 执行下面语句后，a 的值为（　　　）。

```
a = 1
If a > 0 Then a = a + 1
If a > 1 Then a = 0
```

A. 0　　　　　　　　　B. 1　　　　　　　　　C. 2　　　　　　　　　D. 3

3. 下列程序的运行结果为（　　　）。

```
Dim x%
If x Then Print x + 1 Else Print x
```

A. 1　　　　　　　　　B. 0　　　　　　　　　C. 显示错误信息　　　　　D. 2

4. 下列语句中正确的是（　　　）。

A. If x < 3 * y , x > y Then y = x3

B. If x < 3 * y And x > y Then y = x *3

C. If x < 3 * y : x > y Then y = x3

D. If x < 3 * y And x > y Then y = x* * 3

5. 下列程序执行后，变量 x 的值为（　　　）。

```
Private Sub command1_click()
  Dim a, b, c, d As Single
  Dim x As Single
  a = 100: b = 20: c = 1000
  If b > a Then
    d = a: a = b: b = d
  End If
  If b > c Then
    x = b
  ElseIf a > c Then
    x = c
  Else
    x = a
  End If
End Sub
```

A. 100　　　　　　　　B. 20　　　　　　　　　C. 1000　　　　　　　　D. 0

6. 下列程序的运行结果为（　　　）。

```
a = 75
If a > 60 Then
  i = 1
ElseIf a > 70 Then
  i = 2
ElseIf a > 80 Then
  i = 3
ElseIf a > 90 Then
  i = 4
End If
Print "i="; i
```

A. i=1　　　　　　　　B. i=2　　　　　　　　C. i=3　　　　　　　　D. i=4

7. 在窗体上添加一个命令按钮 Command1，编写如下事件过程：

```
Private Sub Command1_Click()
  a = Val(InputBox("请输入分数：", "计算的等级", 60))
```

```
    If a < 0 Or a > 100 Then
        Print "输入错误"
    ElseIf a < 60 Then
        Print "不合格"
    ElseIf a < 80 Then
        Print "合格"
    Else
        Print "优秀"
    End If
End Sub
```

运行时，单击按钮，在输入对话框中直接按 Enter 键，显示的结果为（　　　）。

  A. 输入错误   B. 不合格   C. 合格   D. 优秀

8. 以下 Case 语句中错误的是（　　　）。

  A. Case 0 To 10   B. Case Is > 10

  C. Case Is > 10 And Is < 50   D. Case 3, 5, Is > 10

9. 有如下程序：

```
Private Sub Command1_Click()
    xcase = 1
    t = InputBox("请输入一个数：")
    Select Case t
        Case Is > 0
            y = xcase + 1
        Case Is = 0
            y = xcase + 2
        Case Else
            y = xcase + 3
    End Select
    Print xcase; y
End Sub
```

程序运行时，在对话框中输入-1，则显示的结果为（　　　）。

  A. 1　4   B. 1　3   C. 1　2   D. 1　1

10. 下列程序段的运行结果为（　　　）。

```
Dim x
x = Int(Rnd) + 5
Select Case x
    Case 5
        Print "优秀"
    Case 4
        Print "良好"
    Case 3
        Print "及格"
    Case Else
        Print "不及格"
End Select
```

  A. 不及格   B. 良好   C. 及格   D. 优秀

11. 在窗体上添加一个命令按钮 Command1，然后编写如下事件过程：

```
Private Sub Command1_Click()
    x = InputBox("Input")
    Select Case x
```

```
    Case 1, 3
      Print "分支 1"
    Case Is > 4
      Print "分支 2"
    Case Else
      Print "Else 分支"
  End Select
End Sub
```

程序运行后，如果在输入对话框中输入 2，则窗体上显示的是（　　　）。

　　A. 分支 1　　　　　　B. 分支 2　　　　　　C. Else 分支　　　　D. 程序出错

12. 下列程序的输入值为 5，运行结果为（　　　）。

```
Private Sub Command1_Click()
  Dim a As Integer
  a = InputBox("请输入 a 的值")
  Select Case a
    Case 1 To 4
      Print "D"
    Case 5 To 10
      Print "C"
    Case 11 To 14
      Print "B"
    Case Else
      Print "A"
  End Select
End Sub
```

　　A. A　　　　　　　　B. B　　　　　　　　C. C　　　　　　　　D. D

13. 下列程序的运行结果为（　　　）。

```
Private Sub Command1_Click()
  Score = Int(Rnd * 10) + 80
  Select Case Score
    Case ls < 60
      a$ = "E"
    Case 60 To 69
      a$ = "D"
    Case 70 To 79
      a$ = "C"
    Case 80 To 89
      a$ = "B"
    Case Else
      a$ = "A"
  End Select
  Print a$
End Sub
```

　　A. A　　　　　　　　B. B　　　　　　　　C. C　　　　　　　　D. D

14. 在窗体上添加一个命令按钮 Command1 和两个文本框 Text1 和 Text2，然后编写如下事件过程：

```
Private Sub Command1_Click()
  n = Text1.Text
  Select Case n
    Case 1 To 20
      x = 10
```

```
        Case 2, 4, 6
          x = 20
        Case Is < 10
          x = 30
        Case 10
          x = 40
      End Select
      Text2.Text = x
    End Sub
```

程序运行后，如果在文本框 Text1 中输入 10，然后单击命令按钮，则在 Text2 中显示的内容是（   ）。

  A. 10   B. 20   C. 30   D. 40

15. 设 a=5、b=6、c=7、d=8，执行下列语句后，x 的值为（   ）。

```
    x = IIf((a > b) And (c > d), 10, 20)
```

  A. 10   B. 20   C. True   D. False

16. 设 a="a"、b="b"、c="c"、d="d"，执行语句 "x = IIf((a < b) Or (c > b), "A", "B")" 后，x 的值为（   ）。

  A. "a"   B. "b"   C. "B"   D. "A"

17. 执行下列语句后，x 的值是（   ）。

```
    a = 3
    x = IIf(a > 5, Int(-5.6), Fix(5.6))
```

  A. 5   B. −5   C. 6   D. −6

18. 在窗体中添加一个命令按钮 Command1，编写如下代码：

```
    Private Sub Command1_Click()
      x = 6
      If x > 6 Then
        If x = 6 Then
          Print "a"
        Else
          Print "b"
        End If
      Else
        If x < 8 Then
          Print "c"
        Else
          If x = 6 Then
            Print "d"
          End If
        End If
      End If
    End Sub
```

运行后，单击命令按钮，则在窗体上显示的是（   ）。

  A. a   B. b   C. c   D. d

19. 单选按钮被选中时，其 Value 属性为（   ）。

  A. 1   B. 0   C. True   D. False

20. 单选按钮不具有的属性为（   ）。

  A. Name   B. Checked   C. Caption   D. Style

21. 下列（　　）语句使复选框 Check1 变成灰色。
　　A. Check1.Value = 0　　　　　　　B. Check1.Value =1
　　C. Check1.Value = 2　　　　　　　D. Check1.Style = 0
22. 下列（　　）语句使复选框 Check1 的标题显示在左边。
　　A. Check1.Style = 0　　　　　　　B. Check1.Alignment = 0
　　C. Check1.Style = 1　　　　　　　D. Check1.Alignment = 1
23. 修改（　　）属性可更改复选框上显示的文字。
　　A. Text　　　　B. Name　　　　C. Index　　　D. Caption
24. Style 属性为（　　）时，单选按钮和复选框以图形方式显示。
　　A. 0　　　　　B. 1　　　　　C. 2　　　　　D. 3
25. 下列没有 Caption 属性的控件是（　　）。
　　A. 文本框　　　B. 复选框　　　C. 框架　　　D. 单选按钮
26. 在程序中可以通过复选框和单选按钮的（　　）属性值来判断它们的当前状态。
　　A. Caption　　　B. Value　　　C. Checked　　　D. Selected
27. 下列关于选择控件的叙述中错误的是（　　）。
　　A. 复选框的 Value 属性为 True 时表示被选中
　　B. 单选按钮的 Value 属性为 False 时表示未被选中
　　C. 单选按钮和复选框都有 Value 属性，用于表示被选中的情况
　　D. 单选按钮和复选框都可以像命令按钮那样加入图案背景以增强视觉效果
28. 如果将框架的（　　）属性设置为 False，将屏蔽框架内的对象活动。
　　A. Caption　　　B. Name　　　C. Visible　　　D. Enabled
29. 如果将框架的（　　）属性设置为 False，则框架及框架内的对象运行时不可见。
　　A. Caption　　　B. Name　　　C. Visible　　　D. Enabled
30. 要使两个单选按钮属于同一个框架，正确的操作是（　　）。
　　A. 先添加一个框架，再在框架中添加两个单选按钮
　　B. 先添加一个框架，然后用双击工具箱上单选按钮的方法添加两个单选按钮
　　C. 先添加两个单选按钮，再添加框架将单选按钮框起来
　　D. 以上三种方法都正确

二、设计题

1. 打开工程文件 VbDsg0401.vbp，在标题为"城市选择"的窗体 Form1 上，添加一个文本内容为"我来自上海"的文本框 Text1，其内容居中显示；然后再添加 3 个标题分别为"北京""上海"和"天津"的单选按钮 Option1、Option2 和 Option3，其中 Option2 处于选中状态。程序运行时，单击某个单选按钮，则在 Text1 中显示对应的内容，如图 2-4-7 所示。完成上述设计后，以原文件名保存工程，并生成可执行文件（VbDsg0401.exe）。

2. 打开工程文件 VbDsg0402.vbp，在标题为"选课系统"的窗体 Form1 上，添加一个标题为"选修课"的框架 Frame1，并在 Frame1 中添加 3 个标题分别为"音乐欣赏""美术鉴赏"和"影视欣赏"的复选框 Check1、Check2 和 Check3；然后再添加一个标题为"提交"的命令按钮 Command1；最后添加一个文本内容为空、有垂直滚动条的文本框 Text1。程序运行时，选择相应的复选框，单击"提交"按钮，将选择结果按顺序分行显示在 Text1 中，如图 2-4-8

所示。完成上述设计后，以原文件名保存工程，并生成可执行文件（VbDsg0402.exe）。

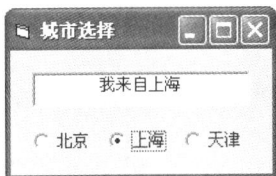

图 2-4-7　城市选择的运行界面

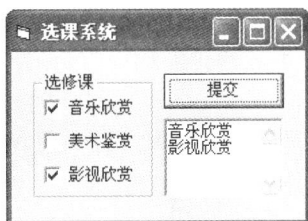

图 2-4-8　选课系统的运行界面

三、编程题

1. 打开工程文件 VbProg0401.vbp，如图 2-4-9 所示，添加适当的事件过程代码，实现以下功能。

在文本框 Text1 中输入一个整数，然后单击"判断"按钮，判断该数的奇偶性，并在标签 Label2 中显示判断结果。

完成上述功能后，以原文件名保存工程，并生成可执行文件（VbProg0401.exe）。

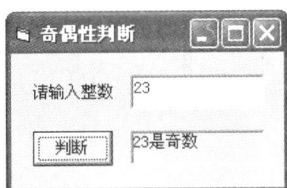

（a）输入"23"

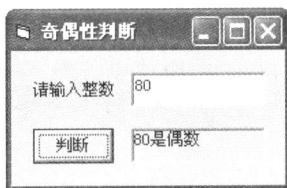

（b）输入"80"

图 2-4-9　奇偶性判断的运行界面

2. 打开工程文件 VbProg0402.vbp，如图 2-4-10 所示，添加适当的事件过程代码，实现以下功能。

在文本框 Text1 和 Text2 中输入两个自然数，然后单击"判断"按钮，若两数为一自然数对，则在标签 Label3 中显示"Yes"，否则显示"No"。所谓自然数对是指两个自然数的和与差都是平方数。例如，17 和 8 的和为 25、差为 9，分别是 5 和 3 的平方，则 17 和 8 就称为自然数对。

完成上述功能后，以原文件名保存工程，并生成可执行文件（VbProg0402.exe）。

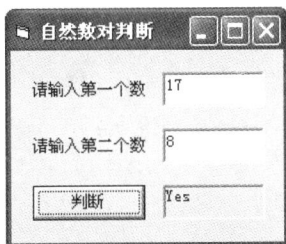

（a）输入"17"和"8"

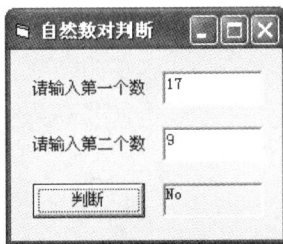

（b）输入"17"和"9"

图 2-4-10　自然数对判断的运行界面

3. 打开工程文件 VbProg0403.vbp，如图 2-4-11 所示，添加适当的事件过程代码，实现以下功能。

在文本框 Text1、Text2 和 Text3 中输入 3 个正整数表示 3 条线段的长度，单击"判断"按钮，如果这 3 条线段能构成三角形，则用公式计算该三角形的面积，并在文本框 Text4 中显示结果（保留一位小数），否则 Text4 中显示"不能构成三角形"。

完成上述功能后，以原文件名保存工程，并生成可执行文件（VbProg0403.exe）。

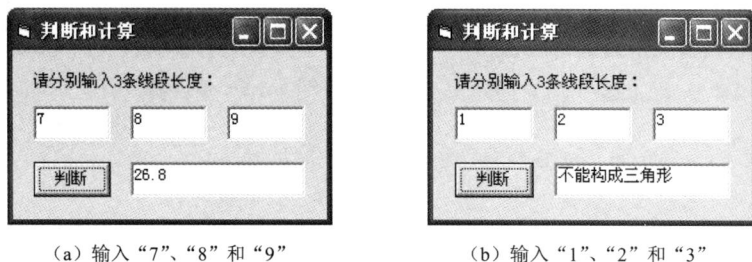

（a）输入"7"、"8"和"9"　　　　　　（b）输入"1"、"2"和"3"

图 2-4-11　判断和计算的运行界面

4. 打开工程文件 VbProg0404.vbp，如图 2-4-12 所示，添加适当的事件过程代码，实现以下功能。

在文本框 Text1 中输入一个数 x，单击"计算 y"按钮，采用 Select Case 语句，按下面公式计算 y 的值（计算结果保留两位小数），并将计算结果显示在 Label2 中。

$$y = \begin{cases} 3x + 2 & x > 20 \\ \sqrt{3x - 2} & 10 \leqslant x \leqslant 20 \\ 1/x + |x| & x < 10 \end{cases}$$

完成上述功能后，以原文件名保存工程，并生成可执行文件（VbProg0404.exe）。

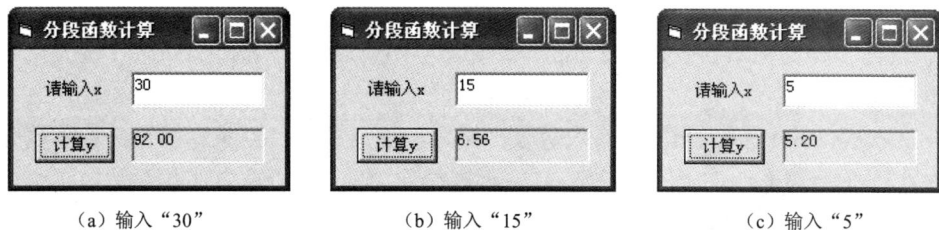

（a）输入"30"　　　　　　（b）输入"15"　　　　　　（c）输入"5"

图 2-4-12　分段函数计算的运行界面

第 5 章　循环结构程序设计

5.1　例 题 精 解

一、选择题

1. 关于下列 For 循环语句描述正确的是（　　）。
```
For i = 1 To 10 Step 0
  Print i
Next i
```
A. 循环无结束条件
B. 无限次循环
C. 循环体执行 11 次
D. 循环体执行 1 次

【分析】上面程序段所描述的 For 循环语句，其步长为 0，循环变量 i 永远达不到终值 10，使程序处于无限循环状态。因此本题选项 B 正确。

【答案】B

2. 关于 Exit For 语句的使用说明正确的是（　　）。
A. Exit For 语句可以退出任何类型的循环
B. 一个循环只能有一个 Exit For 语句
C. Exit For 表示返回 For 语句去执行
D. 一个 For 循环中可以有多条 Exit For 语句

【分析】在 Visual Basic 中，For…Next 的循环体中可以包含一条或多条 Exit For 语句，用于必要时中途退出 For 循环，转而执行该循环后的语句。若是要中途退出 Do…Loop 循环，则使用 Exit Do 语句。显然选项 A、B、C 都不正确。

【答案】D

3. 执行下列程序段后，x 的值是（　　）。
```
x = 3
For i = 1 To 10 Step 3
  x = x + i
Next i
```
A. 25　　　　　　　B. 27　　　　　　　C. 38　　　　　　　D. 57

【分析】由上面程序段的 For 循环结构可知，共循环了 4 次，每次循环中变量 i 分别取值 1、4、7、10，循环中的语句"$x = x + i$"是一个累加的过程，累加初始值为 3，因此最后的 x 值为 3+1+4+7+10，结果为 25。

【答案】A

4. 执行下列程序段后，s 的值是（　　）。
```
s = 0: k% = 10
Do While k
  s = s + 10
```

```
      k = k / 2
    Loop
```
　　A. 10　　　　　　　B. 100　　　　　　C. 50　　　　　　D. 40

　　【分析】Do While 循环中的"条件表达式"是一个数值表达式 k，若 k 非 0，执行循环体；若 k 为 0，则结束循环。由于 k 是整型，因此变量 k 分别取值 10、5、2、1、0，当 k≠0 时执行循环体，因此共执行 4 次循环，即循环中语句"s = s + 10"执行 4 次，因此最后的 s 的值为 10+10+10+10，结果为 40。

　　【答案】D

　　5. 执行下列程序段后，x 的值是（　　）。

```
    n = 5: x = 1: i = 1
    Do
      x = x * i
      i = i + 1
    Loop While i < n
```
　　A. 10　　　　　　　B. 15　　　　　　C. 24　　　　　　D. 120

　　【分析】Do…Loop While 循环语句是先执行"循环体"，然后再判断"条件表达式"，当 i>=n 时结束循环。由于 x 和 i 的初始值都为 1，执行 1 次循环后，i 值变为 2，因此变量 i 取值 1、2、3、4 时执行循环体，总共执行 4 次循环，即循环中语句"x = x * i"执行 4 次，每次循环执行后 x 的值分别为 1、2、6、24，因此最后的 x 的值为 24。

　　【答案】C

　　6. 在窗体上添加一个命令按钮 Command1，编写如下事件过程，运行时单击按钮，显示结果为（　　）。

```
    Private Sub Command1_Click()
      For i = 1 To 4
        For j = 4 To 8
          Sum = Sum + 1
        Next j
      Next i
      Print Sum
    End Sub
```
　　A. 4　　　　　　　B. 8　　　　　　C. 20　　　　　　D. 32

　　【分析】本题是双重循环嵌套，外循环 i 总共执行 4 次，外循环每执行 1 次，内循环 j 执行 5 次，因此循环语句"Sum = Sum + 1"共执行 20 次，Sum 的初始值为 0，因此执行后，Sum 的值为 20。

　　【答案】C

　　7. 在窗体上添加一个命令按钮 Command1，编写如下事件过程，运行时单击按钮，显示结果为（　　）。

```
    Private Sub Command1_Click()
      a = 0
      For m = 1 To 3
        a = a + 1
        b = 0
        For j = 1 To 3
```

```
        a = a + 1
        b = b + 2
      Next j
    Next m
    Print a, b
  End Sub
```

A. 6 6 　　　　B. 6 18 　　　　C. 12 6 　　　　D. 12 18

【分析】本题是双重循环嵌套，外循环 m 总共执行 3 次，外循环每执行 1 次，内循环 j 也执行 3 次。语句"a＝a＋1"在上面程序段中既出现在外循环 m 的循环体中，又出现在内循环 j 的循环体中，由于外循环 m 执行 1 次，内循环 j 执行 1 遍，即内循环的循环体执行 3 次，因此每执行 1 次外循环 m，语句"a＝a＋1"执行 4 次，故语句"a＝a＋1"总共执行 12 次，又因为 a 的初始值为 0，因此执行后 a 的值为 12。由于在进入内循环 j 时，变量 b 都被重新初始化为 0，因此执行后变量 b 的值实际上与外循环次数无关，所以 b 的值为 6。

【答案】C

8. 如果要每隔 15s 产生一个 Timer 事件，则 Interval 属性应设置为（　　）。

A. 15 　　　　B. 1500 　　　　C. 15000 　　　　D. 150

【分析】Timer 控件的 Interval 是表示两个 Timer 事件之间的时间间隔，其值以 ms 为单位，1000ms=1s，显然 15s=15000ms，因此选项 C 正确。

【答案】C

9. 计时器控件可用于后台进程中，可在 Timer 事件中编写程序代码，要停止触发 Timer 事件，必须通过（　　）属性。

A. Enabled = False 或 Visible = False

B. Enabled = False 或 Interval = 0

C. Visible = False 或 Interval = 0

D. Enabled = False 且 Interval = 0

【分析】当 Enabled 属性值为 True 且 Interval 属性值大于 0 时，Timer 事件以 Interval 属性指定的间隔时间发生。显然，Enabled 属性值为 False 或者 Interval 属性值等于 0，都不会触发 Timer 事件。

【答案】B

10. 在程序运行期间，如果拖动滚动条的滑块，则该滚动条（　　）事件将被触发。

A. Move 　　　　B. Change 　　　　C. Scroll 　　　　D. GotFocus

【分析】Move 是对象的方法，而不是事件，故选项 A 不正确；Change 事件是当滚动条的 Value 属性值改变时触发的，故选项 B 不正确；Scroll 事件是当拖动滚动条的滑块时触发的，故选项 C 正确；GotFocus 事件是控件获得焦点时触发的，故选项 D 不正确。

【答案】C

二、操作题

1. 在标题为"字符统计"的窗体 Form1 上，添加两个标题分别为"0 和 1 字符串"和"字符 0 的个数"的标签 Label1 和 Label2；然后再添加两个文本内容为空的文本框 Text1 和 Text2，其中 Text1 带有水平滚动条；最后添加一个标题为"统计"的命令按钮 Command1。程序运行时，在 Text1 中输入仅 0 和 1 组成的字符串，单击"统计"按钮求出字符串中 0 的个数，并显示在 Text2 中，如图 2-5-1 所示。

【界面设计】

（1）新建一个"标准 EXE"类型的工程，在窗体 Form1 上添加两个标签、两个文本框和一个命令按钮，然后用鼠标调整各个控件的大小和位置，调整后的控件布局如图 2-5-2（a）所示。

（2）根据设计要求，按表 2-5-1 所示的值设置各个控件对象的属性，设置后的界面如图 2-5-2（b）所示。

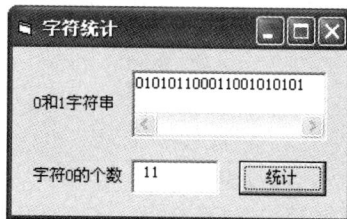

图 2-5-1　字符统计的运行界面

表 2-5-1　字符统计的对象属性设置

对　　象	对象名称	属　　性	属 性 值	说　　明
窗体	Form1	Caption	字符统计	窗体的标题
标签	Label1	Caption	0 和 1 字符串	标签内文字内容
标签	Label2	Caption	字符 0 的个数	标签内文字内容
文本框	Text1	Text	（空白）	文本框内没有文字
		MultiLine	True	设置多行显示
		ScrollBars	1-Horizontal	设置水平滚动条
文本框	Text2	Text	（空白）	文本框内没有文字
命令按钮	Command1	Caption	统计	命令按钮的标题

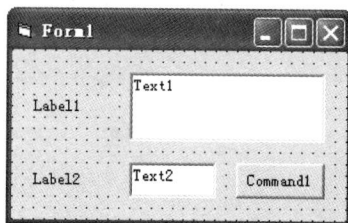

（a）控件布局

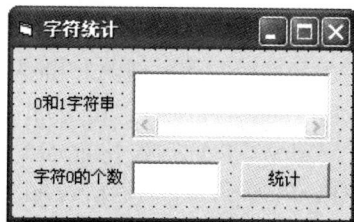

（b）属性设置

图 2-5-2　字符统计的设计界面

【代码设计】

在"统计"按钮的 Click 事件过程中编写代码。

```
Private Sub Command1_Click()
  Dim s As String, t As String
  Dim i As Integer, n As Integer
  s = Trim(Text1.Text)
  n = 0
  For i = 1 To Len(s)
    t = Mid(s, i, 1)
    If t = "0" Then n = n + 1
  Next i
  Text2.Text = Str(n)
End Sub
```

【运行结果】

运行时，在文本框 Text1 中输入字符串"010101100011001010101"，单击"统计"按钮，运行结果如图 2-5-1 所示。

2. 在标题为"水仙花数问题"的窗体 Form1 上，添加一个标题为"显示"的命令按钮 Command1；然后再添加一个文本内容为空、有垂直滚动条的文本框 Text1。程序运行时，单击"显示"按钮，在 Text1 显示所有水仙花数，如图 2-5-3 所示。

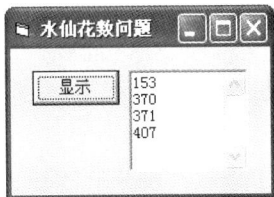

图 2-5-3　水仙花数问题的运行界面

【界面设计】

（1）新建一个"标准 EXE"类型的工程，在窗体 Form1 上添加一个命令按钮和一个文本框，然后用鼠标调整各个控件的大小和位置，调整后的控件布局如图 2-5-4（a）所示。

（2）根据设计要求，按表 2-5-2 所示的值设置各个控件对象的属性，设置后的界面如图 2-5-4（b）所示。

表 2-5-2　水仙花数问题的对象属性设置

对　　象	对 象 名 称	属　　性	属 性 值	说　　明
窗体	Form1	Caption	水仙花数问题	窗体的标题
命令按钮	Command1	Caption	显示	命令按钮的标题
文本框	Text1	Text	（空白）	文本框内没有文字
		MultiLine	True	设置多行显示
		ScrollBars	2–Vertical	设置垂直滚动条

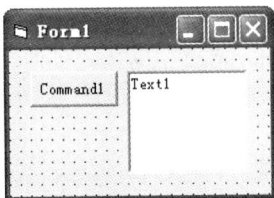

（a）控件布局

（b）属性设置

图 2-5-4　水仙花数问题的设计界面

【代码设计】

在"显示"按钮的 Click 事件过程中编写代码。

```
Private Sub Command1_Click()
  Dim i As Integer, j As Integer, k As Integer, n As Integer
  Text1.Text = ""                          '输出前文本框内容清空
  For i = 1 To 9                           'i 表示百位上的数
    For j = 0 To 9                         'j 表示十位上的数
      For k = 0 To 9                       'k 表示个位上的数
        n = i * 100 + j * 10 + k
        If i ^ 3 + j ^ 3 + k ^ 3 = n Then
          Text1.Text = Text1.Text & n & vbCrLf
        End If
      Next k
    Next j
  Next i
End Sub
```

【运行结果】

运行时，单击"显示"按钮，运行结果如图 2-5-3 所示。

3. 在标题为"颜色设置"的窗体 Form1 上，添加一个标题为"计算机等级考试"、有边框的标签 Label1，其文字格式为粗体、三号、居中显示；然后再添加两个标题分别为"前景色"和"背景色"的标签 Label2 和 Label3；最后添加两个水平滚动条 HS1 和 HS2，其取值范围均为 0～255。程序运行时，改变 HS1 和 HS2 滑块的位置，分别改变 Label1 中文字颜色和背景颜色为红色和蓝色，且颜色深度分别由 HS1 和 HS2 的值确定，如图 2-5-5 所示。

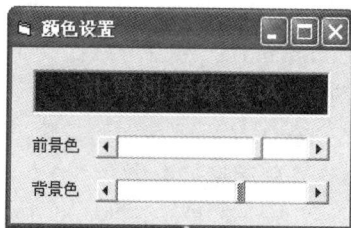

图 2-5-5　颜色设置的运行界面

【界面设计】

（1）新建一个"标准 EXE"类型的工程，在窗体 Form1 上添加 3 个标签和两个水平滚动条，并将这两个滚动条的名称分别改为 HS1 和 HS2，然后用鼠标调整各个控件的大小和位置，调整后的控件布局如图 2-5-6（a）所示。

（2）根据设计要求，按表 2-5-3 所示的值设置各个控件对象的属性，设置后的界面如图 2-5-6（b）所示。

表 2-5-3　颜色设置的对象属性设置

对　象	对象名称	属　性	属　性　值	说　明
窗体	Form1	Caption	颜色设置	窗体的标题
标签	Label1	Caption	计算机等级考试	标签内文字内容
		Alignment	2–Center	设置居中显示
		Font	字形：粗体；大小：三号	设置字形和字号
		BorderStyle	1–Fixed Single	设置标签的边框样式
标签	Label2	Caption	前景色	标签内文字内容
标签	Label3	Caption	背景色	标签内文字内容
水平滚动条	HS1	Min	1	滚动条的最小值
		Max	255	滚动条的最大值
水平滚动条	HS2	Min	1	滚动条的最小值
		Max	255	滚动条的最大值

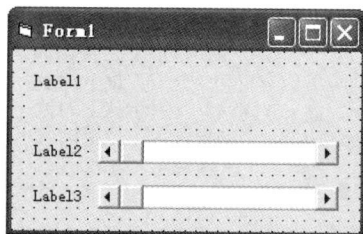

（a）控件布局

（b）属性设置

图 2-5-6　颜色设置的设计界面

【代码设计】

（1）在水平滚动条 HS1 的 Change 事件过程中编写代码。

```
Private Sub HS1_Change()
```

```
        Label1.ForeColor = RGB(HS1.Value, 0, 0)
    End Sub
```

（2）在水平滚动条 HS2 的 Change 事件过程中编写代码。

```
    Private Sub HS2_Change()
        Label1.BackColor = RGB(0, 0, HS2.Value)
    End Sub
```

【运行结果】

运行时，改变 HS1 和 HS2 滑块的位置，运行结果如图 2-5-5 所示。

5.2 习 题 测 评

一、选择题

1. 运行下列程序，单击窗体后显示结果为（   ）。

```
    Private Sub Form_Click()
      Dim k As Integer
      For k = 1 To 2
        Print "3" + k; "3" & k; Spc(3);
      Next
    End Sub
```

    A. 31 31　　4 31　　　　　　B. 31 31　　　32 32

    C. 4 31　　5 32　　　　　　D. 32 32　　　5 32

2. 如果整型变量 a、b 的值分别为 3 和 1，则下列语句中循环体的执行次数是（   ）。

```
    For i = a To b
      Print i
    Next i
```

    A. 0　　　　　　B. 1　　　　C. 2　　　　　　D. 3

3. 在窗体上添加一个命令按钮 Command1，然后编写如下事件过程：

```
    Private Sub Command1_Click()
      For n = 1 To 20
        If n Mod 3 <> 0 Then m = m + n \ 3
      Next n
      Print n
    End Sub
```

程序运行后，如果单击命令按钮，则窗体上显示的内容是（   ）。

    A. 15　　　　　　B. 18　　　　C. 21　　　　　D. 24

4. 设有如下程序段：

```
    x = 2
    For i = 1 To 10 Step 2
      x = x + i
    Next
```

运行以上程序后，x 的值是（   ）。

    A. 36　　　　　　B. 27　　　　C. 38　　　　　D. 57

5. 在窗体上添加一个文本框 Text1 和一个命令按钮 Command1，然后编写如下事件过程：

```
    Private Sub Command1_Click()
```

```
Dim i As Integer, n As Integer
For i = 0 To 50
  i = i + 3
  n = n + 1
  If i > 10 Then Exit For
Next
Text1.Text = Str(n)
End Sub
```

程序运行后，单击命令按钮，在文本框中显示的值是（　　）。

　A. 2　　　　　　　　B. 3　　　　　　　　C. 4　　　　　　　　D. 5

6. 下列程序段的执行结果为（　　）。

```
x = 6
For k = 1 To 10 Step -2
 x = x + k
Next k
Print k; x
```

　A. -1　　6　　　　　B. -1　　16　　　　　C. 1　　6　　　　　D. 11　　31

7. 执行下列程序段后，x 的值为（　　）。

```
Dim x As Integer, i As Integer
x = 0
For i = 20 To 1 Step -2
 x = x + i \ 5
Next i
```

　A. 16　　　　　　　　B. 17　　　　　　　　C. 18　　　　　　　　D. 19

8. 在窗体上添加两个文本框 Text1、Text2 和一个命令按钮 Command1，编写如下事件过程：

```
Private Sub Command1_Click()
  x = 0
  Do While x < 50
   x = (x + 2) * (x + 4)
   n = n + 1
  Loop
  Text1.Text = CStr(n)
  Text2.Text = CStr(x)
End Sub
```

运行时，单击命令按钮，Text1 和 Text2 分别显示（　　）。

　A. 0 和 0　　　　　　B. 1 和 8　　　　　　C. 2 和 120　　　　　D. 3 和 15180

9. 在窗体上添加一个命令按钮 Command1，然后编写如下事件过程：

```
Private Sub Command1_Click()
  Dim num As Integer
  num = 1
  Do Until num > 6
   Print num;
   num = num + 2.4
  Loop
End Sub
```

程序运行后，单击命令按钮，则窗体上显示的内容是（　　）。

　A. 1　3.4　5.8　　　　B. 1　3　5　　　　C. 1　4　7　　　　D. 无数据输出

10. 在窗体上添加一个命令按钮 Command1，然后编写如下事件过程：

```
Private Sub Command1_Click()
  Dim a As Integer, s As Integer
  a = 8
  s = 1
  Do
    s = s + a
    a = a - 1
  Loop While a <= 0
  Print s; a
End Sub
```

程序运行后，单击命令按钮，则窗体上显示的内容是（   ）。

  A. 7 9   B. 34 0   C. 9 7   D. 死循环

11. 下列程序段的执行结果为（   ）。

```
i = 4: a = 5
Do
  i = i + 1
  a = a + 3
Loop Until i >= 9
Print i; a
```

  A. 9 20   B. 10 20   C. 10 23   D. 9 23

12. 下列代码的运行结果为（   ）。

```
Private Sub Command1_Click()
  x = 1: y = 4
  Do Until y >= 4
    x = x / y
    y = y + 1
  Loop
  Print x
End Sub
```

  A. 1   B. 4   C. 8   D. 20

13. 下列代码的运行结果为（   ）。

```
Private Sub Command1_Click()
  n = 1
  Do Until n > 6
    Print n;
    n = n + 2.4
  Loop
End Sub
```

  A. 1 3.4 5.8   B. 1 3 5   C. 1 4 7   D. 没有数据输出

14. 执行下列程序段后，x 的值为（   ）。

```
x = 0
For i = 1 To 4
  For j = 1 To i
    x = x + 1
Next j, i
```

  A. 6   B. 9   C. 10   D. 16

15. 执行下列程序段后，程序的运行结果为（   ）。

```
s = 1
```

```
For i = 1 To 3
  For j = 0 To i - 1
    s = s + s * j
  Next j
  Print s;
Next i
```

    A. 1　2   B. 2　1   C. 2　2　12   D. 1　2　12

16. 执行下列程序段后，i 和 m 的值为（　　）。

```
m = 0
For i = 1 To 3
  For j = 1 To i
    m = m + j
Next j, i
```

    A. 3　6   B. 3　10   C. 4　6   D. 4　10

17. 运行下列程序段，其中语句"n＝n＋1"被执行的次数是（　　）。

```
Dim m%, n%
For m = 1 To 3
  For n = 1 To 6 Step 2
  n = n + 1
  Print n
  Next
Next
```

    A. 3   B. 6   C. 9   D. 18

18. 在窗体上添加一个命令按钮 Command1，编写如下事件过程，运行时单击命令按钮，如果在输入对话框中输入 3，则在窗体上显示的内容是（　　）。

```
Private Sub Command1_Click()
  Dim i%, j%, x%, n%
  x = 0
  n = InputBox("Input")
  For i = 1 To n
    For j = 1 To i
      x = x + j
    Next j
  Next i
  Print x
End Sub
```

    A. 6   B. 10   C. 14   D. 18

19. 下列程序代码执行时，内循环执行的次数是（　　）。

```
Private Sub Command1_Click()
  For i = 1 To 3
    For j = 1 To i
      For k = j To 3
        s = s + 1
      Next k
    Next j
  Next i
  Print s
End Sub
```

    A. 3   B. 14   C. 9   D. 21

20. 下列程序代码的运行结果为（　　）。

```
Private Sub Command1_Click()
  For m = 1 To 10 Step 2
    a = 10
    For n = 1 To 20 Step 2
      a = a + 2
    Next n
  Next m
  Print a
End Sub
```

　　A. 60　　　　　　　　B. 50　　　　　　　　C. 30　　　　　　　　D. 20

21. 在窗体上添加一个命令按钮 Command1，然后编写如下事件过程：

```
Private Sub Command1_Click()
  For i = 1 To 4
    x = 4
    For j = 1 To 3
      x = 3
      For k = 1 To 2
        x = x + 6
      Next k
    Next j
  Next i
  Print x
End Sub
```

程序运行后，单击命令按钮，显示结果为（　　）。

　　A. 7　　　　　　　　B. 15　　　　　　　　C. 157　　　　　　　D. 538

22. 在窗体上添加一个命令按钮 Command1，并有如下代码，程序执行后，单击命令按钮，显示结果为（　　）。

```
Private Sub Command1_Click()
  k = 0
  For j = 1 To 2
    For i = 1 To 3
      k = i + 1
    Next i
    For i = 1 To 7
      k = k + 1
    Next i
  Next j
  Print k
End Sub
```

　　A. 10　　　　　　　　B. 6　　　　　　　　C. 11　　　　　　　　D. 16

23. 为了暂时关闭计时器，应把该计时器的某个属性设置为 False，这个属性是（　　）。

　　A. Visible　　　　　　B. Timer　　　　　　C. Enabled　　　　　D. Interval

24. 在窗体上添加一个计时器控件 Timer，要求每隔 0.5s 发生一次计时事件，则以下正确的属性设置语句是（　　）。

　　A. Timer.Interval = 0.5　　　　　　　　B. Timer.Interval = 5

　　C. Timer.Interval = 50　　　　　　　　D. Timer.Interval =500

25. 计时器控件以一定时间间隔触发（   ）事件。

    A. Enabled   B. Interval   C. Timer1   D. Timer

26. 下列叙述错误的是（   ）。

    A. 计时器的 Enabled 属性为 False 时，会暂停计时器的计时操作

    B. 运行时计时器不可见，所以其位置和大小无关紧要

    C. 触发计时器 Timer 事件的时间间隔可设定

    D. 计时器的 Interval 属性以秒（s）为单位

27. 拖动滚动条中的滑块将触发滚动条的（   ）事件。

    A. Slide   B. Scroll   C. DragOver   D. DragDrop

28. 单击滚动条两端的箭头按钮可触发滚动条的（   ）事件。

    A. Change   B. Scroll   C. DragOver   D. DragDrop

29. 设置（   ）属性可以改变单击滚动条两端的箭头按钮时的滚动步长。

    A. Max   B. Min   C. LargeChange   D. SmallChange

30. 表示滚动条控件取值范围最大值的属性是（   ）。

    A. Max   B. LargeChange   C. Value   D. Min

二、设计题

1. 打开工程文件 VbDsg0501.vbp，在标题为"产生随机数"的窗体 Form1 上，添加一个标题为空、有边框的标签 Label1，其文字为粗体、20 号字、居中显示；然后再添加两个标题分别为"暂停"和"继续"的命令按钮 Command1 和 Command2；最后添加一个计时器控件 Timer1，其事件间隔时间为 1 秒，计时器处于激活状态。程序运行时，Label1 中每隔 1 秒显示一个 3 位随机正整数；单击"暂停"按钮，Label1 中数字停止变化；单击"继续"按钮，Label1 中数字继续变化，如图 2-5-7 所示。完成上述设计后，以原文件名保存工程，并生成可执行文件（VbDsg0501.exe）。

2. 打开工程文件 VbDsg0502.vbp，在标题为"字号设置"的窗体 Form1 上，添加一个文本内容为"Visual Basic"、字号为 20 的文本框 Text1；然后再添加一个标题为"20"的标签 Label1；最后添加一个水平滚动条 HScroll1，滚动条所表示的最大值为 100、最小值为 1，滚动条的当前值为 20，单击滚动条两端箭头时，滑块移动增量为 2，单击滚动条空白位置时，滑块移动增量为 10。程序运行时，改变滑块的位置，其动态值在 Label1 中显示出来，同时根据滑块的值改变 Text1 文本的字号大小，如图 2-5-8 所示。完成上述设计后，以原文件名保存工程，并生成可执行文件（VbDsg0502.exe）。

图 2-5-7　产生随机数的运行界面　　　图 2-5-8　字号设置的运行界面

三、编程题

1. 打开工程文件 VbProg0501.vbp，如图 2-5-9 所示，添加适当的事件过程代码，实现

以下功能。

在文本框 Text1 中输入一个整数，然后单击"判断"按钮，判断该数是否为完数，并在标签 Label2 中显示判断结果。完数是指它所有的真因子（即除了自身以外的正因子）的和恰好等于它本身。例如，6 是完数，因为 6=1+2+3。

完成上述功能后，以原文件名保存工程，并生成可执行文件（VbProg0501.exe）。

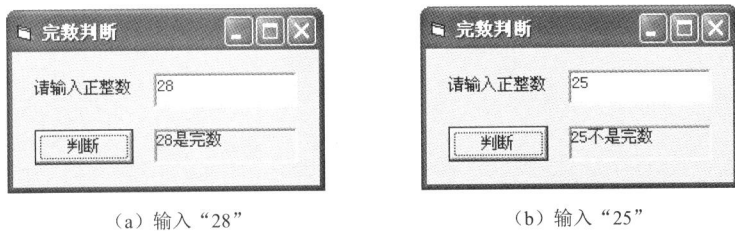

（a）输入"28"   （b）输入"25"

图 2-5-9　完数判断的运行界面

2. 打开工程文件 VbProg0502.vbp，如图 2-5-10 所示，添加适当的事件过程代码，实现以下功能。

（1）单击"整数 m"按钮，在文本框 Text1 中显示一个 1～100 之间的随机整数 m。

（2）单击"整数 n"按钮，在文本框 Text2 中显示一个 201～500 之间的随机整数 n。

（3）单击"累加"按钮，求 m～n 之间所有整数之和，将结果显示在文本框 Text3 中。

完成上述功能后，以原文件名保存工程，并生成可执行文件（VbProg0502.exe）。

3. 打开工程文件 VbProg0503.vbp，如图 2-5-11 所示，添加适当的事件过程代码，实现以下功能。

（1）单击"十进制"按钮，在文本框 Text1 中显示一个 1001～6000 之间的随机整数。

（2）单击"八进制"按钮，将文本框 Text1 中十进制整数转换为八进制数显示在标签Label1 中。

完成上述功能后，以原文件名保存工程，并生成可执行文件（VbProg0503.exe）。

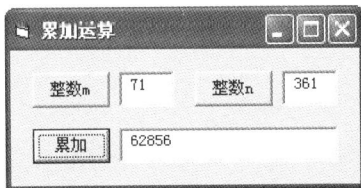

图 2-5-10　累加运算的运行界面　　图 2-5-11　进制转换的运行界面

4. 打开工程文件 VbProg0504.vbp，如图 2-5-12 所示，添加适当的事件过程代码，实现以下功能。

在文本框 Text1 和 Text2 分别输入 a 和 n 的值，单击"Sn"按钮，在文本框 Text3 中输出 Sn 的值：Sn=a+aa+aaa+⋯+aa⋯a(n 个 a)。例如，当 a=2、n=5 时，Sn =2+22+222+2222 +22222。

完成上述功能后，以原文件名保存工程，并生成可执行文件（VbProg0504.exe）。

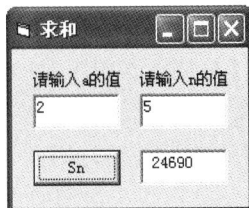

图 2-5-12　求和的运行界面

第6章 数　　组

6.1　例　题　精　解

一、选择题

1. 以下属于 Visual Basic 合法的数组元素是（　　　）。

    A. a3　　　　　　　　B. a(0)　　　　　　　C. a[5]　　　　　　　D. a{4}

【分析】在 Visual Basic 中，一维数组元素的一般形式为"a(n)"，n 为一个确定的整数值，而且数组名 a 后面的圆括号不能省略，也不能由其他括号代替。因此只有选项 B 是正确的。

【答案】B

2. 下面数组声明语句中，正确的是（　　　）。

    A. Dim a[2,4] As Integer　　　　　　　B. Dim a(2,4) As Integer

    C. Dim a(n,n) As Integer　　　　　　　D. Dim a(2 4) As Integer

【分析】在声明数组时，数组名后面使用圆括号，不得使用方括号，下标不能出现变量，下标与下标之间必须用逗号分隔，因此选项 A、C、D 均不正确。

【答案】B

3. 按照 Visual Basic 默认规定，数组声明 Dim a(2, 1 To 3, 5)共有（　　　）个元素。

    A. 72　　　　　　　　B. 20　　　　　　　C. 54　　　　　　　D. 30

【分析】本题中所声明的数组为 3 维，第 1 维下标范围为 0～2，第 2 维下标范围为 1～3，第 3 维下标范围为 0～5，每维的元素个数分别为 3、3、6，从而可以得知该数组总的元素个数为 3×3×6=54。

【答案】C

4. 下列叙述正确的是（　　　）。

    A. 数组是用户自定义数据类型

    B. 数组元素在内存中的存放形式是连续

    C. 数组在使用时可以采用隐式声明

    D. 动态数组重新定义时原有数据必定丢失

【分析】数组不是一种数据类型，而是一组相同类型的变量集合，因此选项 A 不正确；声明一个数组时系统会为它在内存中分配一块连续的存储空间，因此选项 B 正确；数组必须先声明后使用，因此选项 C 不正确；动态数组重新定义时，可以在 ReDim 语句后加 Preserve 参数来保留数组中的数据，这样原有的数据就不会丢失，因此选项 D 不正确。

【答案】B

5. 设有如下程序：

```
Option Base 1
```

```
Private Sub Form_Click()
  Dim a
  Dim i As Integer
  a = Array(1, 2, 3, 4, 5, 6, 7, 8, 9)
  For i = 0 To 3
    Print a(5 - i);
  Next
End Sub
```

程序运行后单击窗体，则在窗体上显示的内容是（   ）。

A. 4 3 2 1　　　　　B. 5 4 3 2　　　　　C. 6 5 4 3　　　　　D. 7 6 5 4

【分析】语句"Option Base 1"指定数组 a 的下标从 1 开始，再通过赋值语句"a = Array(1, 2, 3, 4, 5, 6, 7, 8, 9)"，得到数组 a 共有 9 个元素：a(1)～a(9)，其值分别为 1～9，因此再由循环体中语句"Print a(5-i);"，而且 i 的取值为 0～3，因此分别输出 a(5)、a(4)、a(3)、a(2)，即输出 5、4、3、2。

【答案】B

6. 以下关于命令按钮控件数组 Command1 的叙述正确的是（   ）。

A. 控件数组中的所有命令按钮的 Caption 属性值相同

B. 在程序代码中访问命令按钮时，只需使用名称 Command1

C. 控件数组中的命令按钮的大小都相同

D. 控件数组中的命令按钮共享相同的事件过程

【分析】控件数组中的所有命令按钮共用一个控件名称，但每个按钮都有唯一的索引号 Index，在访问某个按钮时，不仅要使用名称 Command1，还要使用按钮的 Index。此外，每个命令按钮的其他属性都是相对独立的，Caption 属性以及按钮的大小属性都可以不同，因此选项 A、B、C 均不正确。

【答案】D

7. 引用列表框 List1 最后一项数据应使用（   ）。

A. List1.Lsit(ListCount-1)　　　　　B. List1.Lsit(List1.ListCount-1)

C. List1.Lsit(ListCount)　　　　　D. List1.Lsit(List1.ListCount)

【分析】ListCount 的值表示列表框中项目的数量，ListCount-1 表示列表框最后一项的序号，List 属性是一个字符型数组，存放列表框的选项。另外，对象的属性引用格式为"对象名.属性"，因此选项 B 正确。

【答案】B

8. 将数据项"China"添加到列表框 List1 中成为第二项应使用（   ）语句。

A. List1.AddItem "China", 1　　　　　B. List1.AddItem "China", 2

C. List1.AddItem 1, "China"　　　　　D. List1.AddItem 2, "China"

【分析】AddItem 方法可以把一个选项加入到列表框中，其格式为"对象名.AddItem 项目 [,索引]"，其中"索引"决定新增项目在列表框中的位置，如果省略"索引"则新增选项添加在最后，对于列表框的第一项，其"索引"值为 0，显然第二项的"索引"值为 1，因此选项 A 正确。

【答案】A

9. 要将一个组合框设置为简单组合框（Simple Combo），则应该将其 Style 属性设置为（   ）。

A. 0　　　　　B. 1　　　　　C. 2　　　　　D. 3

【分析】Style 属性用于设置组合框的外观，属性值为 0-DropdownCombo 时，组合框为"下拉组合框"；属性值为 1-SimpleCombo 时，组合框为"简单组合框"；属性值为 2-DropdownList 时，组合框为"下拉列表框"。因此选项 B 正确。

【答案】B

10. 设有如下的用户自定义类型：

```
Type Student
    number As String
    name As String
    age As Integer
End Type
```

正确引用该用户自定义类型变量的代码是（　　）。

A. Student.name="张红"

B. Dim s As Student
　　s.name="张红"

C. Dim s As Type Student
　　s.name="张红"

D. Dim s As Type
　　s.name="张红"

【分析】声明了自定义类型后，就可以定义属于该类型的变量，即自定义类型的变量，其格式为"Dim 变量名 As 自定义类型名"，因此选项 C、D 不正确。自定义类型变量中的成员，也可以像其他类型的变量一样进行赋值操作，其格式为"自定义类型变量名.成员名"，而选项 A 中，Student 是类型名，而非变量，因此选项 A 不正确。

【答案】B

二、操作题

1. 在标题为"一维数组逆置"的窗体 Form1 上，添加一个文本内容为空的文本框 Text1；然后再添加两个标题分别为"生成数组"和"逆置数组"的命令按钮 Command1 和 Command2；最后添加一个标题为空、有边框的标签 Label1。程序运行时，单击"生成数组"按钮，随机生成 10 个两位正整数，存放在数组 a 中，并将数组元素显示在 Text1 中，如图 2-6-1（a）所示；单击"逆置数组"按钮，将数组 a 中的数据进行逆置，并在 Label1 中显示逆置后的数组元素，如图 2-6-1（b）所示。

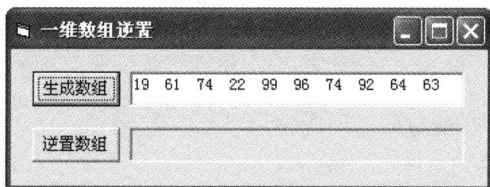
（a）生成数组

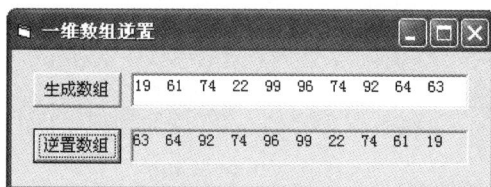
（b）逆置数组

图 2-6-1　一维数组逆置的运行界面

【界面设计】

（1）新建一个"标准 EXE"类型的工程，在窗体 Form1 上添加一个文本框、两个命令按钮和一个标签，然后用鼠标调整各个控件的大小和位置，调整后的控件布局如图 2-6-2（a）所示。

（2）根据设计要求，按表 2-6-1 所示的值设置各个控件对象的属性，设置后的界面如图 2-6-2（b）所示。

表 2-6-1 一维数组逆置的对象属性设置

对 象	对象名称	属 性	属 性 值	说 明
窗体	Form1	Caption	一维数组逆置	窗体的标题
文本框	Text1	Text	（空白）	文本框内没有文字
命令按钮	Command1	Caption	生成数组	命令按钮的标题
命令按钮	Command2	Caption	逆置数组	命令按钮的标题
标签	Label1	Caption	（空白）	标签内没有文字
		BorderStyle	1–Fixed Single	设置标签的边框样式

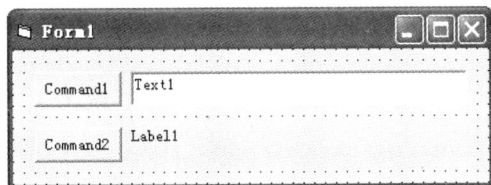
（a）控件布局

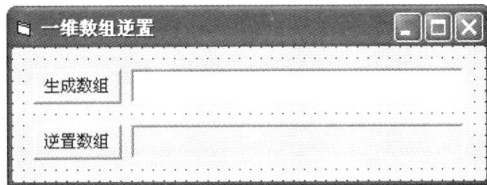
（b）属性设置

图 2-6-2 一维数组逆置的设计界面

【代码设计】

（1）在窗体模块的通用声明段中声明模块级数组。

```
Dim a(1 To 10) As Integer        '定义模块级数组
```

（2）在"生成数组"按钮的 Click 事件过程中编写代码。

```
Private Sub Command1_Click()
  Dim i As Integer               '定义循环变量 i
  Randomize
  Text1.Text = ""
  Label1.Caption = ""
  For i = 1 To 10                '生成 10 个随机数
    a(i) = Int(Rnd * 90) + 10
    Text1.Text = Text1.Text & a(i) & Space(2)
  Next i
End Sub
```

（3）在"逆置数组"按钮的 Click 事件过程中编写代码。

```
Private Sub Command2_Click()
  Dim i As Integer
  Dim t As Integer
  For i = 1 To 10 \ 2
    t = a(i)
    a(i) = a(10 - i + 1)
    a(10 - i + 1) = t
  Next i
  For i = 1 To 10
    Label1.Caption = Label1.Caption & a(i) & Space(2)
  Next i
End Sub
```

【运行结果】

运行时，单击"生成数组"按钮，运行结果如图 2-6-1（a）所示；然后单击"逆置数组"按钮，运行结果如图 2-6-1（b）所示。

2. 在标题为"中值求解"的窗体 Form1 上，添加两个文本内容为空的文本框 Text1 和 Text2，其中 Text2 有一个水平滚动条；然后再添加两个标题分别为"生成"和"中值"的命令按钮 Command1 和 Command2；最后添加一个标题为空、有边框的标签 Label1。程序运行时，在 Text1 中输入一个正整数 n，然后单击"生成"按钮，随机生成 n 个 25～125 范围内随机整数赋值给动态数组 a，并显示在 Text2 中，如图 2-6-3（a）所示；接着单击"中值"按钮，求这 n 个元素的中值，如图 2-6-3（b）所示。求中值需先对数组进行排序，然后根据元素个数的奇偶性采用不同的求解方法：若元素个数为奇数，则中值为 a((n+1)/2)；若元素个数为偶数，则中值为 (a (n/2)+a (n/2+1)) /2。

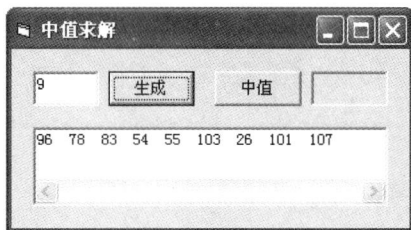
（a）生成
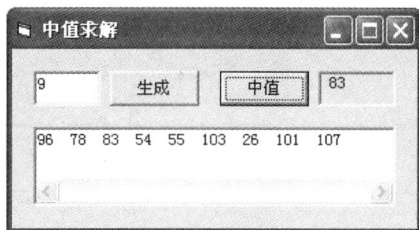
（b）中值

图 2-6-3　中值求解的运行界面

【界面设计】

（1）新建一个"标准 EXE"类型的工程，在窗体 Form1 上添加两个文本框、两个命令按钮和一个标签，然后用鼠标调整各个控件的大小和位置，调整后的控件布局如图 2-6-4（a）所示。

（2）根据设计要求，按表 2-6-2 所示的值设置各个控件对象的属性，设置后的界面如图 2-6-4（b）所示。

表 2-6-2　中值求解的对象属性设置

对 象	对象名称	属 性	属 性 值	说 明
窗体	Form1	Caption	中值求解	窗体的标题
文本框	Text1	Text	（空白）	文本框内没有文字
文本框	Text2	Text	（空白）	文本框内没有文字
		MultiLine	True	设置多行显示
		ScrollBars	1-Horizontal	设置水平滚动条
命令按钮	Command1	Caption	生成	命令按钮的标题
命令按钮	Command2	Caption	中值	命令按钮的标题
标签	Label1	Caption	（空白）	标签内没有文字
		BorderStyle	1-Fixed Single	设置标签的边框样式

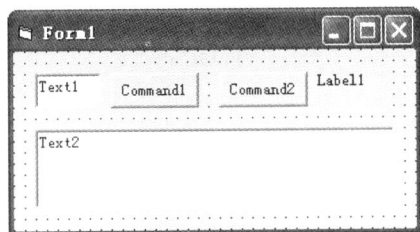
（a）控件布局

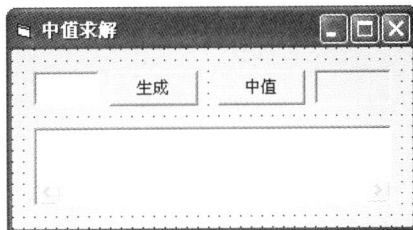
（b）属性设置

图 2-6-4 中值求解的设计界面

【代码设计】

（1）在窗体模块的通用声明段中声明模块级数组和变量。

```
Dim a() As Integer        '定义模块级动态数组a
Dim n As Integer          '元素个数
```

（2）在"生成"按钮的 Click 事件过程中编写代码。

```
Private Sub Command1_Click()
  Dim i As Integer
  n = Val(Text1.Text)
  ReDim a(n)
  Text2.Text = ""
  For i = 1 To n
    a(i) = Int(Rnd * 101 + 25)
    Text2.Text = Text2.Text & a(i) & Space(2)
  Next i
End Sub
```

（3）在"中值"按钮的 Click 事件过程中编写代码。

```
Private Sub Command2_Click()
  Dim i As Integer, j As Integer
  Dim t As Integer, m As Integer
  For i = n - 1 To 1 Step -1
    For j - 1 To i
      If a(j) > a(j + 1) Then
        t = a(j)
        a(j) = a(j + 1)
        a(j + 1) = t
      End If
    Next j
  Next i
  If n Mod 2 = 0 Then
    m = (a(n / 2) + a(n / 2 + 1)) / 2
  Else
    m = a((n + 1) / 2)
  End If
  Label1.Caption = Str(m)
End Sub
```

【运行结果】

运行时，在文本框 Text1 中输入整数 9，单击"生成"按钮，运行结果如图 2-6-3（a）所示；然后单击"中值"按钮，运行结果如图 2-6-3（b）所示。

3. 在标题为"选修课系统"窗体 Form1 上，添加两个列表框 List1 和 List2；然后再添加 4 个标题分别为 ">"" ≫ """ ≪ " 和 "<" 的命令按钮 Command1、Command2、Command3 和 Command4。程序运行时，在 List1 中自动添加 "Visual C++""Visual Basic""Visual Foxpro" "Delphi" 和 "Java" 5 个选项，单击 ">" 按钮，将 List1 中选中的项目移动到 List2 中；单击 " ≫ " 按钮，将 List1 中全部项目移动到 List2 中；单击 "<"" ≪ " 按钮，与 ">"" ≫ " 按钮功能相反，如图 2-6-5 所示。

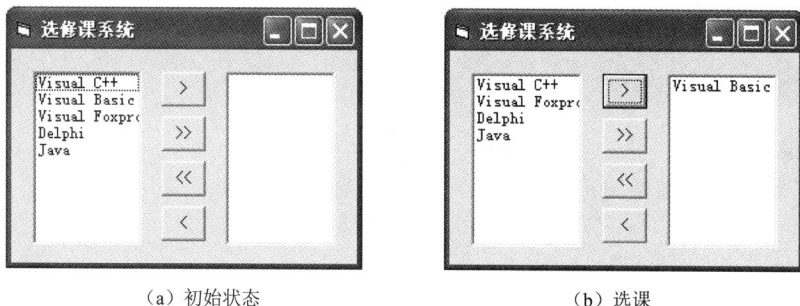

（a）初始状态　　　　　　　　　　　（b）选课

图 2-6-5　选修课系统的运行界面

【界面设计】

（1）新建一个 "标准 EXE" 类型的工程，在窗体 Form1 上添加两个列表框和 4 个命令按钮，然后用鼠标调整各个控件的大小和位置，调整后的控件布局如图 2-6-6（a）所示。

（2）根据设计要求，按表 2-6-3 所示的值设置各个控件对象的属性，设置后的界面如图 2-6-6（b）所示。

表 2-6-3　选修课系统的对象属性设置

对　　象	对象名称	属　　性	属　性　值	说　　明
窗体	Form1	Caption	选修课系统	窗体的标题
命令按钮	Command1	Caption	>	命令按钮的标题
命令按钮	Command2	Caption	>>	命令按钮的标题
命令按钮	Command3	Caption	<<	命令按钮的标题
命令按钮	Command4	Caption	<	命令按钮的标题

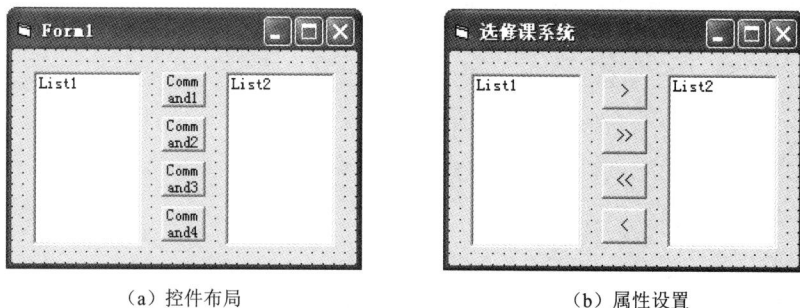

（a）控件布局　　　　　　　　　　　（b）属性设置

图 2-6-6　选修课系统的设计界面

【代码设计】

（1）在窗体的 Load 事件过程中编写代码。

```
Private Sub Form_Load()
```

```
      List1.AddItem "Visual C++"
      List1.AddItem "Visual Basic"
      List1.AddItem "Visual Foxpro"
      List1.AddItem "Delphi"
      List1.AddItem "Java"
    End Sub
```
（2）在 ">" 按钮的 Click 事件过程中编写代码。
```
    Private Sub Command1_Click()
      If List1.ListIndex > -1 Then
        List2.AddItem List1.Text
        List1.RemoveItem List1.ListIndex
      End If
    End Sub
```
（3）在 "≫" 按钮的 Click 事件过程中编写代码。
```
    Private Sub Command2_Click()
      Dim i As Integer
      For i = 0 To List1.ListCount - 1
        List2.AddItem List1.List(i)
      Next
      List1.Clear
    End Sub
```
（4）在 "≪" 按钮的 Click 事件过程中编写代码。
```
    Private Sub Command3_Click()
      Dim i As Integer
      For i = 0 To List2.ListCount - 1
        List1.AddItem List2.List(i)
      Next
      List2.Clear
    End Sub
```
（5）在 "<" 按钮的 Click 事件过程中编写代码。
```
    Private Sub Command4_Click()
      If List2.ListIndex > -1 Then
        List1.AddItem List2.Text
        List2.RemoveItem List2.ListIndex
      End If
    End Sub
```

【运行结果】

运行时，初始运行界面如图 2-6-5（a）所示；在列表框 List1 中选中 "Visual Basic" 项目，单击 ">" 按钮，运行结果如图 2-6-5（b）所示。

6.2 习 题 测 评

一、选择题

1. 关于 Visual Basic 数组的叙述不正确的是（   ）。

A. 静态数组通常用于存储个数范围可以确定的数据

B. 动态数组常用于存储数据类型不断变化的数据

C. 在设计数组时，其数组元素类型可以是数值类型、字符串类型或用户定义的类型

D. 动态数组可以用 Array(数据 1,数据 2,···,数据 n)对其进行初始化

2. 下列程序段中包括一个错误，出错的原因（　　　）。

```
x = 4
Dim a(x)
For m = 4 To 0 Step -1
  a(m) = m + 1
Next m
```

A. 第四行，数组元素 a(m)下标越界　　　B. 第四行，不能用循环变量 m 进行运算

C. 第二行，不能用变量定义数组的下标　　D. 以上原因都不对

3. 下列程序的运行结果为（　　　）。

```
Private Sub Command1_Click()
  Dim a(5) As String
  Dim i As Integer
  For i = 0 To 5
    a(i) = i + 1
    Print a(i);
  Next i
End Sub
```

A. 123456　　　　　　B. 6　　　　　　C. 1 2 3 4 5 6　　　　　D. 0

4. 以下程序的运行结果为（　　　）。

```
Option Base 1
Private Sub command1_click()
  Dim a(10), p(3) As Integer
  k = 5
  For i = 1 To 10
    a(i) = i
  Next i
  For i = 1 To 3
    p(i) = a(i * i)
  Next i
  For i = 1 To 3
    k = k + p(i) * 2
  Next i
  Print k
End Sub
```

A. 33　　　　　　　　B. 28　　　　　　C. 35　　　　　　D. 37

5. 在窗体上添加一个命令按钮 Command1，然后编写如下代码：

```
Option Base 1
Private Sub Command1_click()
  Dim arr(4) As Integer
  Dim arr1(4) As Integer
  n = 3
  For i = 1 To 4
    arr(i) = i
    arr1(n) = 2 * n + i
  Next i
  Print arr1(n); arr(n)
End Sub
```

程序的运行结果为（　　　）。

A. 3　11　　　　　　B. 11　3　　　　　C. 10　3　　　　　D. 3　13

6. 在窗体上添加一个命令按钮 Command1，然后编写如下事件过程：

```
Private Sub Command1_Click()
  Dim m(10) As Integer, n(10) As Integer
  i = 3
  For t = 1 To 5
    m(t) = t
    n(i) = 2 * i + t
  Next t
  Print n(i); m(i)
End Sub
```

窗体运行后，单击命令按钮，显示结果为（　　　）。

   A. 3　11　　　　　　　　B. 3　15　　　　　C. 11　3　　　　　　D. 15　3

7. 下列程序段的运行结果为（　　　）。

```
Dim m(10)
For i = 0 To 9
  m(i) = 2 * i
Next i
Print m(m(3))
```

   A. 12　　　　　　　　　B. 6　　　　　　　　C. 0　　　　　　　　D. 4

8. 有数组声明语句"Dim a(-2 To 2, 5)"，则数组包含元素个数为（　　　）。

   A. 120　　　　　　　　　B. 30　　　　　　　　C. 60　　　　　　　D. 20

9. 在通用声明中给出 Option Base 1 语句，有定义语句"Dim a(3, -2 To 1, 5)"，则数组 a 包括（　　　）元素。

   A. 120　　　　　　　　　B. 75　　　　　　　　C. 60　　　　　　　D. 13

10. 在窗体上添加一个命令按钮 Command1，然后编写如下程序：

```
Private Sub Command1_Click()
  Dim i As Integer, j As Integer
  Dim a(10, 10) As Integer
  For i = 1 To 3
    For j = 1 To 3
      a(i, j) = (i - 1) * 3 + j
      Print a(i, j);
    Next j
    Print
  Next i
End Sub
```

程序运行后，单击命令按钮，窗体上显示的内容是（　　　）。

A.	B.	C.	D.
1 2 3	2 3 4	1 4 7	1 2 3
2 4 6	3 4 5	2 5 8	4 5 6
3 6 9	4 5 6	3 6 9	7 8 9

11. 下列程序的运行结果为（　　　）。

```
Private Sub Command1_Click()
  Dim a(5, 5) As Integer
  For i = 1 To 3
    For j = 1 To 4
      a(i, j) = i * j
```

```
        Next j
      Next i
      For n = 1 To 2
        For m = 1 To 3
          Print a(m, n); " ";
        Next m
      Next n
    End Sub
```

A. 2　4　6　1　2　3　　　　　　B. 1　2　3　2　4　6
C. 1　2　3　4　5　6　　　　　　D. 6　5　4　3　2　1

12. 在窗体上面添加一个命令按钮 Command1，然后编写如下事件过程：
```
    Private Sub Command1_Click()
      Dim a1(4, 4), a2(4, 4)
        For i = 1 To 4
          For j = 1 To 4
            a1(i, j) = i + j
            a2(i, j) = a1(i, j) + i + j
          Next j
        Next i
      Print a1(3, 3); a2(3, 3)
    End Sub
```

程序运行后，单击命令按钮，在窗体上输出的内容是（　　　）。

A. 6　6　　　　　B. 10　5　　　　C. 7　21　　　　D. 6　12

13. 能使数组元素个数加 1，但保留数组中原有元素的语句是（　　　）。

A. ReDim arr(7)　　　　　　　　B. ReDim Preserve arr(7)
C. Public arr(1 To 7)　　　　　　D. Static arr(7)

14. 在窗体上添加一个命令按钮 Command1，然后编写如下事件过程：
```
    Option Base 0
    Private Sub Command1_Click()
      Dim city As Variant
      city = Array("北京", "上海", "天津", "重庆")
      Print city(1)
    End Sub
```

程序运行后，如果单击命令按钮，则在窗体上显示的内容是（　　　）。

A. 空白　　　　　　B. 错误信息　　　C. 北京　　　　　D. 上海

15. 运行下列程序，单击窗体显示的结果为（　　　）。
```
    Private Sub Form_Click()
      Dim a
      Dim s As Integer, i As Integer
      a = Array(1, 2, 3)
      For i = 2 To 0 Step -1
        s = s + a(i) * a(i)
      Next i
      Print s
    End Sub
```

A. 13　　　　　　B. 14　　　　　　C. 不确定　　　　D. 程序出错

16. 运行下列程序，单击窗体显示的结果为（　　　）。
```
    Private Sub Form_Click()
```

```
Dim a
Dim s As Integer, i As Integer
a = Array(1, 2, 3, 4, 5, 6)
s = 1
For i = 5 To 1 Step -2
  s = s * a(i)
Next i
Print s
End Sub
```

  A. 15   B. 48   C. 120   D. 720

17. 在窗体上添加一个命令按钮 Command1，然后编写如下代码：

```
Option Base 1
Private Sub Command1_Click()
  d = 0
  c = 10
  x = Array(10, 12, 21, 32, 24)
  For i = 1 To 5
    If x(i) > c Then
      d = d + x(i)
      c = x(i)
    Else
      d = d - c
    End If
  Next i
  Print d
End Sub
```

程序运行后，如果单击命令按钮，则在窗体上输出的内容是（   ）。

  A. 89   B. 99   C. 23   D. 77

18. 在窗体上添加一个命令按钮 Command1，然后为该命令按钮编写如下事件过程，该过程的运行结果为（   ）。

```
Option Base 1
Private Sub command1_click()
  Dim a As Variant
  a = Array(1, 2, 3, 4)
  j = 1
  For i = 4 To 1 Step -1
    s = s + a(i) * j
    j = j * 10
  Next i
  Print s
End Sub
```

  A. 4321   B. 1234   C. 34   D. 12

19. 下列程序的运行结果为（   ）。

```
Option Base 1
Private Sub Command1_Click()
  a = Array(237, 126, 87, 48, 498)
  m1 = a(1)
  m2 = 1
  For i = 2 To 5
    If a(i) > m1 Then
```

```
        m1 = a(i)
        m2 = i
      End If
    Next i
    Print m1, m2
  End Sub
```

A. 48   42   B. 37   14   C. 498   5   D. 98   4

20. 阅读程序：

```
Option Base 1
Dim arr() As Integer
Private Sub Form_Click()
  Dim i As Integer, j As Integer
  ReDim arr(3, 2)
  For i = 1 To 3
    For j = 1 To 2
      arr(i, j) = i * 2 + j
    Next j
  Next i
  ReDim Preserve arr(3, 4)
  For j = 3 To 4
    arr(3, j) = j + 9
  Next j
  Print arr(3, 2) + arr(3, 4)
End Sub
```

程序运行后，单击窗体，显示的结果为（   ）。

A. 21   B. 13   C. 8   D. 25

21. 设窗体上有一个列表框控件 List1，且其中含有若干列表项，则以下能表示当前被选中的列表项内容的是（   ）。

A. List1.List   B. List1.ListIndex   C. List1.Index   D. List1.Text

22. 执行了下面的程序后，列表框中的数据项有（   ）。

```
Private Sub Form_Click()
  For i = 1 To 6
    List1.AddItem i
  Next i
  For i = 1 To 3
    List1.RemoveItem i
  Next i
End Sub
```

A. 1，5，6   B. 2，4，6   C. 4，5，6   D. 1，3，5

23. 如果列表框 List1 中没有选定的项目，则执行语句"List1.RemoveItem List1.ListIndex"的结果是（   ）。

A. 移去第一项   B. 移去最后一项
C. 移去最后加入列表中的一项   D. 以上都不对

24. 将列表框的 MultiSelect 属性设置为（   ）后，可用 Shift 键或 Ctrl 键配合鼠标在列表框中进行多项选择。

A. 无   B. 0   C. 1   D. 2

25. 使用（   ）语句将"北京奥运"添加到列表框 List1 的首项。

A. List1.Text= "北京奥运"   B. List1.AddItem "北京奥运"

C．List1.List(0)= "北京奥运"　　　　　　　D．List1.AddItem "北京奥运",0

26．使用（　　）方法可以删除指定的项目。

A．Cls　　　　　　B．Clear　　　　　　C．Remove　　　　D．RemoveItem

27．设组合框 Combo1 中有 3 个项目，则以下能删除最后一项的语句是（　　）。

A．Combo1.RemoveItem Text

B．Combo1.RemoveItem 2

C．Combo1.RemoveItem

D．Combo1.RemoveItem Combo1.ListCount

28．能输出组合框 Combo1 中现有项目数的语句是（　　）。

A．Print Combo1.ListIndex　　　　　　　B．Print Combo1.Index

C．Print Combo1.Count　　　　　　　　　D．Print Combo1.ListCout

29．使用（　　）语句将组合框 Combo1 的第三项设为当前项。

A．Combo1.ListIndex=3　　　　　　　　　B．Combo1.Index=3

C．Combo1.ListIndex=2　　　　　　　　　D．Combo1.Index=2

30．有如下语句：

```
Type Student
  Name As String
  Age As Integer
  Sex As String
End Type
Dim Stu As Student
With Stu
  .Name = "张红"
  .Age = 22
  .Sex = "女"
End With
```

执行语句"Print Stu.Age"后的结果是（　　）。

A．张红　　　　　　B．22　　　　　　C．"女"　　　　　D．Age

二、设计题

1．打开工程文件 VbDsg0601.vbp，在标题为"颜色设置"的窗体 Form1 上，添加一个文本内容为"程序设计"的文本框 Text1，其文字格式为粗体、18 号、红色、居中显示；然后设置一组单选按钮控件数组 OpColor，该控件数组包含 3 个标题分别为"红""绿"和"蓝"的单选按钮（下标分别为 0、1 和 2），且单选按钮的样式为图形方式。程序运行时，单击某个单选按钮，Text1 中的文字以相应的颜色显示，如图 2-6-7 所示。完成上述设计后，以原文件名保存工程，并生成可执行文件（VbDsg0601.exe）。

（a）红　　　　　　　　　　（b）绿　　　　　　　　　　（b）蓝

图 2-6-7　颜色设置的运行界面

2. 打开工程文件 VbDsg0602.vbp，在标题为"家电选购"的窗体 Form1 上，添加两个列表框 List1 和 List2，并在 List1 中依次添加"电冰箱""洗衣机""电视机""微波炉"和"热水器"5 项，且在 List1 中显示复选标记；然后再添加一个标题为"选择"的命令按钮 Command1。程序运行时，在 List1 选中若干项目，单击"选择"按钮，将 List1 中选中的项目按顺序添加到 List2 中；双击 List2 中某一项，则将该项从 List2 中删除，如图 2-6-8 所示。完成上述设计后，以原文件名保存工程，并生成可执行文件（VbDsg0602.exe）。

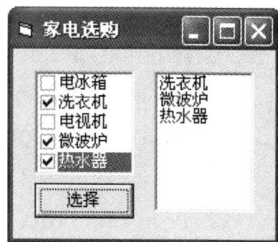

图 2-6-8　家电选购的运行界面

3. 打开工程文件 VbDsg0603.vbp，在标题为"QQ 登录"的窗体 Form1 上，添加两个标题分别为"QQ 账号"和"QQ 密码"的标签 Label1 和 Label2；然后再添加一个组合框 Combo1，并在 Combo1 中依次添加"333333""666666"和"999999"3 项；接着再添加一个文本内容为空的文本框 Text1，在 Text1 中最多只能输入 6 个字符，并均以"*"显示；最后添加两个标题分别为"登录"和"重输"的命令按钮 Command1 和 Command2。程序运行时，在 Combo1 中输入一个账号，单击"登录"按钮，如果该账号不在 Combo1 的列表中，则将该账号添加到列表中，如图 2-6-9（a）所示；单击"重输"按钮，则 Combo1 和 Text1 的文本内容为空，如图 2-6-9（b）所示。完成上述设计后，以原文件名保存工程，并生成可执行文件（VbDsg0603.exe）。

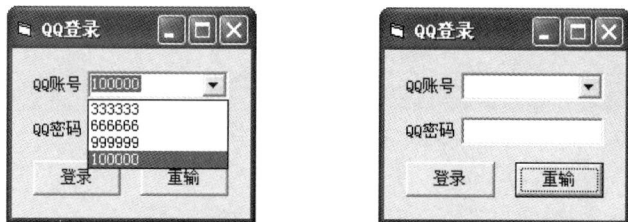

（a）登录　　　　　　　　　　（b）重输

图 2-6-9　QQ 登录的运行界面

三、编程题

1. 打开工程文件 VbProg0601.vbp，如图 2-6-10 所示，添加适当的事件过程代码，实现以下功能。

（1）单击"生成数组"按钮，随机生成 10 个两位正整数存于数组 a 中，并显示在文本框 Text1 中，整数之间用空格隔开。

（2）单击"选择偶数"按钮，将数组 a 中的偶数按顺序显示在标签 Label1 中，整数之间用空格隔开。

完成上述功能后，以原文件名保存工程，并生成可执行文件（VbProg0601.exe）。

2. 打开工程文件 VbProg0602.vbp，如图 2-6-11 所示，添加适当的事件过程代码，实现以下功能。

（1）单击"生成"按钮，随机生成 10 个大写字符存于数组 a 中，并显示在左边列表框 List1 中。

（2）单击"排列"按钮，将数组 a 中 10 个字符按从小到大的顺序排列，并将排列的结果显示在右边列表框 List2 中。

完成上述功能后，以原文件名保存工程，并生成可执行文件（VbProg0602.exe）。

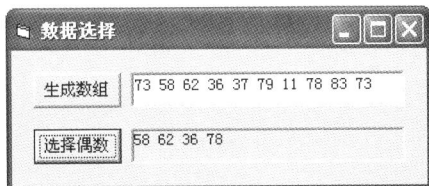

图 2-6-10　数据选择的运行界面　　　　图 2-6-11　字符排序的运行界面

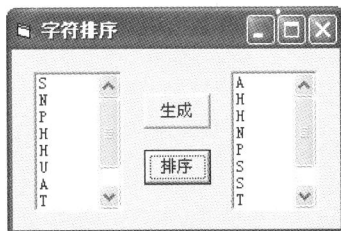

3. 打开工程文件 VbProg0603.vbp，如图 2-6-12 所示，添加适当的事件过程代码，实现以下功能。

（1）单击"生成方阵"按钮，随机生成一个 5×5 方阵（方阵中每个元素都是两位正整数）存于二维数组 b 中，并显示在文本框 Text1 中。

（2）单击"求和"按钮，求该方阵主对角线上的所有元素之和，并将求和结果显示在标签 Label1 中。

完成上述功能后，以原文件名保存工程，并生成可执行文件（VbProg0603.exe）。

4. 打开工程文件 VbProg0604.vbp，如图 2-6-13 所示，添加适当的事件过程代码，实现以下功能。

（1）在文本框 Text1 中输入 n（n≥2）的值，单击"第 n 项"按钮，在文本框 Text2 中输出斐波那契数列的第 n 项。斐波那契数列如下：1、1、2、3、5、8、13、…（从第 3 项开始，每一项是其前两项之和）。

（2）单击"总和"按钮，在文本框 Text3 中输出斐波那契数列前 n 项之和。

完成上述功能后，以原文件名保存工程，并生成可执行文件（VbProg0604.exe）。

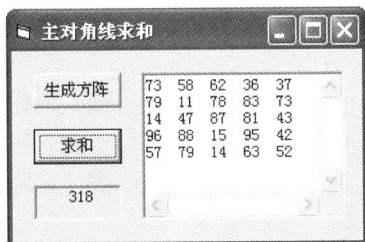

图 2-6-12　主对角线求和的运行界面　　　　图 2-6-13　斐波那契数列的运行界面

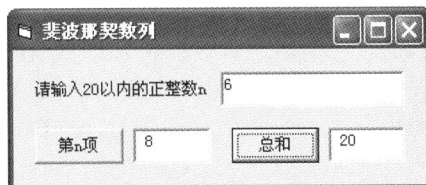

第7章 过 程

7.1 例 题 精 解

一、选择题

1. Sub 过程和 Function 过程最根本的区别是（　　）。
   A. 两种过程参数传递方式不同
   B. 两种过程分别用于实现不同的程序功能
   C. Sub 过程不能返回值，而 Function 过程可以返回值
   D. Function 过程可以没有形参，而 Sub 过程不能没有形参

【分析】Function 过程和 Sub 过程二者之间的差异并不大，只是 Function 过程可以有一个返回值，而 Sub 过程没有返回值。其余选项的说法均有错误。因此本题选项 C 正确。

【答案】C

2. 下列关于退出 Sub 和 Function 过程的说法，正确的是（　　）。
   A. 过程的最后一条语句是 End Sub 或 End Function，因而一定要执行到 End Sub 或 End Function 才会结束过程的执行
   B. 一个过程可以没有 Exit Sub 或 Exit Function 语句，如果有则只能有一条这样的语句
   C. 一个过程既可以通过 Exit Sub 或 Exit Function 语句结束过程的执行，也可以通过 End Sub 或 End Function 结束过程的执行
   D. 可以用 GoTo 语句来退出 Sub 过程

【分析】退出 Sub 过程或 Function 过程的方法有两种：一种是过程的正常结束，程序运行到过程的最后一个语句 End Sub 或 End Function 时退出 Sub 或 Function 过程，返回到调用语句的下一条语句去继续执行；另一种方法是在过程体中加入 Exit Function 或 Exit Sub 语句，程序执行到该语句时，退出 Sub 或 Function 过程，同样返回到调用语句的下一条语句去继续执行。此外，在 Visual Basic 中，一个过程中可以没有 Exit Sub 或 Exit Function 语句，也可以有一个或多个这样的语句。因此本题选项 C 正确。

【答案】C

3. Function 过程需要由函数名返回一个值，如果不使用"As 类型"选项来指定函数的类型，函数类型默认为（　　）类型。
   A. Integer　　　　　　B. Variant　　　　　　C. Long　　　　　　D. String

【分析】"As 类型"用于表示函数返回值的数据类型，如果省略，则默认为 Variant 类型。

【答案】B

4. 下面过程定义语句中，正确的是（　　）。
   A. Sub s1(ByVal n%())　　　　　　　　B. Function f1(ByVal n As Integer)

　　C. Sub s1(n As Integer) As Integer　　　　D. Function f1%(f1 As Integer)

【分析】当形参是数组时，只能用地址传递方式，而不能用值传递方式，因此选项 A
不正确；Sub 过程名没有值，过程名也没有数据类型，因此选项 C 不正确；选项 D 中函数
名和形参所用的变量相同，因此选项 D 不正确。

【答案】B

5. 在过程定义中，（　　）可作为值传递的形参。

　　A. 数组　　　　　　　　　　　　B. 自定义类型变量
　　C. 简单变量　　　　　　　　　　D. 数组元素

【分析】形参是数组、自定义类型时只能用地址传递方式，因此选项 A、B 均不正确；
此外，在过程定义中形参只能是变量或者数组名，因此选项 D 不正确。

【答案】C

6. 调用过程通过参数传递一个参数给 Sub 过程 a，并返回一个结果，下列关于 Sub 过
程定义正确的是（　　）。

　　A. Sub a(m+1, n+2)　　　　　　　B. Sub a(ByVal m!, ByVal n!)
　　C. Sub a(ByVal m!, n+2)　　　　　D. Sub a(ByVal m!, n!)

【分析】由于过程定义中形参只能是变量或者数组名，因此选项 A、C 均不正确；此外，
若要将结果返回给调用过程，则形参必须采用地址传递方式，而选项 B 的参数均使用值传
递方式，因此选项 B 不正确。

【答案】 D

7. 阅读下列程序。
```
Sub med(x%, ByVal y%)
  x = 3 * x: y = x + y
End Sub
Private Sub Form_Click()
  Dim a%, b%
  a = 3: b = 8
  med a, b
  Print a, b
End Sub
```
运行后，单击窗体，显示结果为（　　）。

　　A. 3　8　　　　　B. 3　17　　　　　C. 9　8　　　　　D. 9　17

【分析】在自定义过程 med 中，形参 x 与实参 a 结合采用默认地址传递方式，而形参 y
与实参 b 结合采用值传递方式，因此当执行语句"med a, b"后，x 和 a 是双向传递，即 a
的值随着 x 的改变而改变，而 y 和 b 是单向传递，即 b 的值不会随着 y 变化。调用过程
med 时，x 和 y 的初值分别为 3 和 8，执行语句"x = 3 * x"和"y = x + y"后，x 和 y 的值
分别为 9 和 17。因此，a 的值变为 9，而 b 的值仍为 8。

【答案】C

8. 以下叙述中，错误的是（　　）。

　　A. Sub 过程中可以嵌套调用 Sub 过程
　　B. Sub 过程中不能嵌套定义 Sub 过程
　　C. 事件过程可以像通用过程一样由用户定义过程名
　　D. 如果过程被定义为 Static 类型，则该过程中的局部变量都是 Static 类型

【分析】事件过程是 Visual Basic 事先定义好的，通用过程可以由用户自己定义。因此本题答案是 C。

【答案】C

9. 下列叙述中，错误的是（　　）。

　　A. 一个 Visual Basic 程序中任何一个代码段都可以直接引用全局变量

　　B. 局部变量的作用范围仅限于在声明它们的过程中

　　C. Static 类型变量可以在标准模块的通用声明段中定义

　　D. 通用过程可以由用户定义过程名

【分析】Static 类型只能在过程中定义静态变量和静态数组，而不能用于过程外的全局变量或模块级变量的声明。因此本题答案是 C。

【答案】C

10. 下列（　　）方式声明的变量在每次调用该过程时其值不能保留。

　　A. 在通用声明段声明的窗体变量

　　B. 在过程体中用 Static 语句声明的变量

　　C. 在过程体中用 Dim 语句声明的变量

　　D. 在标准模块中声明的全局变量

【分析】在通用声明段中用 Dim 或 Private 语句声明的变量可以被本模块中的所有过程访问。在通用声明段中用 Public 语句声明的变量可以被整个工程的所有过程访问。在过程中用 Static 声明的静态变量，在程序运行过程中变量所占的内存单元不会被释放，当再次调用该过程时，变量的值仍然保留。而在过程中用 Dim 语句声明的动态变量，在过程执行结束后，变量的值自动消失，每次重新调用过程时，变量重新分配内存单元和初始化。因此本题答案是 C。

【答案】C

二、操作题

1. 在标题为"公式计算"的窗体 Form1 上，添加一个"请输入 n 的值"的标签 Label1；然后再添加一个标题为"计算"的命令按钮 Command1；最后添加两个文本内容为空的文本框 Text1 和 Text2。要求编写一个函数过程 sum(ByVal n As Integer) As Long，用于求"1+2+…+n"的和。程序运行时，在 Text1 中输入一个正整数 n，单击"计算"按钮，调用 sum 函数计算公式"1+(1+2)+(1+2+3)+…+(1+2+3+…+n)"的总和，并将计算结果显示在 Text2 中，如图 2-7-1 所示。

【界面设计】

（1）新建一个"标准 EXE"类型的工程，在窗体 Form1 上添加一个标签、两个文本框和一个命令按钮，然后用鼠标调整各个控件的大小和位置，调整后的控件布局如图 2-7-2（a）所示。

（2）根据设计要求，按表 2-7-1 所示的值设置各个控件对象的属性，设置后的界面如图 2-7-2（b）所示。

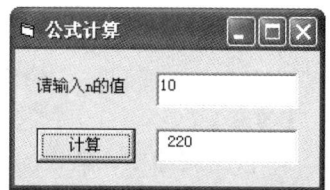

图 2-7-1　公式计算的运行界面

表 2-7-1　公式计算的对象属性设置

对　　象	对象名称	属　　性	属 性 值	说　　明
窗体	Form1	Caption	公式计算	窗体的标题
标签	Label1	Caption	请输入 n 的值	标签内文字内容
命令按钮	Command1	Caption	计算	命令按钮的标题
文本框	Text1	Text	（空白）	文本框内没有文字
文本框	Text2	Text	（空白）	文本框内没有文字

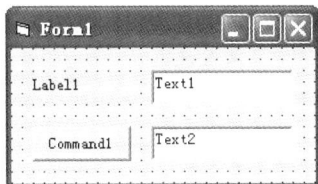
（a）控件布局

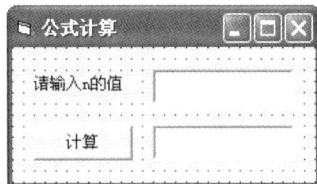
（b）属性设置

图 2-7-2　公式计算的设计界面

【代码设计】

（1）在窗体的代码窗口中编写 Function 过程代码。

```
Private Function sum(ByVal n As Integer) As Long
  Dim i As Integer
  sum = 0
  For i = 1 To n
    sum = sum + i
  Next i
End Function
```

（2）在"计算"按钮的 Click 事件过程中编写代码。

```
Private Sub Command1_Click()
  Dim i As Integer, sn As Long
  n = Val(Text1.Text)
  sn = 0
  For i = 1 To n
    sn = sn + sum(i)
  Next i
  Text2.Text = Str(sn)
End Sub
```

【运行结果】

运行时，在文本框 Text1 中输入整数 10，单击"计算"按钮，运行结果如图 2-7-1 所示。

2. 在标题为"显示完全数"的窗体 Form1 上，添加两个标题分别为"整数 m"和"整数 n"的标签 Label1 和 Label2；然后再添加两个文本内容为空的文本框 Text1 和 Text2；接着再添加一个标题为"显示"的命令按钮 Command1；最后添加一个文本内容为空、有水平滚动条的文本框 Text3。要求编写一个函数过程 IsPerfect(n As Integer) As Boolean，用于判断整数 n 是否为完全数，如果是完全数则函数返回 True，否则函数返回 False。程序运行时，在 Text1 和 Text2 分别输入正整数 m 和 n（其中 n>m≥1），单击"显示"按钮，调用 IsPerfect 函数过程，在 Text3 中输出 m～n 之间全部完全数，如图 2-7-3 所示。完全数是指它所有的真因子（即除了自身以外的正因子）的和恰好等于它本身。例如，6 是完全数，因为 6=1+2+3。

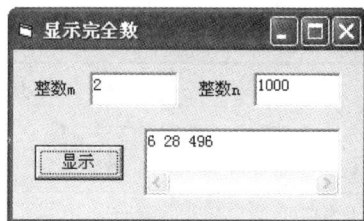
图 2-7-3　显示完全数的运行界面

【界面设计】

（1）新建一个"标准 EXE"类型的工程，在窗体 Form1 上添加两个标签、3 个文本框和一个命令按钮，然后用鼠标调整各个控件的大小和位置，调整后的控件布局如图 2-7-4（a）所示。

（2）根据设计要求，按表 2-7-2 所示的值设置各个控件对象的属性，设置后的界面如图 2-7-4（b）所示。

表 2-7-2　显示完全数的对象属性设置

对　象	对象名称	属　性	属　性　值	说　明
窗体	Form1	Caption	显示完全数	窗体的标题
标签	Label1	Caption	整数 m	标签内文字内容
标签	Label2	Caption	整数 n	标签内文字内容
文本框	Text1	Text	（空白）	文本框内没有文字
文本框	Text2	Text	（空白）	文本框内没有文字
文本框	Text3	Text	（空白）	文本框内没有文字
		MultiLine	True	设置多行显示
		ScrollBars	1-Horizontal	设置水平滚动条
命令按钮	Command1	Caption	显示	命令按钮的标题

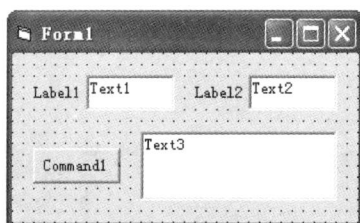
（a）控件布局

（b）属性设置

图 2-7-4　显示完全数的设计界面

【代码设计】

（1）在窗体的代码窗口中编写 Function 过程代码。

```
Private Function IsPerfect(n As Integer) As Boolean
  Dim i As Integer, sum As Integer
  sum = 0
  For i = 1 To n / 2
    If (n Mod i) = 0 Then
      sum = sum + i
    End If
  Next i
  If n = sum Then
    IsPerfect = True
  Else
    IsPerfect = False
```

```
      End If
    End Function
```

（2）在"显示"按钮的 Click 事件过程中编写代码。

```
Private Sub Command1_Click()
    Dim m As Integer, n As Integer, i As Integer
    m = Val(Text1.Text)
    n = Val(Text2.Text)
    Text3.Text = ""
    For i = m To n
        If IsPerfect(i) Then Text3.Text = Text3.Text & i & " "
    Next i
End Sub
```

【运行结果】

运行时，在文本框 Text1 和 Text2 中分别输入整数 2 和 1000，单击"显示"按钮，运行结果如图 2-7-3 所示。

3. 在标题为"最大值与最小值"的窗体 Form1 上，添加一个标题为"原始数据序列"的标签 Label1；然后添加两个文本内容为空的文本框 Text1 和 Text2；最后添加一个标题为"求解"的命令按钮 Command1。要求编写一个 Sub 过程 MaxandMin(b() As Integer，Max AsInteger, Min As Integer)，用于求解任意一维数组元素的最大值和最小值。程序运行时，单击"求解"按钮，生成 10 个 1～100 之间的随机整数，并显示在 Text1 中，然后调用 Sub 过程 MaxandMin 求这 10 个整数的最大值和最小值，并将求解结果显示在 Text2 中，如图 2-7-5 所示。

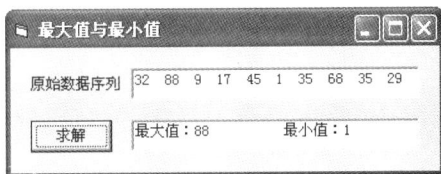

图 2-7-5　最大值与最小值的运行界面

【界面设计】

（1）新建一个"标准 EXE"类型的工程，在窗体 Form1 上添加一个标签、两个文本框和一个命令按钮，然后用鼠标调整各个控件的大小和位置，调整后的控件布局如图 2-7-6（a）所示。

（2）根据设计要求，按表 2-7-3 所示的值设置各个控件对象的属性，设置后的界面如图 2-7-6（b）所示。

表 2-7-3　最大值与最小值的对象属性设置

对　象	对象名称	属　性	属 性 值	说　明
窗体	Form1	Caption	最大值与最小值	窗体的标题
标签	Label1	Caption	原始数据序列	标签内文字内容
文本框	Text1	Text	（空白）	文本框内没有文字
文本框	Text2	Text	（空白）	文本框内没有文字
命令按钮	Command1	Caption	求解	命令按钮的标题

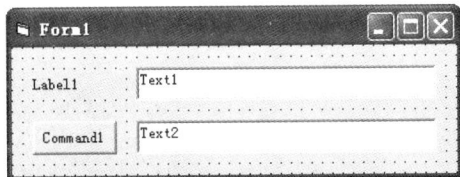

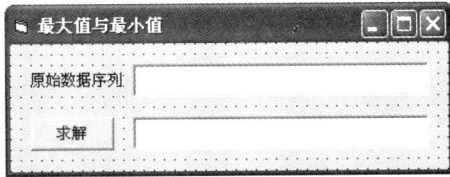

（a）控件布局 　　　　　　　　　　　　　　（b）属性设置

图 2-7-6　最人值与最小值的设计界面

【代码设计】

（1）在窗体的代码窗口中编写 Sub 过程代码。

```
Private Sub MaxandMin(b() As Integer, Max As Integer, Min As Integer)
  Dim i As Integer
  Max = b(LBound(b))
  Min = b(LBound(b))
  For i = LBound(b) + 1 To UBound(b)
    If b(i) > Max Then Max = b(i)
    If b(i) < Min Then Min = b(i)
  Next i
End Sub
```

（2）在"求解"按钮的 Click 事件过程中编写代码。

```
Private Sub Command1_Click()
  Dim i As Integer, x As Integer, y As Integer
  Dim a(1 To 10) As Integer
  Randomize
  Text1.Text = ""
  For i = 1 To 10
    a(i) = Int(Rnd * 100) + 1
    Text1.Text = Text1.Text & a(i) & Space(2)
  Next i
  Call MaxandMin(a, x, y)
  Text2.Text = "最大值: " & x & Space(10) & "最小值: " & y
End Sub
```

【运行结果】

运行时，单击"求解"按钮，运行结果如图 2-7-5 所示。

7.2　习　题　测　评

一、选择题

1. 在声明一个函数时不可能用到的关键字是（　　）。

　　A. Exit　　　　　　　B. As　　　　　　　C. Sub　　　　　　D. End

2. 有如下函数过程：

```
Function F(a, b As Integer) As Integer
  a = b: F = a + b
End Function
```

以下调用函数 F 的语句中，（　　）不会发生错误。

　　A. F(1, 5)　　　　B. x = F(2, 1)　　　C. x = F(1)　　　　D. Call F 3, 5

3. 在过程定义中用（　　）表示形参的传值。

　　A. Var　　　　　　　B. ByRef　　　　　C. ByVal　　　　　D. ByValue

4. 若已经编写一个 Sort 子过程，在该工程中有多个窗体，为了方便调用 Sort 子程序，应该将子过程放在（　　）中。

　　A. 窗体模块　　　　B. 类模块　　　　　C. 工程　　　　　　D. 标准模块

5. 以下关于函数过程的叙述中，正确的是（　　）。

　　A. 函数过程形参的类型与函数返回值的类型没有关系

　　B. 在函数过程中，通过函数名可以返回多个值

C. 当数组作为函数过程的参数时，既能以传值方式传递，也能以传址方式传递

D. 如果不指明函数过程参数的类型，则该参数没有数据类型

6. 要从子过程调用后返回两个结果，下列关于 Sub 过程语句定义正确的是（   ）。

   A. Sub f(ByVal n%, ByVal m%)   B. Sub f(n%, ByVal m%)

   C. Sub f(ByVal n%, m%)   D. Sub f(n%, m%)

7. 在过程调用中，参数的传递可以分为（   ）和按地址传递两种方式。

   A. 按值传递   B. 指名传递   C. 按参数传递   D. 按位置传递

8. 下列程序运行的结果为（   ）。

```
Public Sub f(n%, ByVal m%)
  n = n Mod 10
  m = m \ 10
End Sub
Private Sub Command1_Click()
  Dim x%, y%
  x = 12: y = 34
  Call f(x, y)
  Print x, y
End Sub
```

   A. 2   34   B. 12   34   C. 2   3   D. 12   3

9. 单击命令按钮时，下列程序代码的运行结果为（   ）。

```
Public Sub Procl(ByVal n As Integer, m As Integer)
  n = n Mod 10
  m = m \ 10
End Sub
Private Sub Command1_Click()
  Dim x As Integer, y As Integer
  x = 23: y = 65
  Call Procl(x, y)
  Print x; y
End Sub
```

   A. 3   65   B. 23   6   C. 3   60   D. 0   65

10. 单击窗体时，下列程序代码的运行结果为（   ）。

```
Private Sub Test(x As Integer)
  x = x * 2 + 1
  If x < 6 Then
    Call Test(x)
  End If
  x = x * 2 + 1
  Print x;
End Sub
Private Sub Form_Click()
  Test 2
End Sub
```

   A. 5   11   B. 23   47   C. 10   22   D. 23   23

11. 在窗体上添加一个命令按钮 Command1，然后编写如下程序：

```
Function Func(ByVal x As Integer, y As Integer)
  y = y * x
```

```
    If y > 0 Then
        Func = x
    Else
        Func = y
    End If
End Function
Private Sub Command1_Click()
    Dim a As Integer, b As Integer
    a = 3
    b = 4
    c = Func(a, b)
    Print a; b; c
End Sub
```

程序运行后，单击命令按钮，其显示结果为（   ）。

    A. 3　4　12　　　B. 3　4　3　　　C. 3　12　3　　　D. 3　12　12

12. 在窗体上添加一个命令按钮 Command1，编写代码如下：

```
Function f(x As Integer)
    x = x + 3
    f = x
End Function
Private Sub Command1_Click()
    Dim a(10) As Integer
    Dim x As Integer
    For i = 1 To 10
        a(i) = 8 + i
    Next
    x = 2
    Print a(f(x) + x)
End Sub
```

程序运行后，单击命令按钮，显示结果为（   ）。

    A. 12　　　　　　B. 15　　　　　　C. 17　　　　　　D. 18

13. 在 Visual Basic 应用程序中（   ）。

    A. 过程的定义可以嵌套，但过程的调用不能嵌套

    B. 过程的定义不可以嵌套，但过程的调用可以嵌套

    C. 过程的定义和过程的调用均可以嵌套

    D. 过程的定义和过程的调用均不能嵌套

14. 设有如下通用过程：

```
Public Function f(x As Integer)
    Dim y As Integer
    x = 20
    y = 2
    f = x * y
End Function
```

在窗体上添加一个命令按钮 Command1，然后编写如下事件过程：

```
Private Sub Command1_Click()
    Static x As Integer
    x = 10
    y = 5
```

```
    y = f(x)
    Print x; y
  End Sub
```
程序运行后，如果单击命令按钮，则在窗体上显示的内容是（   ）。

    A. 10　5　　　　　B. 20　5　　　　　C. 20　40　　　　　D. 10　40

15. 运行下列程序，单击窗体后显示的结果为（   ）。

```
Function F(ByVal x As Integer)
  Static z
  z = z + 1: x = x + z
  F = x + z
End Function
Private Sub Form_Click()
  Dim a As Integer
  Dim i As Integer
  a = 2
  For i = 1 To 3
   Print F(a)
  Next i
End Sub
```
    A. 4　7　11　　　　B. 4　6　8　　　　C. 4　4　4　　　　D. 4　5　6

二、设计题

1. 打开工程文件 VbDsg0701.vbp，在标题为"最小值求解"的窗体 Form1 上，添加 3 个文本内容为空的文本框 Text1、Text2 和 Text3；然后再添加一个标题为"最小值"的命令按钮 Command1；最后添加一个标题为空、有边框的标签 Label1，标题内容居中显示。要求编写一个函数 Min(ByVal a%, ByVal b%, ByVal c%) As Integer，用于求任意 3 个整数的最小值。程序运行时，在 Text1、Text2 和 Text3 中输入 3 个整数，单击"最小值"按钮，调用 Min 函数找出这 3 个整数的最小值，并在 Label1 中显示，如图 2-7-7 所示。完成上述设计后，以原文件名保存工程，并生成可执行文件（VbDsg0701.exe）。

2. 打开工程文件 VbDsg0702.vbp，在标题为"单词排序"的窗体 Form1 上，添加两个标题分别为"第 1 个单词"和"第 2 个单词"的标签 Label1 和 Label2；然后再添加一个标题为"排序"的命令按钮 Command1；最后添加 3 个文本内容为空的文本框 Text1、Text2 和 Text3。要求编写一个 Sub 过程 SwapWords(ByRef s As String, ByRef t As String)，用于交换字符串 s 和 t 的值。程序运行时，在 Text1 和 Text2 中输入单词，单击"排序"按钮，调用 SwapWords 过程，实现在 Text3 中以字母顺序显示这两个单词，单词之间用一个空格隔开，如图 2-7-8 所示。完成上述设计后，以原文件名保存工程，并生成可执行文件（VbDsg0702.exe）。

图 2-7-7　最小值求解的运行界面　　　　图 2-7-8　单词排序的运行界面

三、编程题

1. 打开工程文件 VbProg0701.vbp，如图 2-7-9 所示，添加适当的事件过程代码，实现以下功能。

（1）编写一个函数 isEven(num As Integer) As Boolean，用于判断一个整数 num 是奇数还是偶数；如果 num 是偶数，则函数值为 True，否则函数值为 False。

（2）在文本框 Text1 和 Text2 中分别输入整数 m 和整数 n，单击"奇数和"按钮，调用 isEven 函数求 m～n 之间所有奇数之和，并将求解结果显示在文本框 Text3 中。

（3）单击"偶数和"按钮，调用 isEven 函数求 m～n 所有偶数之和，并将求解结果显示在文本框 Text4 中。

完成上述功能后，以原文件名保存工程，并生成可执行文件（VbProg0701.exe）。

2. 打开工程文件 VbProg0702.vbp，如图 2-7-10 所示，添加适当的事件过程代码，实现以下功能。

（1）编写一个函数 Gcd(ByVal x%, ByVal y%) As Integer，用于求两整数的最大公约数。

（2）在文本框 Text1 中输入一个正整数 n，单击"显示"按钮，调用 Gcd 函数找出小于 n 并与其互质的所有正整数，并显示在文本框 Text2，整数之间用空格隔开。（所谓互质数是指最大公约数为 1 的两个正整数。）

完成上述功能后，以原文件名保存工程，并生成可执行文件（VbProg0702.exe）。

图 2-7-9　奇偶数之和的运行界面

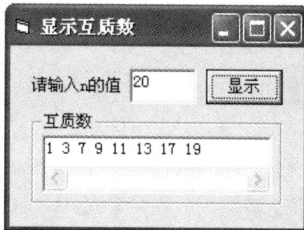

图 2-7-10　显示互质数的运行界面

3. 打开工程文件 VbProg0703.vbp，如图 2-7-11 所示，添加适当的事件过程代码，实现以下功能。

（1）编写一个函数 IsPrime(num As Integer) As Boolean，用于判断整数 num 是否为素数，如果 num 是素数，则函数值为 True，否则函数值为 False。

（2）在文本框 Text1 和 Text2 中分别输入整数 m 和整数 n，单击"统计"按钮，调用 IsPrime 函数统计 m～n 之间所有素数的总个数，并显示在文本框 Text3 中。

完成上述功能后，以原文件名保存工程，并生成可执行文件（VbProg0703.exe）。

4. 打开工程文件 VbProg0704.vbp，如图 2-7-12 所示，添加适当的事件过程代码，实现以下功能。

（1）编写一个函数 Sak(ByVal a%, ByVal k%) As Long，用于求 a…aa（k 个 a）的值。

（2）在文本框 Text1 和 Text2 中分别输入整数 a 和整数 n 的值（1≤a≤9，1≤n≤9），单击"计算"按钮，则调用 Sak 函数计算表达式 a+aa+aaa+…+a…aa（n 个 a）的值，并显示在文本框 Text3 中。

完成上述功能后，以原文件名保存工程，并生成可执行文件（VbProg0704.exe）。

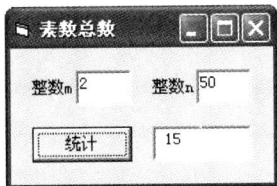

图 2-7-11 素数总数的运行界面

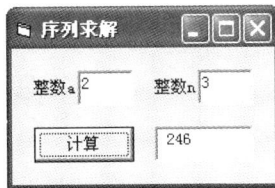

图 2-7-12 序列求解的运行界面

5. 打开工程文件 VbProg0705.vbp，如图 2-7-13 所示，添加适当的事件过程代码，实现以下功能。

（1）编写一个 Sub 过程 Sa(b() As Integer, Sum As Integer, Aver As Single)，用于求解任意一维数组的所有元素的总和与平均值。

（2）单击"计算"按钮，生成 10 个 1～100 之间的随机整数，并显示在文本框 Text1 中，整数之间用空格隔开；然后调用 Sub 过程 Sa 求这 10 个整数的总和与平均值（保留两位小数），并分别显示在文本框 Text2 和 Text3 中。

完成上述功能后，以原文件名保存工程，并生成可执行文件（VbProg0705.exe）。

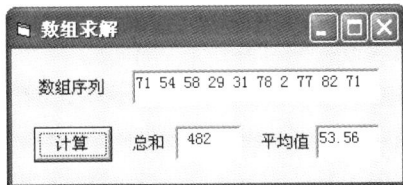

图 2-7-13 数组求解的运行界面

第8章 图形操作

8.1 例题精解

一、选择题

1. 在 Visual Basic 中,坐标系的默认刻度单位是缇,用户可以根据实际需要使用(   )属性改变坐标系的度量单位。

    A. ScaleType   B. ScaleTop   C. ScaleMode   D. ScaleWidth

【分析】坐标系统没有 ScaleType 属性;ScaleTop 属性用于设置容器对象左上角的垂直坐标;ScaleMode 属性可以改变坐标系统的度量单位;ScaleWidth 属性用于设置容器对象内部的水平宽度。

【答案】C

2. 下列说法错误的是(   )。

    A. Scale 方法定义新坐标系

    B. 窗体的坐标原点默认位于窗体左下角

    C. ScaleLeft 和 ScaleTop 可以改变坐标原点位置

    D. ScaleWidth 和 ScaleHeight 可以改变坐标刻度单位

【分析】Visual Basic 的默认坐标系统的坐标原点(0,0)位于容器的左上角,水平方向的 X 坐标轴向右为正方向,垂直方向的 Y 坐标轴向下为正方向。因此选项 B 说法不正确。

【答案】B

3. 与语句"Scale (-2, 2) - (2, -2)"等效的代码是(   )。

    A. ScaleLeft =-2: ScaleTop = 2: ScaleWidth =-2: ScaleHight =-2

    B. ScaleLeft =-2: ScaleTop = 2: ScaleWidth = 4: ScaleHight =-4

    C. ScaleLeft = 4: ScaleTop =-4: ScaleWidth =-2: ScaleHight =-2

    D. ScaleLeft =-4: ScaleTop = 2: ScaleWidth = 4: ScaleHight =-2

【分析】语句"Scale (-2, 2) - (2, -2)"定义的坐标系统的左上角坐标定义为(-2, 2),右下角坐标定义为(2, -2)。因此 ScaleLeft=-2, ScaleTop = 2, ScaleWidth=2-(-2)=4, ScaleHight=-2-2=-4。

【答案】B

4. DrawStyle 属性决定所画线的线型,受限于(   )。

    A. FillColor 属性   B. FillStyle 属性

    C. BorderStyle 属性   D. DrawWidth 属性

【分析】如果 DrawWidth 属性值等于 1,则可以通过设置 DrawStyle 属性画出各种线型;如果 DrawWidth 属性值大于 1,则 DrawStyle 属性值设置为 1~4 时,画出的线均为实线。

【答案】D

5. 设置图片框的（　　）可使图片框按图片的尺寸自动调整大小。

　　A. AutoSize 属性为 True　　　　　　B. AutoSize 属性为 False

　　C. Stretch 属性为 True　　　　　　　D. Stretch 属性为 False

【分析】图片框的 AutoSize 属性用于设置图片框是否能自动调整大小以适应图片的大小。值为 False，表示不能自动调整图片框的大小来适应其中的图片；值为 True，表示能自动调整图片框的大小以适应整幅图片。图片框控件没有 Stretch 属性。

【答案】A

6. 设置图像框的（　　）可使框内的图片按图像框的大小自动调整。

　　A. AutoSize 属性为 True　　　　　　B. AutoSize 属性为 False

　　C. Stretch 属性为 True　　　　　　　D. Stretch 属性为 False

【分析】图像框的 Stretch 属性用于设置图片是否能自动调整大小以适应图像框的大小。值为 False，表示图像框自动调整大小以适应图片的大小；值为 True，表示图片可自动调整大小以适应图像框的大小。图像框控件没有 AutoSize 属性。

【答案】C

7. 设置 Line 控件的（　　）属性可使其呈现不同的式样。

　　A. BorderStyle　　　　B. Style　　　　C. FillStyle　　　　D. Shape

【分析】Line 控件的 BorderStyle 属性用于设置直线的样式。Line 控件没有 Style、FillStyle 以及 Shape 属性，因此选项 B、C、D 均不正确。

【答案】A

8. 假设窗体的坐标原点是(0,0)，执行下列语句，绘制第二条直线的起点坐标是（　　）。

```
Line Step(100, 100)-Step(200, 200)
Line -Step(200, 200)
```

　　A. (100,100)　　　　B. (200,200)　　　　C. (300,300)　　　　D. (0, 0)

【分析】窗体的当前坐标为原点(0,0)，执行语句"Line Step(100, 100)-Step(200, 200)"时，则画一条从(100, 100)到(300, 300)的直线，此时窗体的当前坐标为(300, 300)，接下来执行语句"Line -Step(200, 200)"时，则以当前坐标(300, 300)为起点，以坐标(500, 500)为终点画第二条直线，因此第二条直线的起点坐标为(300, 300)。

【答案】C

9. 执行语句"Circle (50, 40), 10, , , , 2"时，则绘制的是（　　）。

　　A. 圆　　　　　　　B. 椭圆　　　　　　C. 扇形　　　　　　D. 弧形

【分析】Circle 方法可以绘制圆、椭圆、圆弧和扇形，其格式为"[对象名.]Circle [Step](x,y),半径,[颜色],[起始角],[终止角],[纵横比]"，由格式可知语句中"2"为垂直半径与水平半径之比，因此该语句绘制的是椭圆。

【答案】B

10. 下列叙述错误的是（　　）。

　　A. 在 KeyDown 事件中，键盘上输入的 A 或 a 被视为相同的字符

　　B. 在 KeyUp 事件中，键盘上的"1"和右侧小键盘上的"1"视为不同数字

　　C. 只有获得焦点的对象才能够接受键盘事件

　　D. KeyPress 事件中可以识别键盘上某个键的按下和释放

【分析】在 KeyDown 事件和 KeyUp 事件中是通过 KeyCode 参数返回用户的按键，而

KeyCode 的值是以"键"为准，而不是以"字符"为准，即不管键盘处于小写状态还是大写状态，用户在键盘上按"A"键，KeyCode 的值都是相同的。但在大键盘上的数字键与数字键盘上的相同的数字键的 KeyCode 的值是不同的。因此选项 A 和 B 的叙述都是正确的。此外，只有当对象具有焦点时才可以接收 KeyDown 和 KeyUp 事件以及 KeyPress 事件，因此选项 C 的叙述也是正确的。由于 KeyPress 事件是当按下并且释放一个会产生 ASCII 码的键时被触发，显然该事件是无法区分按下和释放操作，因此选项 D 的叙述是错误的。

【答案】D

二、操作题

1. 在标题为"图片展开"的窗体 Form1 上，添加一个不能自动改变大小的图片框 Picture1，并在其中加载图片（Pic.jpg）；然后再添加一个水平滚动条 HScroll1，其最小值为 0、最大值为 3060。程序运行时，滚动条初始值为其最小值，Picture1 的初始宽度为 0，如图 2-8-1（a）所示；拖动滚动条滑块，Picture1 的宽度等于滚动条的值，如图 2-8-1（b）所示。

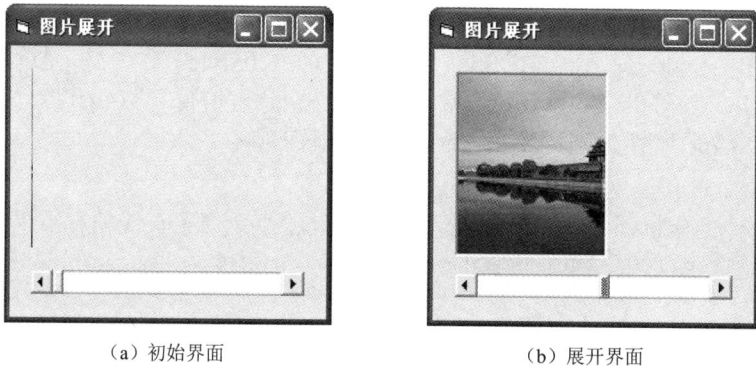

（a）初始界面　　　　　　　　　（b）展开界面

图 2-8-1　图片展开的运行界面

【界面设计】

（1）新建一个"标准 EXE"类型的工程，在窗体 Form1 上添加一个图片框和一个水平滚动条，然后用鼠标调整各个控件的大小和位置，调整后的控件布局如图 2-8-2（a）所示。

（2）根据设计要求，按表 2-8-1 所示的值设置各个控件对象的属性，设置后的界面如图 2-8-2（b）所示。

表 2-8-1　图片展开的对象属性设置

对　象	对象名称	属　性	属 性 值	说　明
窗体	Form1	Caption	图片展开	窗体的标题
图片框	Picture1	AutoSize	False	不能自动改变大小
		Picture		加载的图片
水平滚动条	HScroll1	Min	0	滚动条的最小值
		Max	3060	滚动条的最大值

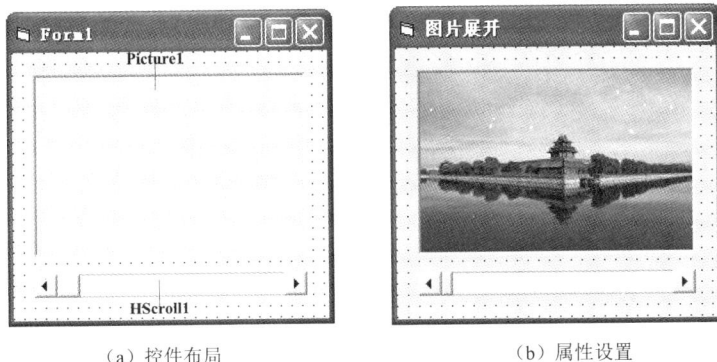
（a）控件布局　　　　　（b）属性设置

图 2-8-2　图片展开的设计界面

【代码设计】

（1）在窗体的 Load 事件过程中编写代码。

```
Private Sub Form_Load()
  HScroll1.Value = HScroll1.Min
  Picture1.Width = 0
End Sub
```

（2）在水平滚动条的 Scroll 事件过程中编写代码。

```
Private Sub HScroll1_Scroll()
  Picture1.Width = HScroll1.Value
End Sub
```

【运行结果】

运行时，初始运行界面如图 2-8-1（a）所示；拖动滚动条 HScroll1 的滑块，运行结果如图 2-8-1（b）所示。

2. 在标题为"显示与隐藏"的窗体 Form1 上，添加一个图像框 Image1，其加载的图片能够自动改变大小以适应图像框的大小；然后再添加两个标题分别为"显示"和"隐藏"的命令按钮 Command1 和 Command2。程序运行时，单击"显示"按钮，显示 Image1 并加装图片（Pic.jpg），如图 2-8-3（a）所示；单击"隐藏"按钮，隐藏 Image1，如图 2-8-3（b）所示。

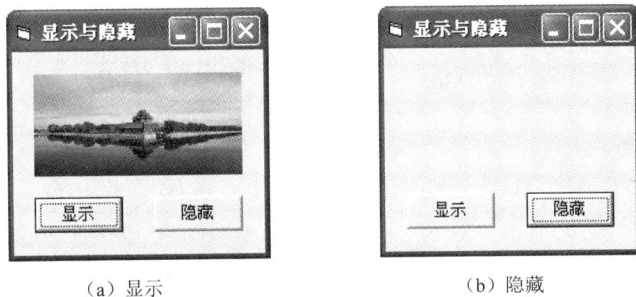
（a）显示　　　　　（b）隐藏

图 2-8-3　显示与隐藏的运行界面

【界面设计】

（1）新建一个"标准 EXE"类型的工程，在窗体 Form1 上添加一个图像框和两个命令按钮，然后用鼠标调整各个控件的大小和位置，调整后的控件布局如图 2-8-4（a）

所示。

（2）根据设计要求，按表 2-8-2 所示的值设置各个控件对象的属性，设置后的界面如图 2-8-4（b）所示。

表 2-8-2　显示与隐藏的对象属性设置

对　　象	对象名称	属　　性	属 性 值	说　　明
窗体	Form1	Caption	显示与隐藏	窗体的标题
图像框	Image1	Stretch	True	自动调整图形大小
命令按钮	Command1	Caption	显示	命令按钮的标题
命令按钮	Command2	Caption	隐藏	命令按钮的标题

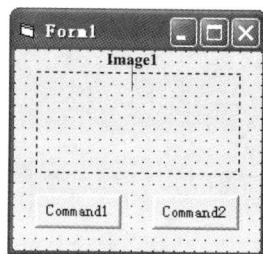
（a）控件布局

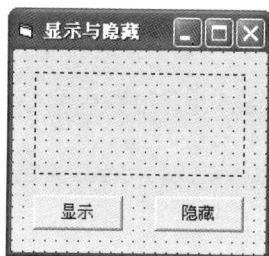
（b）属性设置

图 2-8-4　显示与隐藏的设计界面

【代码设计】

（1）在"显示"按钮的 Click 事件过程中编写代码。

```
Private Sub Command1_Click()
    Image1.Visible = True
    Image1.Picture = LoadPicture(App.Path & "\Pic.jpg")
End Sub
```

（2）在"隐藏"按钮的 Click 事件过程中编写代码。

```
Private Sub Command2_Click()
    Image1.Visible = False
    Image1.Picture = LoadPicture()
End Sub
```

【运行结果】

运行时，单击"显示"按钮，运行结果如图 2-8-3（a）所示；单击"隐藏"按钮，运行结果如图 2-8-3（b）所示。

3. 在标题为"画图示例"的窗体 Form1 上，添加一个高为 1200、宽为 1600 的图片框 Picture1；然后再添加两个标题分别为"矩形"和"椭圆"的命令按钮 Command1 和 Command2。程序运行时，单击"矩形"按钮，Picture1 清空并画一个左上顶点为(400, 300)、右下顶点为(1200, 900)的实心矩形（该矩形由边框颜色填充内部），如图 2-8-5（a）所示；单击"椭圆"按钮，Picture1 清空并画一个中心为(800, 600)、半径为 500、长短轴比率为 0.5 的椭圆，如图 2-8-5（b）所示。

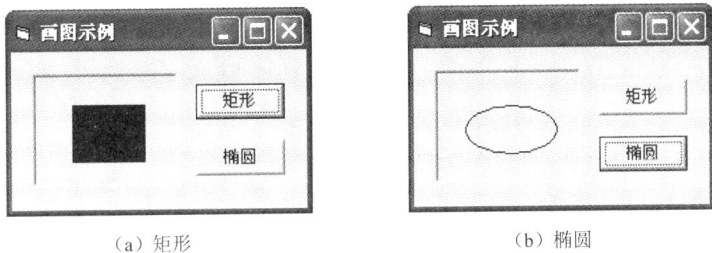

（a）矩形　　　　　　　　　　　　　　（b）椭圆

图 2-8-5　画图示例的运行界面

【界面设计】

（1）新建一个"标准 EXE"类型的工程，在窗体 Form1 上添加一个图片框和两个命令按钮，然后用鼠标调整各个控件的大小和位置，调整后的控件布局如图 2-8-6（a）所示。

（2）根据设计要求，按表 2-8-3 所示的值设置各个控件对象的属性，设置后的界面如图 2-8-6（b）所示。

表 2-8-3　画图示例的对象属性设置

对　象	对象名称	属　性	属 性 值	说　明
窗体	Form1	Caption	画图示例	窗体的标题
图片框	Picture1	Height	1200	图片框的高
		Width	1600	图片框的宽
命令按钮	Command1	Caption	矩形	命令按钮的标题
命令按钮	Command2	Caption	椭圆	命令按钮的标题

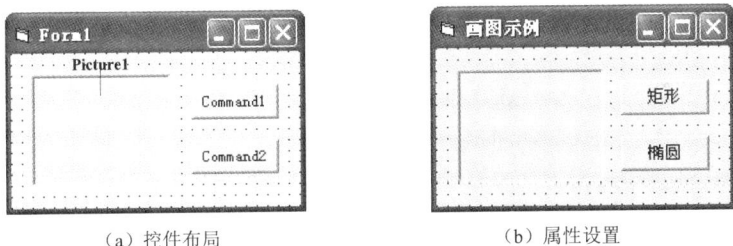

（a）控件布局　　　　　　　　　　　　（b）属性设置

图 2-8-6　画图示例的设计界面

【代码设计】

（1）在"矩形"按钮的 Click 事件过程中编写代码。

```
Private Sub Command1_Click()
  Picture1.Cls
  Picture1.Line (400, 300)-(1200, 900), , BF
End Sub
```

（2）在"椭圆"按钮的 Click 事件过程中编写代码。

```
Private Sub Command2_Click()
  Picture1.Cls
  Picture1.Circle (800, 600), 500, , , , 0.5
End Sub
```

【运行结果】

运行时，单击"矩形"按钮，运行结果如图 2-8-5（a）所示；单击"椭圆"按钮，运行结果如图 2-8-5（b）所示。

8.2　习　题　测　评

一、选择题

1. 以下的属性和方法中，（　　）可重定义坐标系。

　　A. DrawStyle 属性　　　　　　　　　　B. DrawWidth 属性

　　C. Scale 方法　　　　　　　　　　　　D. ScaleMode 属性

2. 下列关于屏幕坐标系的叙述错误的是（　　）。

　　A. Visual Basic 只有一个统一的、以屏幕左上角为原点的坐标系

　　B. 在调整窗体上控件的大小和位置时，使用以窗体左上角为原点的坐标系

　　C. 所有图形以及 Print 方法使用的坐标系均与容器有关

　　D. Visual Basic 默认坐标系的 Y 轴，上端为 0，越往下越大

3. 下列关于 Visual Basic 的颜色表示中，（　　）是错误的。

　　A. vbRed　　　　　　　　　　　　　B. QBColor(4)

　　C. RGB(255, 0, 0)　　　　　　　　　　D. RGB(–255, 0, 0)

4. 在程序运行中，可直接输入颜色值来指定颜色参数值，通常用（　　）数表示颜色值。

　　A. 二进制　　　　　B. 八进制　　　　　C. 十进制　　　　D. 十六进制

5. 在程序运行过程中，不能指定颜色参数值的方式是（　　）。

　　A. QBColor 函数　　B. RGB 函数　　　C. 颜色常量　　　D. Color 函数

6. 当窗体的 AutoRedraw 属性采用默认值时，若在窗体装入时使用绘图方法绘制图形，则应将程序放在（　　）。

　　A. Paint 事件　　　B. Load 事件　　　C. Initialize 事件　D. Click 事件

7. 假定 Picture1 和 Text1 分别是图片框和文本框的名称，下列不正确的是（　　）。

　　A. Print 25　　　　　　　　　　　　B. Picture1.Print 25

　　C. Text1.Print 25　　　　　　　　　　D. Debug.Print 25

8. 将当前目录下的图片文件 Clock.jpg 装入图片框 Picture1 的语句是（　　）。

　　A. Picture = "Clock.jpg"

　　B. Picture = LoadPicture("Clock.jpg")

　　C. Picture1.Picture = "Clock.jpg"

　　D. Picture1.Picture = LoadPicture("Clock.jpg")

9. 清除图片框中的图片，使用方法是（　　）。

　　A. 选择图片框之后，按 Del 键　　　　B. 执行 Picture1.Cls

　　C. 执行 Picture1.Clear　　　　　　　D. 执行 Picture1.Picture = LoadPicture()

10. 下列关于图片框控件的叙述错误的是（　　）。

　　A. 可以在图片框上绘制矩形

　　B. 图片框可以作为容器放置其他的控件

　　C. 用 Stretch 属性可以自动调整图片框中图形的大小

D. 清除图片框上使用 Circle 方法绘制的图形应使用 Cls 方法

11. 设计时添加到图片框或图像框的图片数据保存在（　　　）。

  A. 窗体的 frm 文件　　　　　　　B. 窗体的 frx 文件

  C. 图片的原始文件内　　　　　　D. 编译后创建的 exe 文件

12. 使用形状控件 Shape 无法得到的图形是（　　　）。

  A. 矩形　　　B. 圆形　　　C. 椭圆　　　D. 扇形

13. 通过设置 Line 控件的（　　　）属性可以绘制多种形状的图形。

  A. Shape　　　B. Style　　　C. FillStyle　　　D. BorderStyle

14. 下列叙述错误的是（　　　）。

  A. Pset 方法用于绘制点

  B. Circle 方法用于画圆、椭圆、圆弧和扇形

  C. Line 方法用于画直线和矩形

  D. Point 方法用于绘制有颜色的点

15. 不属于 Visual Basic 作图方法的是（　　　）。

  A. Pset　　　B. Line　　　C. Shape　　　D. Circle

16. Cls 命令可清除窗体或图片框中（　　　）的内容。

  A. Picture 属性设置的背景图案　　　B. 设计时放置的图片

  C. 程序运行时产生的图形和文字　　　D. 设计时放置的控件

17. 当使用 Line 方法画线后，当前坐标在（　　　）。

  A. (0, 0)　　　B. 直线起点　　　C. 直线终点　　　D. 容器的中心

18. 执行指令 "Line (1200, 1200)-Step(1000, 500), B" 后，CurrentX=（　　　）。

  A. 2200　　　B. 1200　　　C. 1000　　　D. 1700

19. 当使用 Line 方法时，参数 B 与 F 可组合使用，下列组合中（　　　）不允许。

  A. BF　　　B. F　　　C. 不使用 B 与 F　　　D. B

20. 执行语句 "Circle (100, 100), 500, , 5, 0" 时，将绘制（　　　）。

  A. 圆形　　　B. 椭圆　　　C. 扇形　　　D. 圆弧

21. 执行语句 "Circle (1000, 1000), 500, 8, -1, -3" 时，将绘制（　　　）。

  A. 画圆　　　B. 椭圆　　　C. 圆弧　　　D. 扇形

22. 关于下面程序，以下叙述正确的是（　　　）。

```
Private Sub Form_Click()
  Circle (300, 600), 300
  Circle Step(600, 0), 300, , , , 2
End Sub
```

  A. 程序绘制了两个圆形

  B. 两个图形的中心坐标分别是(300, 600)和(900, 600)

  C. 两个圆形的圆心坐标分别是(300, 600)和(600, 0)

  D. 程序绘制了一个圆形

23. 关于以下过程中的 4 个参数，正确的描述是（　　　）。

```
Form_MouseDown (Button As Integer, Shift As Integer, X As Single, Y As Single)
```

  A. 通过 Button 参数可以判定当前按下的是哪·个鼠标键

B. Shift 参数只能用来确定是否按下 Shift 键

C. Shift 参数只能用来确定是否按下 Alt 键和 Ctrl 键

D. 参数 X 和 Y 用来设置鼠标指针当前位置的坐标

24. 编写如下事件过程：

```
Private Sub Form_MouseDown(Button As Integer, Shift As Integer, X As
Single, Y As Single)
  If Shift = 6 And Button = 2 Then
    Print "Hello"
  End If
End Sub
```

程序运行后，为了在窗体上输出"Hello"，应在窗体上执行以下（   ）操作。

A. 同时按下 Shift 键和鼠标左按钮

B. 同时按下 Shift 键和鼠标右按钮

C. 同时按下 Ctrl、Alt 键和鼠标左按钮

D. 同时按下 Ctrl、Alt 键和鼠标右按钮

25. 关于"Form_MouseMove(Button As Integer, Shift As Integer, X As Single, Y As Single)"过程中参数的叙述错误的是（   ）。

A. 通过 Button 参数可以判定当前按下了哪个鼠标键

B. Shift 参数只能用于判定是否按下 Shift 键

C. 通过 X 和 Y 参数可以获得鼠标指针当前的坐标位置

D. Button 参数等于 2，表示按下了鼠标的右键

26. 当用户按下并且释放一个键后会触发 KeyPress、KeyUp、KeyDown 事件，这 3 个事件发生的顺序是（   ）。

A. KeyPress、KeyDown、KeyUp   B. KeyDown、KeyUp 、KeyPress

C. KeyDown、KeyPress、KeyUp   D. 没有规律

27. 下列关于键盘事件的说法中，正确的是（   ）。

A. 按下键盘上的任意一个键，都会引发 KeyPress 事件

B. 大键盘上的"1"键和数字键盘的"1"键的 KeyAscii 码相同

C. KeyDown 和 KeyUp 的事件过程中有 KeyAscii 参数

D. 大键盘上的"4"键的上档字符是"$"，当同时按下 Shift 和大键盘上的"4"键时，KeyPress 事件过程的 KeyAscii 参数值是"$"的 ASCII 值

28. 为确保文本框中输入的全部是数字的最佳方法是（   ）。

A. 在 KeyDown 或 KeyUp 的事件过程中放弃非数字输入

B. 在 Validate 事件过程中利用 IsNumeric 函数

C. 在 Change 事件过程中利用 IsNumeric 函数

D. 在 KeyPress 的事件过程中放弃非数字输入

29. 以下叙述中错误的是（   ）。

A. 在 KeyPress 事件过程中不能识别键盘的按下与释放

B. 在 KeyPress 事件过程中不能识别 Enter 键

C. 在 KeyDown 和 KeyUp 事件过程中，将键盘输入的"A"和"a"视作相同字母

　　D. 在 KeyDown 和 KeyUp 事件过程中，从大键盘输入的"1"和从小键盘输入的
　　　"1"被视作不同的字符

30. 下列关于键盘事件的叙述错误的是（　　　）。

　　A. 将 KeyPress 事件的 KeyAscii 参数设置成 0，可以取消本次击键

　　B. 当 KeyPreview 属性为 True 时，窗体将先于其上的控件获得键盘事件

　　C. Shift 参数传递了当前键盘上 Ctrl、Alt 和 Shift 3 个控制键的按键状态

　　D. 按下键盘上的任何一个键，都将依次触发 KeyDown、KeyPress 和 KeyUp 事件

二、设计题

1. 打开工程文件 VbDsg0801.vbp，在标题为"图片选择"的窗体 Form1 上，添加一个图片框 Picture1，其能自动调整大小与显示的图片匹配；然后再添加两个标题分别为"颐和园"和"圆明园"的命令按钮 Command1 和 Command2。程序运行时，单击"颐和园"按钮，在 Picture1 中加载图片（Yhy.jpg），如图 2-8-7（a）所示；单击"圆明园"按钮，在 Picture1 中加载图片（Ymy.jpg），如图 2-8-7（b）所示。完成上述设计后，以原文件名保存工程，并生成可执行文件（VbDsg0801.exe）。

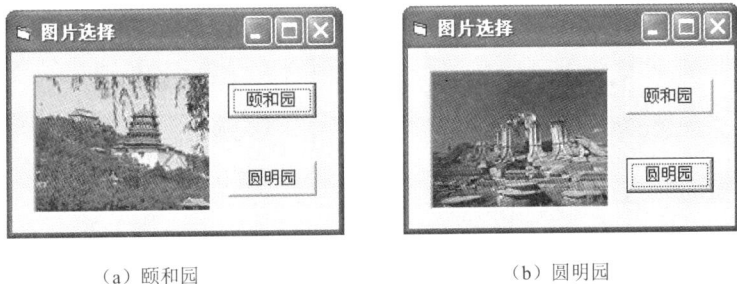

（a）颐和园　　　　　　　　　　　　　　　（b）圆明园

图 2-8-7　图片选择的运行界面

2. 打开工程文件 VbDsg0802.vbp，在标题为"图像框设置"的窗体 Form1 上，添加一个高为 1500、宽为 2100、有边框的图像框 Image1，并在其中加载图片（GreatWall.jpg），设置相关属性使在其中加载的图片能够自动改变大小以适应图像框的大小。程序运行时，当鼠标指针在图像框上暂停时显示的文字是"八达岭长城"，如图 2-8-8 所示。完成上述设计后，以原文件名保存工程，并生成可执行文件（VbDsg0802.exe）。

图 2-8-8　图像框设置的运行界面

3. 打开工程文件 VbDsg0803.vbp，在标题为"形状设置"的窗体 Form1 上，添加一个高度为 975、宽度为 1575 的形状控件 Shape1；然后再添加两个标题分别为"矩形"和"椭圆"的命令按钮 Command1 和 Command2。程序运行时，单击"矩形"按钮，Shape1 显示为矩形，并用红色实填充，如图 2-8-9（a）所示；单击"椭圆"按钮，Shape1 显示为椭圆，并用黑色的十字交叉线填充，如图 2-8-9（b）所示。完成上述设计后，以原文件名保存工程，并生成可执行文件（VbDsg0803.exe）。

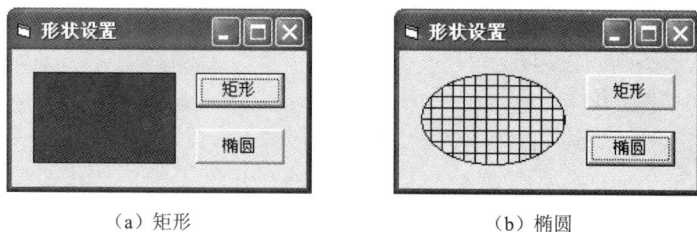

（a）矩形   （b）椭圆

图 2-8-9　形状设置的运行界面

4. 打开工程文件 VbDsg0804.vbp，在标题为"绘制圆形"的窗体 Form1 上，添加一个高为 1200、宽为 1600 的图片框 Picture1；然后再添加两个标题分别为"实心圆"和"空心圆"的命令按钮 Command1 和 Command2。程序运行时，在 Picture1 中采用默认坐标系，单击"实心圆"按钮，Picture1 清空并画一个中心为(800, 600)、半径为 500 的实心圆，如图 2-8-10（a）所示；单击"空心圆"按钮，Picture1 清空并画一个中心为(800, 600)、半径为 300 的空心圆，如图 2-8-10（b）所示。完成上述设计后，以原文件名保存工程，并生成可执行文件（VbDsg0804.exe）。

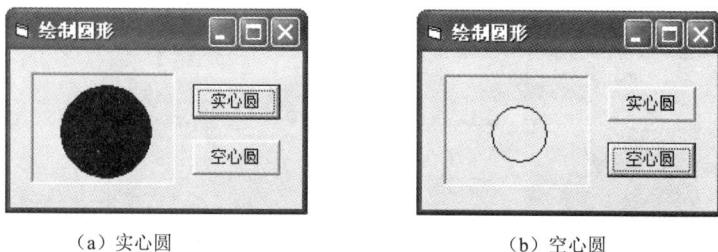

（a）实心圆   （b）空心圆

图 2-8-10　绘制圆形的运行界面

5. 打开工程文件 VbDsg0805.vbp，在标题为"移动图片"的窗体 Form1 上，添加一个高度为 600、宽度为 900 的图像框 Image1，并在其中加载图片（Horse.jpg），设置相关属性使在其中加载的图片能够自动改变大小以适应图像框的大小。程序运行时，用户按向右方向键，图片向右移动 10；按向左键，图片向左移动 10；按向上方向键，图片向上移动 10；按向下方向键，图片向下移动 10，如图 2-8-11 所示。完成上述设计后，以原文件名保存工程，并生成可执行文件（VbDsg0805.exe）。

图 2-8-11　移动图片的运行界面

三、编程题

1. 打开工程文件 VbProg0801.vbp，如图 2-8-12 所示，添加适当的事件过程代码，实现以下功能。

（1）单击"显示"按钮，在图片框 Picture1 中显示"程序设计基础教程"。

（2）单击"清空"按钮，清除图片框 Picture1 上的文字。

完成上述功能后，以原文件名保存工程，并生成可执行文件（VbProg0801.exe）。

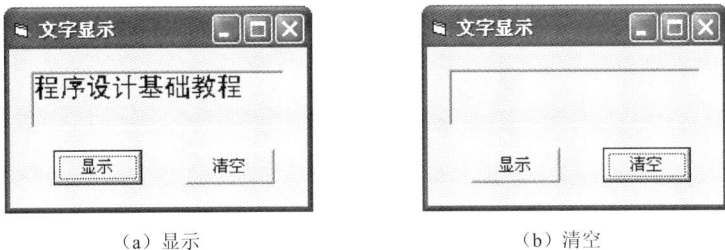

（a）显示　　　　　　　　　　　　　（b）清空

图 2-8-12　文字显示的运行界面

2. 打开工程文件 VbProg0802.vbp，如图 2-8-13 所示，添加适当的事件过程代码，实现以下功能。

（1）在框架 Frame1 中按下鼠标左键，则 Frame1 的标题显示为"按下左键"，并在文本框 Text1 和 Text2 中分别显示鼠标指针的当前坐标 x 和 y 的值。

（2）在框架 Frame1 中按下鼠标右键，则 Frame1 的标题显示为"按下右键"，并在文本框 Text1 和 Text2 中分别显示鼠标指针的当前坐标 x 和 y 的值。

（3）在框架 Frame1 中移动鼠标，则 Frame1 的标题显示为"移动鼠标"，并在文本框 Text1 和 Text2 中分别显示鼠标指针的当前坐标 x 和 y 的值。

完成上述功能后，以原文件名保存工程，并生成可执行文件（VbProg0802.exe）。

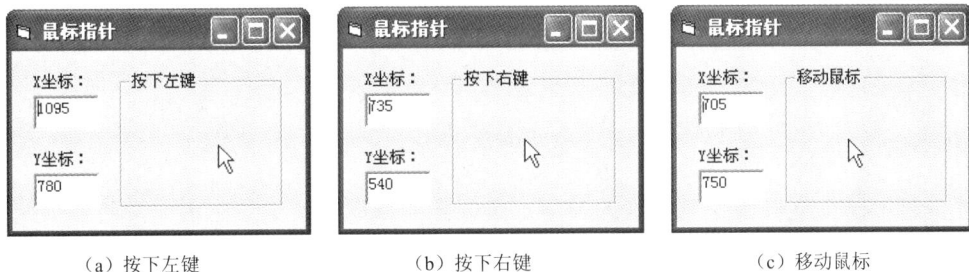

（a）按下左键　　　　　　　　　（b）按下右键　　　　　　　　　（c）移动鼠标

图 2-8-13　鼠标指针的运行界面

第9章 文 件

9.1 例 题 精 解

一、选择题

1. 下列关于顺序文件说法正确的是（　　）。

    A. 所有记录长度必须相等　　　　　　B. 可以使用文本编辑器编辑

    C. 可以随机读取文件中的数据　　　　D. 文件中的记录按照关键字顺序存放

【分析】顺序文件是一种普通的文本文件，其数据是以 ASCII 码形式存储的，可以用任何字处理软件进行访问，因此选项 B 正确。此外，由于顺序文件中的记录是按顺序一个接一个地存放，每条记录的长度可以不一样。因此选项 A、C、D 均不正确。

【答案】B

2. 下列叙述正确的是（　　）。

    A. 一个记录中所包含的各个元素的数据类型必须相同

    B. 随机文件中每个记录的长度必须相同

    C. 命令 Open 只能打开一个已经存在的文件

    D. 使用 Input #语句可以从随机文件中读取数据

【分析】随机文件中每条记录的长度都是固定的，但每条记录中所包含的各个元素的数据类型可以不同，从随机文件中读取数据可用 Get 语句。Input #语句用于从顺序文件中读取数据；Open 语句可以打开一个已经存在的文件，若该文件不存在，会自动创建指定文件名的文件。因此选项 B 正确。

【答案】B

3. 对顺序文件执行写操作的语句是（　　）。

    A. Print　　　　　　B. Put　　　　　　C. Read　　　　　　D. Get

【分析】Print 语句可以对顺序文件执行写操作；Put 语句可以对随机文件和二进制文件执行写操作；Read 语句不能对文件执行写操作；Get 语句可以对随机文件和二进制文件执行读操作。因此选项 A 正确。

【答案】A

4. 用（　　）语句打开顺序文件"File.txt"后，可以进行写操作。

    A. Open "File.txt" For Input As #1　　　　B. Open "File.txt" For Output As #1

    C. Open "File.txt" For Random As #1　　　D. Open "File.txt" For Binary As #1

【分析】"For Input"表示对顺序文件进行读操作；"For Output"表示对顺序文件进行写操作；"For Random"表示打开随机文件；"For Binary"表示打开二进制文件。因此选项 B 正确。

【答案】B

5. 如果要向文件"Stu.dat"追加数据，正确打开该文件的语句是（　　）。

　　A. Open "Stu.dat" For Output As #1　　　B. Open "Stu.dat" For Append As #1

　　C. Open "Stu.dat" For Input As #1　　　　D. Open "Stu.dat" For Put As #1

【分析】"For Output"表示对顺序文件执行写操作。如果文件不存在，则创建一个新文件；如果文件已经存在，则覆盖文件中原有的内容。"For Append"表示添加数据到顺序文件的末尾。如果文件不存在，则创建一个新文件；如果文件已经存在，则打开文件并保留原有的数据，写数据时从文件末尾开始添加。"For Input"表示对顺序文件进行读操作。"For Put"是错误的访问模式。因此选项 B 正确。

【答案】B

6. 语句"Print #1, Str\$"中的 Print 是（　　）。

　　A. 文件的写语句　　　　　　　　　　B. 在窗体上显示的方法

　　C. 子程序名　　　　　　　　　　　　D. 文件的读语句

【分析】"Print #1, Str\$"是顺序文件的写语句，与 Print 方法不同的是，Print 方法是将数据写到窗体或相关指定的控件上，而 Print #语句是将数据写到相关指定文件中。因此本题选项 A 正确。

【答案】A

7. 为了把一个记录型变量的内容写入文件中指定的位置，所使用的语句的格式为（　　）。

　　A. Get 文件号, 记录号, 变量名　　　　B. Get 文件号, 变量名, 记录号

　　C. Put 文件号, 变量名, 记录号　　　　D. Put 文件号, 记录号, 变量名

【分析】记录型变量的写入是对随机访问模式文件的操作，其格式为"Put [#]文件号,[记录号],变量名"。因此选项 D 正确。

【答案】D

8. 改变驱动器列表框的 Drive 属性值将激活（　　）事件。

　　A. Change　　　　B. KeyDown　　　　C. Scroll　　　　D. KeyUp

【分析】在程序运行时，当用户选择一个新的驱动器或通过代码改变 Drive 属性值时都会触发驱动器列表框的 Change 事件。因此选项 A 正确。

【答案】A

9. 设置文件列表框的（　　）属性为"C:\"可使其显示"C:\"下的所有文件。

　　A. File　　　　　　B. Path　　　　　　C. FileName　　　　D. FilePath

【分析】文件列表框的 Path 属性用于设置文件列表框中所显示文件的路径；FileName 属性用于返回被选定文件的文件名。文件列表框没有 File 和 FilePath 属性。因此选项 B 正确。

【答案】B

10. 在文件列表框中，如果只允许显示文本文件类型的文件，则 Pattern 属性的正确设置是（　　）。

　　A. Text|(*.txt)　　　B. 文本|(*.txt)　　　C. (*.txt)　　　D. *.txt

【分析】通用对话框的 Filter 属性的格式为"文件说明|文件类型"，而文件列表框的 Pattern 属性的格式为"文件类型"。因此选项 D 正确。

【答案】D

二、操作题

1. 在标题为"写操作示例"的窗体 Form1 上，添加 3 个标题分别为"最大值""最小值"和"平均值"的标签 Label1、Label2 和 Label3；然后再添加 3 个文本内容为空的文本框 Text1、Text2 和 Text3；最后添加一个标题为"求解并保存"的命令按钮 Command1。程序运行时，单击"求解并保存"按钮，产生 10 个 10～99 之间的随机整数存放在数组 a 中，然后求这 10 个整数的最大值、最小值和平均值，并分别显示在 Text1、Text2 和 Text3 中，如图 2-9-1 所示，同时将求解结果保存在当前目录下名为 Pout.txt 的文件（如图 2-9-2 所示）中。

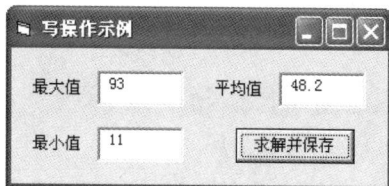

图 2-9-1　写操作示例的运行界面

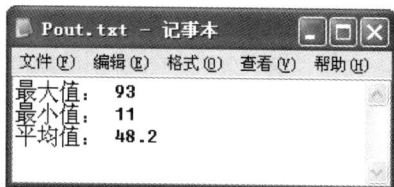

图 2-9-2　Pout.txt 文件

【界面设计】

（1）新建一个"标准 EXE"类型的工程，在窗体 Form1 上添加 3 个标签、3 个文本框和一个命令按钮，然后用鼠标调整各个控件的大小和位置，调整后的控件布局如图 2-9-3（a）所示。

（2）根据设计要求，按表 2-9-1 所示的值设置各个控件对象的属性，设置后的界面如图 2-9-3（b）所示。

表 2-9-1　写操作示例的对象属性设置

对　　象	对 象 名 称	属　　性	属 性 值	说　　明
窗体	Form1	Caption	写操作示例	窗体的标题
标签	Label1	Caption	最大值	标签内文字内容
标签	Label2	Caption	最小值	标签内文字内容
标签	Label3	Caption	平均值	标签内文字内容
文本框	Text1	Text	（空白）	文本框内没有文字
文本框	Text2	Text	（空白）	文本框内没有文字
文本框	Text3	Text	（空白）	文本框内没有文字
命令按钮	Command1	Caption	求解并保存	命令按钮的标题

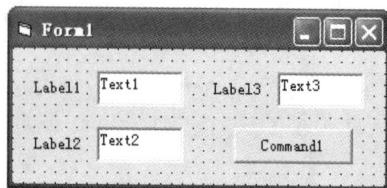

（a）控件布局

（b）属性设置

图 2-9-3　写操作示例的设计界面

【代码设计】

在"求解并保存"按钮的 Click 事件过程中编写代码。

```
Private Sub Command1_Click()
  Dim a(1 To 10) As Integer          '定义数组 a,包含 10 个整数
  Dim sum%, max%, min%               '求和 sum,最大值 max,最小值 min
  Dim i As Integer                   '定义循环变量 i
  Randomize
  Text1.Text = ""
  Text2.Text = ""
  Text3.Text = ""
  For i = 1 To 10                    '生成 10 个随机数
    a(i) = Int(Rnd * 90) + 10
  Next i
  sum = a(1)                         '变量 sum 初始值为数组中第 1 个元素
  max = a(1)                         '变量 max 初始值为数组中第 1 个元素
  min = a(1)                         '变量 min 初始值为数组中第 1 个元素
  For i = 2 To 10
    sum = sum + a(i)                 '累加求和
    If a(i) > max Then               '不是当前最大替换 max
      max = a(i)
    End If
    If a(i) < min Then               '不是当前最小替换 min
      min = a(i)
    End If
  Next i
  Text1.Text = Str(max)             '显示最大值
  Text2.Text = Str(min)             '显示最小值
  Text3.Text = Str(sum / 10)        '求平均值,并显示
  Open App.Path & "\Pout.txt" For Output As #1
  Print #1, "最大值: "; max
  Print #1, "最小值: "; min
  Print #1, "平均值: "; Text3.Text
  Close #1
End Sub
```

【运行结果】

运行时,单击"求解并保存"按钮,运行结果如图 2-9-1 所示,输出文件如图 2-9-2 所示。

2. 在标题为"统计成绩"的窗体 Form1 上,添加一个文本内容为空、有垂直滚动条的文本框 Text1;然后再添加两个标题分别为"打开"和"保存"的命令按钮 Command1 和 Command2。程序运行时,单击"打开"按钮,读出当前目录下 Score.txt 文件(如图 2-9-4 所示)中的数据,计算总分并在 Text1 中显示,如图 2-9-5 所示;单击"保存"按钮,将学生成绩和计算结果保存到当前目录下名为 Total.txt 的文件中。

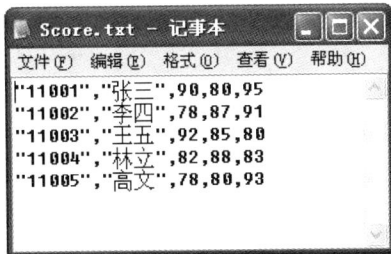

图 2-9-4 Score.txt 文件

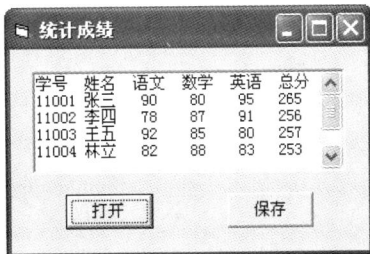

图 2-9-5 统计成绩的运行界面

【界面设计】

(1)新建一个"标准 EXE"类型的工程,在窗体 Form1 上添加一个文本框和两个命令

按钮，然后用鼠标调整各个控件的大小和位置，调整后的控件布局如图 2-9-6（a）所示。

（2）根据设计要求，按表 2-9-2 所示的值设置各个控件对象的属性，设置后的界面如图 2-9-6（b）所示。

表 2-9-2　统计成绩的对象属性设置

对　　象	对象名称	属　　性	属　性　值	说　　明
窗体	Form1	Caption	统计成绩	窗体的标题
文本框	Text1	Text	（空白）	文本框内没有文字
		MultiLine	True	设置多行显示
		ScrollBars	2-Vertical	设置垂直滚动条
命令按钮	Command1	Caption	打开	命令按钮的标题
命令按钮	Command2	Caption	保存	命令按钮的标题

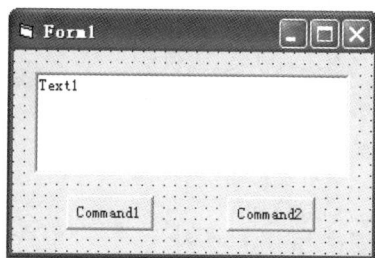

（a）控件布局　　　　　　　　　　　　　　　（b）属性设置

图 2-9-6　统计成绩的设计界面

【程序代码】

（1）在"打开"按钮的 Click 事件过程中编写代码。

```
Private Sub Command1_Click()
  Dim sno$, sname$, c%, m%, e%, total%
  Text1.Text = "学号  姓名  语文  数学  英语  总分" & vbCrLf
  Open App.Path & "\Score.txt" For Input As #1
  Do While Not EOF(1)
    Input #1, sno, sname, c, m, e
    total = c + m + e
    Text1.Text = Text1.Text & sno & Space(1) & sname & Space(3) & _
    c & Space(4) & m & Space(4) & e & Space(3) & total & vbCrLf
  Loop
  Close #1
End Sub
```

（2）在"保存"按钮的 Click 事件过程中编写代码。

```
Private Sub Command2_Click()
  Open App.Path & "\Total.txt" For Output As #1
  Print #1, Text1.Text
  Close #1
End Sub
```

【运行结果】

运行时，单击"打开"按钮，运行结果如图 2-9-5 所示；单击"保存"按钮，输出文件如图 2-9-7 所示。

3. 在标题为"奇数求和"的窗体 Form1 上，添加一个文本内容为空、有垂直滚动条的文本框 Text1；然后再添加两个标题分别为"读取"和"计算"的命令按钮 Command1 和 Command2。程序运行时，单击"读取"按钮，读入当前目录下的 DataIn.txt 文件中的 20 个整数，依次存入数组 a 中，并显示在 Text1 中，如图 2-9-8（a）所示；单击"计算"按钮，将数组中所有奇数之和显示在 Text1 中，如图 2-9-8（b）所示。

图 2-9-7 Total.txt 文件

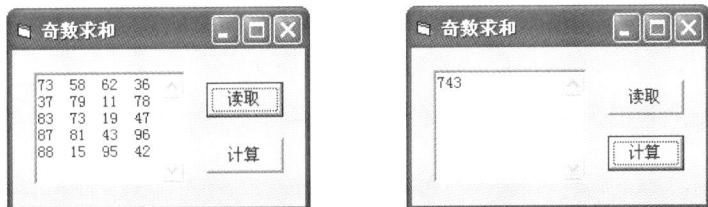

（a）读取　　　　　　　　（b）计算

图 2-9-8 奇数求和的运行界面

【界面设计】

（1）新建一个"标准 EXE"类型的工程，在窗体 Form1 上添加一个文本框和两个命令按钮，然后用鼠标调整各个控件的大小和位置，调整后的控件布局如图 2-9-9（a）所示。

（2）根据设计要求，按表 2-9-3 所示的值设置各个控件对象的属性，设置后的界面如图 2-9-9（b）所示。

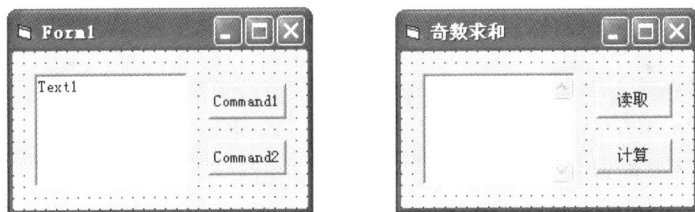

（a）控件布局　　　　　　　　（b）属性设置

图 2-9-9 奇数求和的设计界面

表 2-9-3 奇数求和的对象属性设置

对　象	对象名称	属　性	属 性 值	说　明
窗体	Form1	Caption	奇数求和	窗体的标题
文本框	Text1	Text	（空白）	文本框内没有文字
文本框	Text1	MultiLine	True	设置多行显示
		ScrollBars	2-Vertical	设置垂直滚动条
命令按钮	Command1	Caption	读取	命令按钮的标题
命令按钮	Command2	Caption	计算	命令按钮的标题

【程序代码】

（1）在窗体模块的通用声明段中声明模块级数组和变量。

```
Dim a(1 To 20) As Integer
Dim i As Integer
```

（2）在"读取"按钮的 Click 事件过程中编写代码。

```
Private Sub Command1_Click()
  Open App.Path & "\DataIn.txt" For Input As #1
  Text1.Text = ""
  For i = 1 To 20
    Input #1, a(i)
    Text1.Text = Text1.Text & a(i) & "  "
  Next i
  Close #1
End Sub
```

（3）在"计算"按钮的 Click 事件过程中编写代码。

```
Private Sub Command2_Click()
  Dim sum
  For i = 1 To 20
    If a(i) Mod 2 <> 0 Then sum = sum + a(i)
  Next i
  Text1.Text = sum
End Sub
```

【运行结果】

运行时，单击"读取"按钮，运行结果如图 2-9-8（a）所示；单击"计算"按钮，运行结果如图 2-9-8（b）所示。

9.2　习 题 测 评

一、选择题

1. 关于顺序文件的描述，下面正确的是（　　）。
   A. 每条记录的长度必须相同
   B. 可通过编程对文件中的某条记录方便地修改
   C. 数据以 ASCII 码形式存放在文件中，所以可通过文本编辑软件显示
   D. 文件的组织结构复杂

2. 在顺序文件中（　　）。
   A. 每条记录的记录号按从小到大顺序
   B. 每条记录的长度按从小到大顺序
   C. 按记录的某个关键数据项的排序组织文件
   D. 记录按写入的先后顺序存放，并按写入的先后顺序读出

3. 关于顺序文件和随机文件的说法错误的是（　　）。
   A. 顺序文件中记录的逻辑顺序与存储顺序是一致的
   B. 随机文件读写操作比顺序文件灵活
   C. 随机文件的结构特点是固定记录长度以及每条记录均有记录号
   D. 随机文件的操作与顺序文件相同

4. 在随机文件中（　　）。
   A. 记录号是通过随机数产生的

B. 可以通过记录号随机读取记录

C. 记录的内容是随机产生的

D. 记录的长度是任意的

5. 由结构和长度一致的记录组成的文件是（　　　）。

    A. 文本文件　　　　　B. 格式文件　　　　　C. 随机文件　　　　D. 二进制文件

6. 文件号最大可取的值为（　　　）。

    A. 255　　　　　　　B. 511　　　　　　　C. 512　　　　　　D. 256

7. 执行语句"Open "C:\StuData.dat" For Input As #1"后，系统（　　　）。

    A. 将 C 盘下名为 StuData.dat 的文件的内容读入内存

    B. 在 C 盘下建立名为 StuData.dat 的顺序文件

    C. 将内存数据存放在 C 盘下名为 StuData.dat 的文件中

    D. 将某个磁盘文件的内容写入 C 盘下名为 StuData.dat 的文件中

8. 如果在 C 盘下已存在名为 StuData.dat 的顺序文件，那么执行语句"Open "C:\StuData.dat" For Append As #1"之后将（　　　）。

    A. 删除文件中原有内容

    B. 保留文件中原有内容，可在文件尾添加新内容

    C. 保留文件中原有内容，在文件头开始添加新内容

    D. 以上均不对

9. 以下关于文件的叙述中，错误的是（　　　）。

    A. 使用 Append 方式打开文件时，文件指针被定位于文件尾

    B. 当以输入方式（Input）打开文件时，如果文件不存在，则建立一个新文件

    C. 顺序文件各记录的长度可以不同

    D. 随机文件打开后，既可以进行读操作，也可以进行写操作

10. 用 Close 语句来关闭一个已经不再使用的文件，当该语句不使用任何参数时，其功能是（　　　）。

    A. 只能关闭一个打开的文件　　　　　B. 只能关闭两个打开的文件

    C. 有语法错误，一个文件也无法关闭　D. 可以关闭任何已打开的文件

11. 下列向文件中写入数据的命令语句中，不正确的是（　　　）。

    A. Print #文件号, 输出项　　　　　　B. Write #文件号, 输出项

    C. Put #文件号, 输出项　　　　　　　D. Output #文件号, 输出项

12. 以下能判断是否到达文件尾的函数是（　　　）。

    A. BOF()　　　　B. LOC()　　　　　C. LOF()　　　　　D. EOF()

13. 执行语句"Open "Tel.dat" For Random As #1 Len = 50"之后，对文件数据可以进行的操作是（　　　）。

    A. 能读或写　　　B. 只能读不能写　　C. 只能写不能读　D. 不能读或写

14. 可在属性窗口中设置文件列表框的（　　　）属性。

    A. Pattern　　　　B. Path　　　　　　C. FileName　　　　D. FilePath

15. 为了使文件系统控件（DriveListBox、DirListBox 和 FileListBox）三者协调同步，可分别在驱动器列表框和目录列表框的（　　　）事件中更新目录列表框和文件列表框的 Path 属性。

    A. Click　　　　　B. Change　　　　　C. GotFocus　　　　D. LostFocus

二、设计题

1. 打开工程文件 VbDsg0901.vbp，在标题为"驱动器显示"的窗体 Form1 上，添加一个驱动器列表框 Drive1；然后再添加一个标题为"显示"的命令按钮 Command1；最后添加一个带复选标记的列表框 List1。程序运行时，单击"显示"按钮，在 List1 中显示系统的所有驱动器，如图 2-9-10 所示；完成上述设计后，以原文件名保存工程，并生成可执行文件（VbDsg0901.exe）。

2. 打开工程文件 VbDsg0902.vbp，在标题为"文件选择"的窗体 Form1 上，添加一个文件列表框 File1；然后再添加一个组合框 Combo1，将 Combo1 设置为下拉列表框，并在其中添加"工程文件""窗体文件"和"所有文件" 3 项；最后添加一个文本内容为空的文本框 Text1。程序运行时，在 Combo1 选择不同选项，则 File1 中显示对应类型的文件；单击 File1 中某个文件，在 Text1 中显示该文件的文件名，如图 2-9-11 所示；完成上述设计后，以原文件名保存工程，并生成可执行文件（VbDsg0902.exe）。

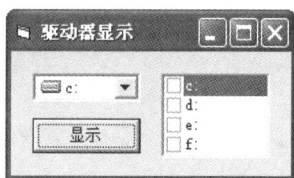

图 2-9-10　驱动器显示的运行界面　　　　图 2-9-11　文件选择的运行界面

三、编程题

1. 打开工程文件 VbProg0901.vbp，如图 2-9-12 所示，添加适当的事件过程代码，实现以下功能。

（1）单击"读入数据"按钮，将当前目录下 Grade.txt 文件（如图 2-9-13 所示）中的 30 个学生成绩依次读入数组 a，并显示在文本框 Text1 中，成绩之间用空格隔开。

（2）单击"统计人数"按钮，统计数组 a 中成绩小于 60 分的人数，并显示在文本框 Text2 中。

完成上述功能后，以原文件名保存工程，并生成可执行文件（VbProg0901.exe）。

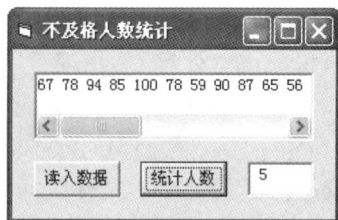

图 2-9-12　不及格人数统计的运行界面　　　　图 2-9-13　Grade.txt 文件

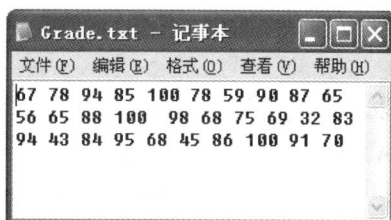

2. 打开工程文件 VbProg0902.vbp，如图 2-9-14 所示，添加适当的事件过程代码，实现以下功能。

（1）单击"读入"按钮，将当前目录下 Num.txt 文件（如图 2-9-15 所示）中的 20 个整数依次读入数组 a，并显示在列表框 List1 中。

（2）单击"偶数"按钮，将数组 a 中所有偶数显示在列表框 List2 中。

完成上述功能后，以原文件名保存工程，并生成可执行文件（VbProg0902.exe）。

图 2-9-14　偶数选择的运行界面

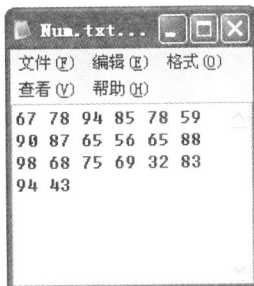

图 2-9-15　Num.txt 文件

3. 打开工程文件 VbProg0903.vbp，如图 2-9-16 所示，添加适当的事件过程代码，实现以下功能。

（1）单击"读入字符"按钮，将当前目录下 Letter.txt 文件（如图 2-9-17 所示）中的 20 个字符依次读入数组 c，并显示在文本框 Text1 中，字符之间用空格隔开。

（2）单击"选择字符"按钮，在文本框 Text2 中依次显示数组 c 中 D～H 之间的字符，字符之间用空格隔开。

完成上述功能后，以原文件名保存工程，并生成可执行文件（VbProg0903.exe）。

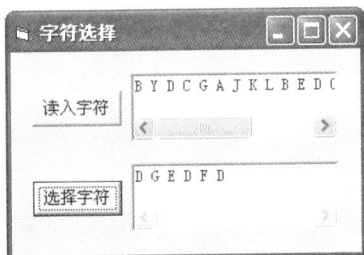

图 2-9-16　字符选择的运行界面

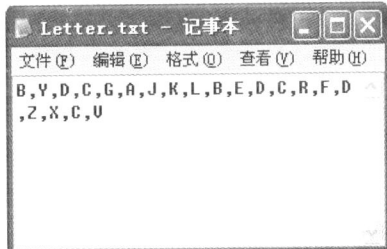

图 2-9-17　Letter.txt 文件

4. 打开工程文件 VbProg0904.vbp，如图 2-9-18 所示，添加适当的事件过程代码，实现以下功能。

（1）单击"读入姓名"按钮，将当前目录下 Name.txt 文件（如图 2-9-19 所示）中的 10 个姓名依次读入数组 na，并在文本框 Text1 中显示，姓名之间用空格隔开。

（2）单击"查找姓名"按钮，在文本框 Text2 中顺序显示数组 na 中姓"刘"和"陈"的名字（姓名之间用空格隔开），并将查找结果保存于当前目录下名为 NameOut.txt 文件中。

完成上述功能后，以原文件名保存工程，并生成可执行文件（VbProg0904.exe）。

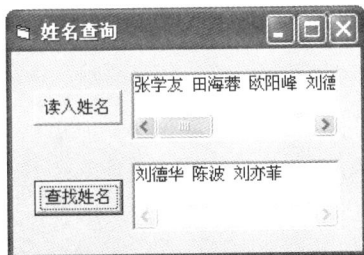

图 2-9-18　姓名查询的运行界面图

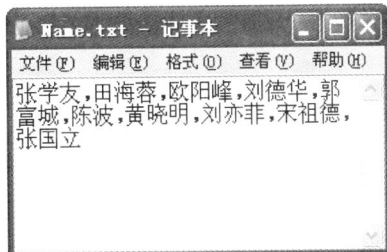

图 2-9-19　Name.txt 文件

5. 打开工程文件 VbProg0905.vbp，如图 2-9-20 所示，添加适当的事件过程代码，实现以下功能。

（1）单击"读入数据"按钮，将当前目录下 Dialog.txt 文件（如图 2-9-21 所示）中的第二行字符串显示在文本框 Text1 中。

（2）在文本框 Text2 中输入一个英文字母，单击"统计"按钮，将文本框 Text1 中该字母的个数显示在文本框 Text3 中。

完成上述功能后，以原文件名保存工程，并生成可执行文件（VbProg0905.exe）。

图 2-9-20　字符统计的运行界面　　　　　　图 2-9-21　Dialog.txt 文件

第10章 界 面 设 计

10.1 例 题 精 解

一、选择题

1. 下列不能打开"菜单编辑器"窗口的操作是（　　　）。
   A. 按"Ctrl+E"组合键
   B. 单击常用工具栏中的"菜单编辑器"按钮
   C. 选择"工具"→"菜单编辑器"命令
   D. 按"Ctrl+M"组合键

【分析】显然，选项 B 和 C 都是打开"菜单编辑器"的正确操作。只有选项 A 和 D 中有一个操作不能打开"菜单编辑器"，很多同学会想到 M 是 Menu 的第一个字母，所以认为按"Ctrl+M"键能打开"菜单编辑器"，但实际上按"Ctrl+M"键不能打开菜单编辑器，而是按"Ctrl+E"键才能打开"菜单编辑器"窗口。

【答案】D

2. 以下叙述中错误的是（　　　）。
   A. 在同一窗体的菜单项中，不允许出现标题相同的菜单项
   B. 在菜单的标题栏中，"&"所引导的字母指明了访问该菜单项的访问键
   C. 程序运行过程中，可以重新设置菜单的 Visible 属性
   D. 弹出式菜单也在菜单编辑器中定义

【分析】菜单项的标题（Caption）属性用于设置应用程序菜单上显示的文本，允许重复，名称（Name）属性用于在程序中引用菜单项，不允许重复，因此选项 A 的叙述不正确。"&"是用于设置菜单项的访问键；Visible 属性允许在运行期间修改；制作弹出式菜单与下拉式菜单一样需要先在菜单编辑器中定义，然后使用 PopupMenu 方法调用快捷菜单，因此选项 B、C、D 叙述都是正确的。

【答案】A

3. 在用菜单编辑器设计菜单时，必须输入的项有（　　　）。
   A. 标题　　　　　　B. 快捷键　　　　　　C. 索引　　　　　　D. 名称

【分析】标题用于设置菜单中每个菜单项的标题，即在菜单项中显示的文字；快捷键用于设置菜单项的快捷键；索引用于设置菜单控件数组的下标；名称是菜单控件的名称，它是程序代码中访问菜单的唯一标识符，名称是不能省略的。

【答案】D

4. 在菜单编辑器中定义一个名称为 Edit1 的菜单项，执行（　　　）语句可以在运行时隐藏该菜单项。
   A. Edit1.Enabled=True
   B. Edit1.Visible=True
   C. Edit1.Enabled=False
   D. Edit1.Visible=False

【分析】菜单和其他控件一样，其 Enabled 用于设置该菜单项是否可操作；其 Visible

属性用于设置该菜单项是否可见，当该属性值为 True 时表示可见，值为 False 时则表示该菜单隐藏。因此选项 D 正确。

【答案】D

5. 假设有一个菜单项，名为 MenuItem，为了在运行时使该菜单项失效（变灰），这时应使用的语句为（   ）。

    A. MenuItem.Enabled=False   B. MenuItem.Enabled=True

    C. MenuItem.Visible=True   D. MenuItem.Visible=False

【分析】Enabled 用于设置该菜单项是否可操作，当该属性值为 True 时，表示有效；为 False 时，该菜单项以灰色显示，表示无效。

【答案】A

6. 显示弹出式菜单要用（   ）方法实现。

    A. Popup   B. PopupMenu   C. ShowMenu   D. DrawMenu

【分析】弹出式菜单可以在窗体或控件的 MouseDown 事件中通过 PopupMenu 方法调用。

【答案】B

7. 下列叙述错误的是（   ）。

    A. 运行时，通用对话框控件是不可见的

    B. 通用对话框控件的 ShowColor 方法，可以打开"颜色"对话框

    C. 在同一程序用不同的方法打开通用对话框具有不同的作用

    D. 调用通用对话框控件的 ShowOpen 方法可以直接打开在该通用对话框中指定的文件

【分析】在设计状态，通用对话框以图标的形式显示在窗体上，在运行状态时控件本身被隐藏，因此选项 A 正确；ShowColor 方法可以打开"颜色"对话框，因此选项 B 正确；ShowOpen 方法和 ShowColor 方法分别可以用于打开"打开"对话框和"颜色"对话框，显然用不同的方法打开通用对话框具有不同的作用，因此选项 C 正确；ShowOpen 方法只能打开"打开文件"对话框，并不能直接打开选定的文件，因此选项 D 错误。

【答案】D

8. 窗体上有一个通用对话框 CommonDialog1，语句"CommonDialog1.Action=1"表示（   ）。

    A. 打开"打开"对话框   B. 打开"字体"对话框

    C. 打开"颜色"对话框   D. 打开"另存为"对话框

【分析】将通用对话框的 Action 属性设置为 1，或者调用通用对话框的 ShowOpen 方法可以打开"打开"对话框。

【答案】A

9. 用通用对话框建立"打开"对话框时，指定文件列表框列出的文件类型是文本文件的正确描述符是（   ）。

    A. "Text(.txt) *.txt"   B. "文本文件(.txt)| (*.txt) "

    C. "Text(.txt) |*.txt"   D. "Text(.txt) (*.txt) "

【分析】Filter 属性的设置格式为"描述符|过滤器"，其中描述符是指在"文件类型"的下拉列表框中显示的字符串，如"文本文件"；过滤器是指实际的文件类型，如"*.txt"。显然只有选项 C 符合要求。

【答案】C

10. Visual Basic 中 MDI 窗体是指（　　　）窗体。

　　A. 单文档界面　　　　B. 简单界面　　　C. 多文档界面　　D. 复杂界面

【分析】多文档界面（Multiple Document Interface，MDI）由一个父窗体和多个子窗体组成，因此选项 C 正确。

【答案】C

二、操作题

1. 在标题为"菜单设计"的窗体 Form1 上，添加一个文本内容为空的文本框 Text1；然后建立两个标题分别为"文件"和"操作"的菜单 vbFile 和 vbOp，其中"文件"菜单的访问键设为 F 键，"操作"菜单的访问键设为 O 键；"文件"菜单有 3 个标题分别为"新建""打开"和"保存"的菜单项 vbNew、vbOpen 和 vbSave，其中"打开"菜单项的快捷键为"Ctrl+O"，"保存"菜单项在运行时处于无效状态；"操作"菜单有两个标题分别为"显示"和"退出"菜单项 vbShow 和 vbExit。程序运行时，选择"显示"菜单项，在 Text1 中显示"等级考试"；选择"退出"菜单项，结束程序运行，如图 2-10-1 所示。

（a）文件　　　　　　　　　　（b）操作

图 2-10-1　菜单设计的运行界面

【界面设计】

（1）新建一个"标准 EXE"类型的工程，在窗体 Form1 上添加一个文本框，然后用鼠标调整各个控件的大小和位置，调整后的控件布局如图 2-10-2（a）所示。

（2）根据设计要求，按表 2-10-1 所示的值设置各个控件对象的属性和创建菜单，设置后的界面如图 2-10-2（b）和（c）所示。

表 2-10-1　菜单设计的对象属性设置

对　象	对象名称	属　性	属　性　值	说　明
窗体	Form1	Caption	菜单设计	窗体的标题
文本框	Text1	Text	（空白）	文本框内没有文字
顶级菜单	vbFile	Caption	文件(&F)	菜单的标题
一级菜单	vbNew	Caption	新建	菜单的标题
一级菜单	vbOpen	Caption	打开	菜单的标题
		Shortcut	Ctrl+O	菜单的快捷键
一级菜单	vbSave	Caption	保存	菜单的标题
		Enabled	False	菜单不可用
顶级菜单	vbOp	Caption	操作(&O)	菜单的标题
一级菜单	vbShow	Caption	显示	菜单的标题
一级菜单	vbExit	Caption	退出	菜单的标题

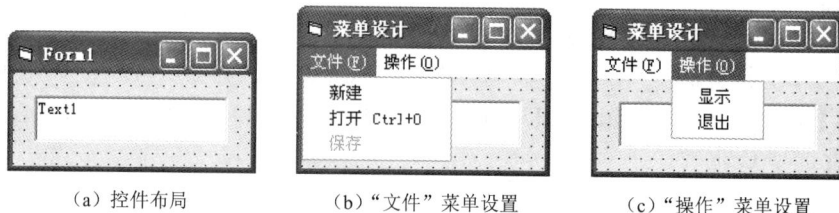

（a）控件布局   （b）"文件"菜单设置   （c）"操作"菜单设置

图 2-10-2   菜单设计的设计界面

【代码设计】

（1）在"显示"菜单的 Click 事件过程中编写代码。

```
Private Sub vbshow_Click()
    Text1.Text = "等级考试"
End Sub
```

（2）在"退出"菜单的 Click 事件过程中编写代码。

```
Private Sub vbexit_Click()
    End
End Sub
```

【运行结果】

运行时，选择"显示"菜单项，运行结果如图 2-10-1（b）所示；选择"退出"菜单项，结束程序运行。

2. 在标题为"颜色设置"的窗体 Form1 上，添加一个有边框的标签 Label1，其文字格式为粗体、三号、标题内容为"程序设计"；然后建立一个标题为"颜色"的弹出式菜单 MnuColor，"颜色"菜单中有标题分别为"前景颜色"和"背景颜色"的菜单项 ForColor 和 BckColor。程序运行时，右击 Label1 打开弹出式菜单 MnuColor，选择"前景颜色"菜单项，将 Label1 的前景颜色设置为红色，如图 2-10-3（a）所示；选择"背景颜色"菜单项，将 Label1 的背景颜色设置为白色，如图 2-10-3（b）所示。

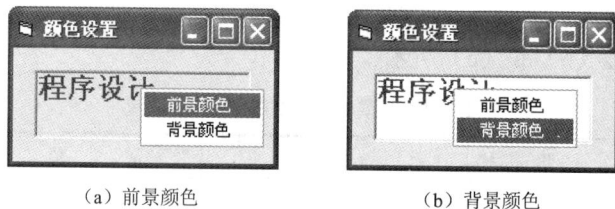

（a）前景颜色   （b）背景颜色

图 2-10-3   颜色设置的运行界面

【界面设计】

（1）新建一个"标准 EXE"类型的工程，在窗体 Form1 上添加一个标签，然后用鼠标调整各个控件的大小和位置，调整后的控件布局如图 2-10-4（a）所示。

（2）根据设计要求，按表 2-10-2 所示的值设置各个控件对象的属性和创建菜单，设置后的界面如图 2-10-4（b）所示。

表 2-10-2   颜色设置的对象属性设置

对　　象	对象名称	属　　性	属　性　值	说　　明
窗体	Form1	Caption	颜色设置	窗体的标题

续表

对　　象	对象名称	属　　性	属　性　值	说　　明
标签	Label1	Caption	程序设计	标签内文字内容
		Font	字形：粗体；大小：三号	字体设置
顶级菜单	MnuColor	Caption	颜色	菜单的标题
		Visible	False	设置菜单为不可见
一级菜单	ForColor	Caption	前景颜色	菜单的标题
一级菜单	BckColor	Caption	背景颜色	菜单的标题

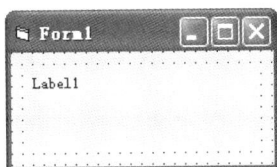
（a）控件布局

（b）属性设置

图 2-10-4　颜色设置的设计界面

【代码设计】

（1）在"前景颜色"菜单的 Click 事件过程中编写代码。

```
Private Sub ForColor_Click()
  Label1.ForeColor = vbRed
End Sub
```

（2）在"背景颜色"菜单的 Click 事件过程中编写代码。

```
Private Sub BckColor_Click()
  Label1.BackColor = vbWhite
End Sub
```

（3）在标签的 MouseDown 事件过程中编写代码。

```
Private Sub Label1_MouseDown(Button As Integer, Shift As Integer, X As
Single, Y As Single)
  If Button = 2 Then
    Form1.PopupMenu MnuColor
  End If
End Sub
```

【运行结果】

运行时，右击标签 Label1 打开"颜色"弹出式菜单，选择"前景颜色"菜单项，运行结果如图 2-10-3（a）所示；选择"背景颜色"菜单项，运行结果如图 2-10-3（b）所示。

3. 在标题为"通用对话框应用"的窗体 Form1 上，添加一个文本内容为"计算机科学与技术"的文本框 Text1；然后再添加两个标题分别为"字体设置"和"颜色设置"的命令按钮 Command1 和 Command2；最后添加一个通用对话框 CommonDialog1。程序运行时，单击"字体设置"按钮，打开标准的"字体"对话框，设置 Text1 的字体类型和字号，如图 2-10-5（a）所示；单击"颜色设置"按钮，打开标准的"颜色"对话框，设置 Text1 的前景颜色，如图 2-10-5（b）所示。

【界面设计】

（1）新建一个"标准 EXE"类型的工程，在窗体 Form1 上添加一个文本框、两个命令按钮和一个通用对话框，然后用鼠标调整各个控件的大小和位置，调整后的控件布局如图 2-10-6（a）所示。

（a）字体设置   （b）颜色设置

图 2-10-5   通用对话框应用的运行界面

（2）根据设计要求，按表 2-10-3 所示的值设置各个控件对象的属性，设置后的界面如图 2-10-6（b）所示。

表 2-10-3   通用对话框应用的对象属性设置

对　　象	对象名称	属　　性	属　性　值	说　　明
窗体	Form1	Caption	通用对话框应用	窗体的标题
文本框	Text1	Text	计算机科学与技术	文本框中的文本内容
命令按钮	Command1	Caption	字体设置	命令按钮的标题
命令按钮	Command2	Caption	颜色设置	命令按钮的标题

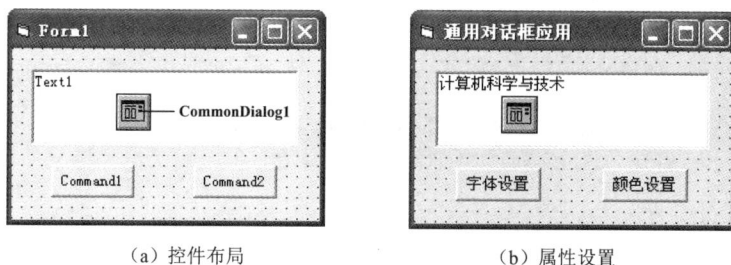

（a）控件布局   （b）属性设置

图 2-10-6   通用对话框应用的设计界面

【程序代码】

（1）在"字体设置"按钮的 Click 事件过程中编写代码。

```
Private Sub Command1_Click()
  CommonDialog1.Flags = cdlCFBoth
  CommonDialog1.ShowFont
  Text1.FontSize = CommonDialog1.FontSize
  Text1.FontName = CommonDialog1.FontName
End Sub
```

（2）在"颜色设置"按钮的 Click 事件过程中编写代码。

```
Private Sub Command2_Click()
  CommonDialog1.Flags = 1
  CommonDialog1.ShowColor
  Text1.ForeColor = CommonDialog1.Color
End Sub
```

【运行结果】

运行时，单击"字体设置"按钮，在打开的"字体"对话框中选择"黑体"和"小二"，然后单击"确定"按钮，运行结果如图 2-10-5（a）所示；单击"颜色"按钮，在打开的"颜色"对话框中选择红色，单击"确定"按钮，运行结果如图 2-10-5（b）所示。

10.2　习 题 测 评

一、选择题

1. 以下叙述中，错误的是（　　）。

 A. 在程序运行过程中可以增加或减少菜单项

 B. 利用控件数组可以实现菜单项的增加或减少

 C. 菜单的属性可以在属性窗口中设置

 D. 菜单是一个控件，它可以保存在"工具箱"中

2. 如果要在菜单中添加一个分隔线，则应将其 Caption 属性设置为（　　）。

 A. =　　　　　　　　B. *　　　　　　　　C. &　　　　　　　　D. -

3. 菜单的热键指使用 Alt 键和菜单标题中的一个字符来打开菜单，建立热键的方法是在菜单标题的某个字符前加上一个（　　）字符。

 A. %　　　　　　　　B. $　　　　　　　　C. &　　　　　　　　D. #

4. 设菜单中只有一个菜单项为 Open，若要为该菜单命令设置访问键，即按 Alt+O 组合键时，能够执行 Open 命令，则在菜单编辑器中设置 Open 命令的方式是（　　）。

 A. 把 Caption 属性设置为&Open B. 把 Caption 属性设置为 O&pen

 C. 把 Name 属性设置为&Open D. 把 Name 属性设置为 O&pen

5. 以下叙述中，错误的是（　　）。

 A. 下拉式菜单和弹出式菜单都用菜单编辑器建立

 B. 在多窗体程序中，每个窗体都可以建立自己的菜单系统

 C. 除分隔线外，所有菜单项都能接收 Click 事件

 D. 如果把一个菜单项的 Enable 属性设置为 False，则该菜单项不可见

6. 以下叙述中，错误的是（　　）。

 A. 菜单项的 Caption 属性为&File，则它的访问键为 F 键

 B. 程序运行过程中，可以重新设置菜单的 Visible 属性

 C. 在同一窗体的菜单项中，不允许出现标题相同的菜单项

 D. 菜单项与其他控件一样有自己的属性和事件

7. 以下叙述中，错误的是（　　）。

 A. 每个菜单项都是一个控件，与其他控件一样也有自己的属性和事件

 B. 除了 Click 事件外，菜单项还能响应其他的如 DblClick 等事件

 C. 菜单项的访问键不能任意设置

 D. 在程序执行时，如果菜单项的 Enabled 属性为 False，则该菜单项变成灰色，不能被用户选择

8. 设置（　　）属性可以指定通用对话框中显示的文件类型。

 A. DialogTiltle　　　　B. FileTitle　　　　C. Filter　　　　D. FilterIndex

9. 下列关于对话框的叙述中，错误的是（　　）。

 A. 执行"CommonDialog1.ShowFont"语句打开"字体"对话框

B. 在"打开"对话框中，用户选择的文件名可以经 FileTitle 属性返回

C. 在"打开"对话框中，用户选择的文件名及路径可以经 FileName 属性返回

D. 通用对话框中可以制作和打开"帮助"对话框

10. 要将通用对话框 CommonDialog1 设置成不同的对话框，应通过（　　）属性来设置。

    A. Name　　　　　　　　B. Action　　　　　　C. Tag　　　　　　　D. Left

11. 以下语句正确的是（　　）。

    A. CommonDialog1.Filter = All Files|*.*|Picture(*.bmp)|*.bmp

    B. CommonDialog1.Filter="All Files"|"*.*"|"Picture(*.bmp)"|"*.bmp"

    C. CommonDialog1.Filter = "All Files|*.*|Picture(*.bmp)|*.bmp"

    D. CommonDialog1.Filter={All Files|*.*|Picture(*.bmp)|*.bmp}

12. 为窗体添加工具栏，常使用的控件是（　　）。

    A. ToolBar 控件和 PictureBox 控件　　　　B. ToolBar 控件和 ImageList 控件

    C. StatusBar 控件和 PictureBox 控件　　　D. StatusBar 控件和 ImageList 控件

13. 要改变工具栏内的按钮样式要设置按钮的（　　）属性。

    A. Enable　　　　　　　B. Caption　　　　　　C. Style　　　　　D. Visible

14. 若要将一普通窗体设置为 MDI 窗体的子窗体，应将（　　）属性值设置为 True。

    A. Enabled　　　　　　　B. Visible　　　　　　C. Moveable　　　D. MDIChild

15. 下列关于多文档界面（MDI）的叙述错误的是（　　）。

    A. MDI 子窗口包含在一个大小可调的 MDI 父窗口内

    B. MDI 应用程序允许同时显示多个文档，每个文档显示在它自己的窗口中

    C. 调用 Arrange 排列方式可以对 MDI 窗体进行排列

    D. MDI 子窗体可在 MDI 父窗体的外部区域显示

二、设计题

1. 打开工程文件 VbDsg1001.vbp，在标题为"显示与隐藏"的窗体 Form1 上，添加一个文本内容为"Visual Basic 程序设计"的文本框 Text1；然后再建立一个标题为"操作"的菜单 MnuOp，该菜单的访问键设为 O 键；"操作"菜单有两个标题分别为"显示"和"隐藏"的菜单项 MnuShow 和 MnuHide，"显示"菜单的快捷键为"Ctrl＋S"，"隐藏"菜单的快捷键为"Ctrl＋H"。程序运行时，选择"显示"菜单项，在窗体上显示 Text1，如图 2-10-7（a）所示；选择"隐藏"菜单项，隐藏 Text1，如图 2-10-7（b）所示；完成上述设计后，以原文件名保存工程，并生成可执行文件（VbDsg1001.exe）。

（a）显示　　　　　　　　（b）隐藏

图 2-10-7　显示与隐藏的运行界面

2. 打开工程文件 VbDsg1002.vbp，在标题为"位置设置"的窗体 Form1 上，添加一个水平滚动条 HScroll1，滚动条所表示的最大值为 100，最小值为 0；然后再建立一个标题为"位置"的菜单 MnuPos，该菜单有 3 个标题分别为"左端""中间"和"右端"的菜单项 MnuLeft、

MnuMid 和 MnuRight。程序运行时，选择"左端"菜单项，则滑块位于 HScroll1 的最左端；选择"中间"菜单项，则滑块位于 HScroll1 的中间，如图 2-10-8（a）所示；选择"右端"菜单项，则滑块位于 HScroll1 的最右端，如图 2-10-8（b）所示。完成上述设计后，以原文件名保存工程，并生成可执行文件（VbDsg1002.exe）。

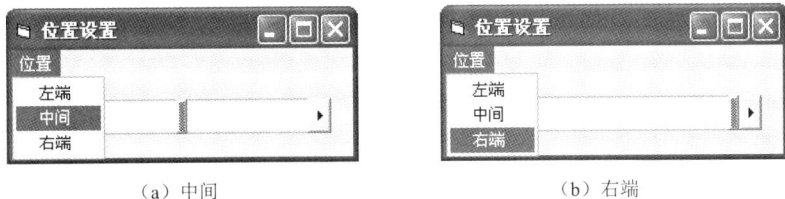

（a）中间　　　　　　　　　　　　　　（b）右端

图 2-10-8　位置设置的运行界面

三、编程题

1. 打开工程文件 VbProg1001.vbp，如图 2-10-9 所示，添加适当的事件过程代码，实现以下功能。

（1）选择"读取"菜单项，将当前目录下 Grade.txt 文件中的 30 个学生成绩依次读入数组 a，并显示在文本框 Text1 中，成绩之间用空格隔开。

（2）单击"统计"菜单，统计数组 a 中成绩为 100 的人数，并在文本框 Text1 中显示。

完成上述功能后，以原文件名保存工程，并生成可执行文件（VbProg1001.exe）。

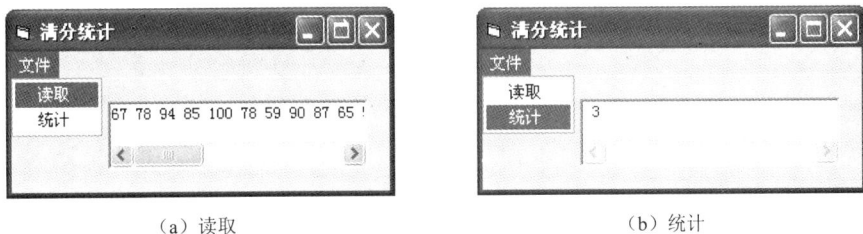

（a）读取　　　　　　　　　　　　　　（b）统计

图 2-10-9　满分统计的运行界面

2. 打开工程文件 VbProg1002.vbp，如图 2-10-10 所示，添加适当的事件过程代码，实现以下功能。

（1）选择"计时"菜单项，激活计时器 Timer1，标签 Label1 从 0 开始显示计秒数。

（2）选择"停止"菜单项，计时器 Timer1 停止工作。

完成上述功能后，以原文件名保存工程，并生成可执行文件（VbProg1002.exe）。

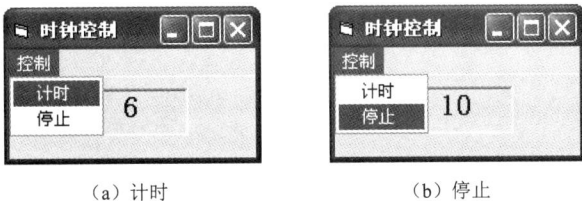

（a）计时　　　　　　　　　　　　　　（b）停止

图 2-10-10　时钟控制的运行界面

第三部分

模拟试卷

模拟试卷 1

（考试时间 90 分钟，满分 100 分）

一、选择题

1. 下列叙述中，错误的是（　　）。

   A. 类就是对象，对象就是类

   B. 事件的主要作用是传递消息，它是对象互动的基础

   C. 属性描述对象的静态特征；方法描述对象的动态特征

   D. Visual Basic 程序中对事件的反应需要在相应事件过程中编写代码来实现

2. 下列数据类型中占用存储空间最小的是（　　）。

   A. Double　　　　　B. Single　　　　　C. Integer　　　　　D. Currency

3. 判断整型变量 x 是奇数的表达式是（　　）。

   A. x % 2 <> 0　　　B. x Mod 2 != 0　　C. x Mod 2 <> 0　　D. x Mod 2 > 1

4. 函数 String(n, "str")的功能是（　　）。

   A. 把数值型数据转换为字符串

   B. 返回由 n 个字符组成的字符串

   C. 从字符串中取出 n 个字符

   D. 从字符串中第 n 个字符的位置开始取子字符串

5. 设 a=1、b=2、c=3，执行语句"Print a>b<c"后，窗体上显示的是（　　）。

   A. 1　　　　　　　B. True　　　　　　C. False　　　　　　D. 出错

6. 执行"x=Inputbox("请输入半径","0","计算面积")"，在键盘上输入 10 后按 Enter 键，下列描述中正确的是（　　）。

   A. 0 是默认值　　　　　　　　　　B. 变量 x 的值是 0

   C. 变量 x 的值是"10"　　　　　　　D. 对话框标题是"计算面积"

7. 下列关于窗体的描述中，错误的是（　　）。

   A. 执行 Unload Form1 语句后，窗体 Form1 消失，但仍在内存中

   B. 窗体的 Load 事件在加载窗体时发生

   C. 当窗体的 Enabled 属性为 False 时，通过鼠标和键盘对窗体的操作都被禁止

   D. 窗体的 Height、Width 属性用于设置窗体的高和宽

8. 要使文本框获得输入焦点，则应采用文本框控件的（　　）方法。

   A. GotFocus　　　　B. GetFocus　　　　C. SetFocus　　　　D. TakeFocus

9. 下列属性和方法中，可更改坐标系统单位的是（　　）。

   A. Style　　　　　　B. Scale　　　　　　C. ScaleMode　　　　D. ScaleType

10. 正确设置复选框为选中状态的语句是（　　）。

    A. Check1.Value = 0　　　　　　　B. Check1.Value = 1

    C. Check1.Value = 2　　　　　　　D. Check1.Value = True

11. 为了在按 Esc 键时执行某个命令按钮的单击事件过程，需要设置其（　　）属性为 True。

    A. Enter　　　　　　B. Cancel　　　　　C. Default　　　　　D. Enabled

12. 清除列表框中的所有内容应使用的方法是（　　　）。

    A. Cls　　　　　　　　B. Clear　　　　　　　　C. Remove　　　　D. RemoveItem

13. 在程序运行期间，如果拖动滚动条上的滚动块，则触发的滚动条事件是（　　　）。

    A. Move　　　　　　　　B. Change　　　　　　　C. Scroll　　　　　D. DragOver

14. 下列叙述中，错误的是（　　　）。

    A. 只有获得焦点的对象才能够接受键盘事件

    B. KeyPress 事件中可以识别键盘上某个键的按下与释放

    C. 在 KeyDown 事件中，键盘上输入的 A 或 a 被视作相同的字母

    D. 在 KeyUp 事件中，键盘上的"1"和右侧小键盘上的"1"视作不同的数字

15. 在窗体上添加一个命令按钮 Command1 和 3 个标签 Label1、Label2、Label3，然后编写如下代码。

```
Private x As Integer
Private Sub Command1_Click()
  Static y As Integer
  Dim z As Integer
  n = 10
  z = n + z
  y = y + z
  x = x + z
  Label1.Caption = x
  Label2.Caption = y
  Label3.Caption = z
End Sub
```

运行程序，连续 3 次单击命令按钮后，则 3 个标签中显示的内容分别是（　　　）。

    A. 10　10　10　　B. 30　30　10　　　C. 30　30　30　　D. 10　30　30

16. 在窗体上添加一个命令按钮 Command1 和一个标签 Label1，然后编写如下事件过程：

```
Private Sub Command1_Click()
  s = 0
  For i = 1 To 15
    x = 2 * i - 1
    If x Mod 3 = 0 Then s = s + 1
  Next i
  Label1.Caption = s
End Sub
```

程序运行后，单击命令按钮，则标签中显示的内容是（　　　）。

    A. 1　　　　　　　　B. 5　　　　　　　　C. 27　　　　　　D. 45

17. 下列程序段的运行结果为（　　　）。

```
Dim a
Dim s%, i%
a = Array(1, 2, 3, 4, 5)
For i = 1 To 3
  s = s + a(i) ^ 2
Next i
Print s
```

    A. 6　　　　　　　　B. 14　　　　　　　　C. 29　　　　　　D. 55

18. 设有如下程序：

```
Function F(ByVal x As Integer)
```

```
    Static z
    z = z + 1
    F = x + z
  End Function
  Private Sub Form_Click()
    Dim a%, i%
    a = 2
    For i = 1 To 3
      Print F(a);
    Next i
    Print
  End Sub
```

运行后，单击窗体，显示结果为（　　　）。

　A. 3　3　3　　　　　　B. 3　4　5　　　　　　C. F(2)F(2)F(2)　　　　　D. 空白

19. 以下关于菜单的叙述中，错误的是（　　　）。

　A. 在程序运行过程中可以增加或减少菜单项

　B. 如果把一个菜单项的 Enabled 属性设置为 False，则删除该菜单项

　C. 弹出式菜单在菜单编辑器中设计

　D. 利用控件数组可以实现菜单项的增加或减少

20. 下列叙述错误的是（　　　）。

　A. 使用 Get#语句可以从随机文件中读出数据

　B. 在 Visual Basic 中文件访问的类型有顺序、随机和二进制三种方式

　C. Open 命令只能打开一个已经存在的文件

　D. 顺序文件的记录是按写入的先后顺序存放，并按写入的先后顺序读出

二、设计题

1. 打开工程文件 StDsg0101.vbp，在标题为"窗口"的窗体 Form1 上，添加一个标题为"计算机等级考试"的标签 Label1，其能自动调整大小显示标题；然后再添加两个标题分别为"笔试"和"机试"的复选框 Ck1 和 Ck2，其中"笔试"复选框处于选中状态，如图 3-1-1 所示。完成上述设计后，以原文件名保存工程，并生成可执行文件（StDsg0101.exe）。（注：在属性窗口中完成功能设置。）

2. 打开工程文件 StDsg0102.vbp，在标题为"显示文本"的窗体 Form1 上，添加一个文本内容为空的文本框 Text1，其中文字格式为黑体、粗体、四号；然后再添加一个水平滚动条 HScroll1，其最大值为 3000、最小值为 1，滚动条滑块位于最右端。程序运行时，单击文本框 Text1，在 Text1 中显示文字"程序设计基础教程"；改变滚动条 HScroll1 滑块位置，使 Text1 的宽度为 HScroll1 的当前值，如图 3-1-2 所示。完成上述设计后，以原文件名保存工程，并生成可执行文件（StDsg0102.exe）。（注：程序中不得使用任何变量。）

3. 打开工程文件 StDsg0103.vbp，在标题为"兴趣爱好"的窗体 Form1 上，添加一个列表框 List1，并在其中添加"音乐""体育"和"美术"3 个项目；然后再添加一个文本内容为空的文本框 Text1；最后添加两个标题分别为"添加"和"删除"的命令按钮 Command1 和 Command2。程序运行时，如果 Text1 中内容不为空，单击"添加"按钮，将 Text1 中的内容添加到 List1 最后位置；如果选中 List1 中的某个选项，单击"删除"按钮，从 List1 中删除该选项，如图 3-1-3 所示。完成上述设计后，以原文件名保存工程，并生成可执行

文件（StDsg0103.exe）。（注：程序中不得使用任何变量。）

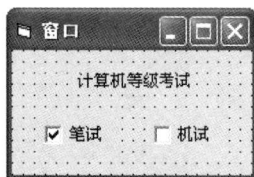

图3-1-1　窗口的设计界面　　　图3-1-2　显示文本的运行界面　　　图3-1-3　兴趣爱好的运行界面

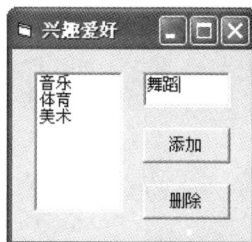

三、编程题

1. 打开工程文件 StProg0101.vbp，如图 3-1-4 所示，添加适当的事件过程代码，实现以下功能。

（1）单击"整数 n"按钮，在文本框 Text1 中显示一个 2～100 之间的随机整数 n。

（2）单击"判断"按钮，判断文本框 Text1 中的整数 n 是否为素数，如果是素数，则在标签 Label1 中显示"Yes"，否则显示"No"。

完成上述功能后，以原文件名保存工程，并生成可执行文件（StProg0101.exe）。

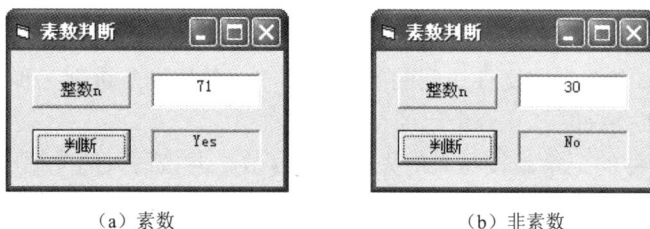

（a）素数　　　　　　　　　（b）非素数

图 3-1-4　素数判断的运行界面

2. 打开工程文件 StProg0102.vbp，如图 3-1-5 所示，添加适当的事件过程代码，实现以下功能。

（1）单击"显示景点"按钮，将当前目录下文件 Scenic.txt（如图 3-1-6 所示）中的 5 个景点依次显示在列表框 List1 中。

（2）在列表框 List1 中选择一个或多个景点，然后单击"删除景点"按钮，将选定的景点从列表框 List1 中删除。

完成上述功能后，以原文件名保存工程，并生成可执行文件（StProg0102.exe）。

图 3-1-5　景点信息的运行界面　　　　　　　图 3-1-6　Scenic.txt 文件

模拟试卷 2

（考试时间 90 分钟，满分 100 分）

一、选择题

1. 在设计阶段，当双击窗体上的某个控件时，所打开的窗口是（　　）。
   A. 工程资源管理器窗口　　　　　　B. 工具箱窗口
   C. 代码窗口　　　　　　　　　　　D. 属性窗口

2. 下列（　　）关键字声明的局部变量在程序运行期间一直存在。
   A. Dim　　　　　B. Static　　　　　C. Public　　　　　D. Private

3. 数学表达式 3≤x≤8 写成正确的 Visual Basic 表达式是（　　）。
   A. 3<=x<=8　　　　　　　　　　　B. 3 <= x And <= 8
   C. 3 <= x Or x <= 8　　　　　　　　D. 3 <= x And x <= 8

4. 下列表达式的值不等于-3 的是（　　）。
   A. Int (-3.3)　　　B. Fix(-3.3)　　　C. Round(-3.3)　　　D. Fix(-3.6)

5. 语句 "Print True+3" 的结果为（　　）。
   A. 4　　　　　　B. 3　　　　　　C. 2　　　　　　D. 1

6. 设文本框的内容为 11。下列语句组
   ```
   num1 = Text1.Text
   num2 = InputBox("Enter the Numeric")
   Print num1 + num2
   ```
   运行后在输入框中输入 22，显示结果为（　　）。
   A. 11　　　　　　B. 33　　　　　　C. 1122　　　　　　D. 出错

7. 下列由用户触发的事件是（　　）。
   A. Load　　　　　B. LostFocus　　　　　C. Terminate　　　　　D. Initialize

8. 能够获得一个文本框中被选取文本的内容的属性是（　　）。
   A. Text　　　　　B. Length　　　　　C. SelText　　　　　D. SelStart

9. 为了消除图片框 Picturel 内绘制的图形，应采用的正确方法是（　　）。
   A. 执行语句 Picturel.Cls
   B. 选择图片框的 Picture 属性，然后按 Del 键
   C. 执行语句 Picturel.Clear
   D. 执行语句 Picturel.Picture = LoadPicture("")

10. 下列关于选择控件的叙述错误的是（　　）。
    A. 复选框的 Value 属性为 True 时表示被选中
    B. 单选按钮的 Value 属性为 False 时表示未被选中
    C. 单选按钮和复选框都有 Value 属性，用于表示被选中的情况
    D. 单选按钮和复选框都可以像命令按钮那样加入图案背景以增强视觉效果

11. 为了在按 Enter 键时执行某个按钮的事件过程，需要把该命令按钮的一个属性设置

为 True，这个属性是（　　）。

　　A. Value　　　　　　　B. Cancel　　　　　　C. Enable　　　　　　D. Default

12. 设窗体上有一个列表框控件 List1，且其中含有若干列表项，则以下能表示当前被选中的列表项内容的是（　　）。

　　A. List1.List　　　　　　　　　　B. List1.ListIndex

　　C. List1.Index　　　　　　　　　　D. List1.List(List1.ListIndex)

13. 下列有关时钟控件叙述错误的是（　　）。

　　A. 时钟控件只能响应 Timer 事件

　　B. 时钟控件的 Enabled 属性值为 Fasle 时，则计时器停止工作

　　C. 若将 Interval 属性设置为 0 或负数，则计时器停止工作

　　D. 当 Enabled 属性值为 True 时，则计时器一定工作

14. 以下关于焦点的叙述中，错误的是（　　）。

　　A. 如果文本框的 TabStop 属性为 False，则不能接收从键盘上输入的数据

　　B. 当文本框失去焦点时，触发 LostFocus 事件

　　C. 当文本框的 Enabled 属性为 False 时，其 Tab 顺序不起作用

　　D. 可以用 TabIndex 属性改变 Tab 顺序

15. 在窗体上添加一个命令按钮 Command1 和两个文本框 Text1、Text2，然后编写如下事件过程：

```
Private Sub Command1_Click()
  n = Text1.Text
  Select Case n
    Case 1 To 20
      x = 10
    Case 2, 4, 6
      x = 20
    Case Is < 10
      x = 30
    Case 10
      x = 40
  End Select
  Text2.Text = x
End Sub
```

程序运行后，如果在文本框 Text1 中输入 10，然后单击命令按钮，则在 Text2 中显示的内容是（　　）。

　　A. 10　　　　　　B. 20　　　　　　C. 30　　　　　　D. 40

16. 在窗体上添加一个命令按钮 Command1，然后编写如下事件过程：

```
Private Sub Command1_Click()
  Dim num As Integer
  num = 1
  Do Until num > 6
    Print num;
    num = num + 2.4
  Loop
End Sub
```

程序运行后，单击命令按钮，则窗体上显示的内容是（　　）。

　　A. 1　　3.4　　5.8　　　　　　　　　B. 1　　3　　5

C. 1　　4　　7　　　　　　　　D. 无数据输出

17. 下列程序段的运行结果为（　　）。

```
Dim m(10)
For i = 0 To 10
  m(i) = 2 * i
Next i
Print m(m(5))
```

A. 10　　　　　　B. 20　　　　　　C. m(m(5))　　　　　　D. 出错

18. 在窗体上添加一个命令按钮 Command1 和一个文本框 Text1，然后编写如下代码：

```
Sub P1(a As Integer, b As Integer, ByVal c As Integer)
  c = a + b
End Sub
Private Sub Command1_Click()
  Dim x%, y%, z%
  x = 5
  y = 7
  z = 0
  Text1.Text = ""
  Call P1(x, y, z)
  Text1.Text = Str(z)
End Sub
```

程序运行后，单击命令按钮，则在文本框中显示的是（　　）。

A. 0　　　　　　B. 12　　　　　　C. str(z)　　　　　　D. 没有显示

19. 下列叙述错误的是（　　）。

A. 程序运行时，通用对话框控件是不可见的

B. 调用通用对话框控件的 ShowColor 方法，可以打开"颜色"对话框

C. 调用通用对话框控件的 ShowOpen 方法，可以直接打开在该通用对话框中指定的文件

D. 在同一个程序中，用不同的方法（如 ShowOpen 或 ShowSave 等）打开的通用对话框具有不同的作用

20. 文件操作的一般顺序是（　　）。

A. 打开文件→操作　　　　　　B. 打开文件→操作→关闭文件

C. 打开文件→关闭文件→操作　　D. 操作→关闭文件

二、设计题

1. 打开工程文件 StDsg0201.vbp，在标题为"性别选择"的窗体 Form1 上，添加一个标题为"性别"的标签 Label1；然后再添加两个标题分别为"男"和"女"的单选按钮 Op1 和 Op2，其中"女"的单选按钮处于选中状态；最后添加两个标题分别为"确定"和"取消"的命令按钮 Command1 和 Command2，其中"确定"按钮是默认按钮，而"取消"按钮是默认取消按钮，如图 3-2-1 所示。完成上述设计后，以原文件名保存工程，并生成可执行文件（StDsg0201.exe）。（注：在属性窗口中完成功能设置。）

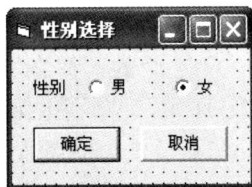

图 3-2-1　性别选择的设计界面

2. 打开工程文件 StDsg0202.vbp，在标题为"姓名输入"

的窗体 Form1 上，添加一个标题为"请输入您的姓名"的标签 Label1；然后再添加一个文本内容为空的文本框 Text1；接着再添加一个标题为"下一步"、处于非激活状态的命令按钮 Command1；最后添加一个标题为空、有边框的标签 Label2。程序运行时，其初始状态如图 3-2-2（a）所示；当向文本框中输入字符时，Label2 中显示为 Text1 中输入的字符，并且 Command1 允许使用，如图 3-2-2（b）所示。完成上述设计后，以原文件名保存工程，并生成可执行文件（StDsg0202.exe）。（注：程序中不得使用任何变量。）

（a）初始状态　　　　（b）输入字符

图 3-2-2　姓名输入的运行界面

3. 打开工程文件 StDsg0203.vbp，在标题为"绘图示例"的窗体 Form1 上，添加一个高为 1250、宽为 1250 的图片框 Picture1；然后再添加两个标题分别为"正方形"和"空心圆"的命令按钮 Command1 和 Command2。程序运行时，在 Picture1 中采用默认坐标系，单击"正方形"按钮，Picture1 清空并画一个左上顶点为(300, 300)、右下顶点为(900, 900)的实心正方形（该正方形由边框颜色填充内部），如图 3-2-3（a）所示；单击"空心圆"按钮，Picture1 清空并画一个中心为(600, 600)、半径为 300 的圆，如图 3-2-3（b）所示。完成上述设计后，以原文件名保存工程，并生成可执行文件（StDsg0203.exe）。（注：程序中不得使用任何变量。）

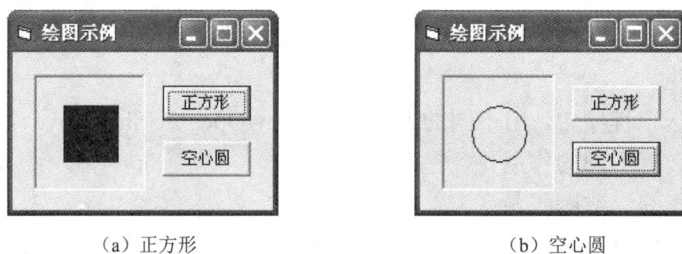

（a）正方形　　　　（b）空心圆

图 3-2-3　绘图示例的运行界面

三、编程题

1. 打开工程文件 StProg0201.vbp，如图 3-2-4 所示，添加适当的事件过程代码，实现以下功能。

（1）单击"生成数组"按钮，随机生成 20 个 10～99 之间的正整数存于数组 a，并显示在文本框 Text1 中，整数之间用空格隔开。

（2）单击"整除求和"按钮，求数组 a 中能同时被 2 和 3 整除的整数之和，并将求和结果显示在标签 Label1 中。

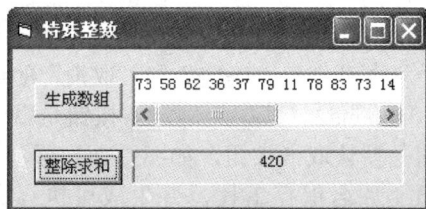

图 3-2-4　特殊整数的运行界面

完成上述功能后，以原文件名保存工程，并生成可执行文件（StProg0201.exe）。

2. 打开工程文件 StProg0202.vbp，如图 3-2-5 所示，添加适当的事件过程代码，实现以下功能。

（1）单击"读入"按钮，将当前目录下 Data.txt 文件（如图 3-2-6 所示）中的 20 个正整数依次读入数组 a，并显示在文本框 Text1 中，整数之间用空格隔开。

（2）单击"统计"按钮，调用题目提供的 IsPrime 函数，统计数组 a 中所有素数的总个数，并将统计结果显示在文本框 Text2 中。

完成上述功能后，以原文件名保存工程，并生成可执行文件（StProg0202.exe）。

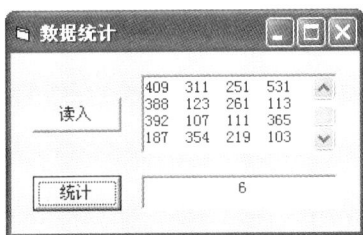

图 3-2-5　数据统计的运行界面　　　　图 3-2-6　Data.txt 文件

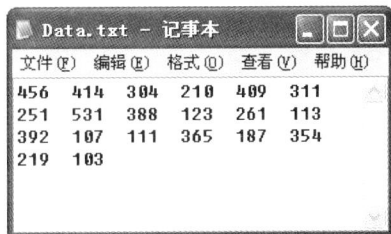

模拟试卷 3

（考试时间 90 分钟，满分 100 分）

一、选择题

1. 下列叙述错误的是（   ）。
   A. Visual Basic 是事件驱动的可视化编程工具
   B. Visual Basic 中控件的某些属性只能在运行时设置
   C. Visual Basic 工具箱中的所有控件都具有宽度和高度属性
   D. Visual Basic 的控件是具有自己的属性、方法和事件的对象

2. 下列（   ）是合法的字符串型常量。
   A. 'Hello'　　　　　B. "Hello"　　　　　C. {Hello}　　　　　D. Hello

3. 设 a=3、b=5，则以下表达式值为 True 的是（   ）。
   A. a >= b And b > 10　　　　　　　　　B. (a > b) Or (b > 0)
   C. (a < 0) Eqv (b > 0)　　　　　　　　D. (2 > a) And (b > 0)

4. Rnd()函数的值不可能等于（   ）。
   A. 0　　　　　　　B. 0.05　　　　　　C. 1　　　　　　　D. 0.123

5. 下列叙述不正确的是（   ）。
   A. 注释语句是非执行语句，仅对程序的内容起注释作用，它不被解释和编译
   B. 注释语句可以放在代码中的任何位置
   C. 注释语句不能放在续行符的后面
   D. 代码中加入注释语句的目的是提高程序的可读性

6. 执行语句"MsgBox "Visual Basic", vbOKOnly, "Microsoft""，弹出的消息框的标题是（   ）。
   A. Visual Basic　　B. vbOKOnly　　　C. Microsoft　　　D. 无内容

7. 设置窗体的标题为"登录窗口"，应采用以下（   ）语句。
   A. Form1.Text="登录窗口"　　　　　　B. Form1.Name="登录窗口"
   C. Form1.Caption=登录窗口　　　　　　D. Form1.Caption="登录窗口"

8. 以下能够触发文本框 Change 事件的操作是（   ）。
   A. 文本框失去焦点　　　　　　　　　　B. 文本框获得焦点
   C. 设置文本框的焦点　　　　　　　　　D. 改变文本框的内容

9. 图像框有一个属性，可以自动调整图形的大小，以适应图像框的尺寸，这个属性是（   ）。
   A. Autosize　　　　B. Stretch　　　　　C. AutoRedraw　　　D. Appearance

10. 复选框的 Value 属性值为 1 时，表示（   ）。
    A. 复选框未被选中　　　　　　　　　　B. 复选框被选中
    C. 复选框内有灰色的钩　　　　　　　　D. 复选框操作出错

11. 程序运行时，哪种办法不能触发命令按钮的 Click 事件（   ）。
    A. 单击命令按钮

B. 在命令按钮的 Cancel 属性设置为 True 的条件下，按 Enter 键

C. 操作命令按钮的快捷键

D. 用 Tab 键将焦点转移到按钮上，然后按回车键

12. 列表框默认只能选择一项，设置列表框的（　　）属性，可以使列表框允许多项选择。

A. List　　　　　　　B. MultiSelect　　　　　C. Enabled　　　　　D. ListIndex

13. 下列关于计时器的叙述中，错误的是（　　）。

A. Timer 事件是计时器唯一的事件

B. 通过设置适当的属性，运行时计时器可以显示在窗口上

C. 计时器工作时，其 Enabled 属性为 True

D. 计时器的 Interval 属性的单位是毫秒

14. 改变控件的（　　）属性值，可以改变控件获得焦点的顺序。

A. Enabled　　　　　B. Index　　　　　　　C. TabStop　　　　　D. TabIndex

15. 下列程序的执行结果为（　　）。

```
Private Sub Command1_Click()
  a = 100
  b = 50
  If a <> b Then
    a = b
  Else
    b = b - a
  End If
  If a < b Then
    a = a + 10
  Else
    b = b + 10
  End If
  Print a, b
End Sub
```

A. 50　　　50　　　　B. 60　　　　60　　　　C. 50　　　60　　　D. 60　　　50

16. 下列程序段的执行结果是（　　）。

```
x = 0
For i = 1 To 3
  For j = 1 To i
    x = x + j
  Next j
Next i
Print x
```

A. 3　　　　　　　　B. 6　　　　　　　　　C. 10　　　　　　　D. 18

17. 下列程序段的执行结果是（　　）。

```
Dim a
Dim i As Integer
a = Array(1, 2, 3, 4, 5, 6, 7, 8, 9)
For i = 0 To 5 Step 2
  Print a(5 - i);
Next
```

A. 5　3　1　　　　　　　　　　　　　B. 6　4　2

C. 5　4　3　2　1　　　　　　　　　　D. 6　5　4　3　2　1

18. 运行以下程序，显示的结果为（　　　）。

```
Public Sub F1(n%, ByVal m%)
  n = n Mod 10
  m = m \ 10
End Sub
Private Sub Command1_Click()
  Dim x%, y%
  x = 34
  y = 12
  Call F1(x, y)
  Print x, y
End Sub
```

 A. 2　34　　　　　　　B. 34　12　　　　　　　C. 4　1　　　　　　D. 4　12

19. 下列关于菜单的叙述中错误的是（　　　）。

 A. 菜单项只能响应鼠标单击事件

 B. 弹出式菜单也在菜单编辑器中定义

 C. 菜单的快捷键也在菜单编辑器中设置

 D. 同一个窗体的菜单项中，不可以出现标题相同的菜单项

20. 改变驱动器列表框的（　　　）属性可以激活 Change 事件。

 A. ChDrive　　　　　B. Drive　　　　　　C. List　　　　　D. Index

二、设计题

1. 打开工程文件 StDsg0301.vbp，在标题为"菜单设计"的窗体 Form1 上，添加标题分别为"文件"和"编辑"的菜单 File 和 Edit，其中"文件"菜单的访问键设为 F 键，"编辑"菜单的访问键设为 E 键；"文件"有标题分别为"打开""保存"和"退出"的菜单项 FOpen、FSave 和 FExit，在"退出"菜单项之前有分隔条 Separate，其中"退出"菜单的快捷键为"Ctrl+Q"，如图 3-3-1 所示。完成上述设计后，以原文件名保存工程，并生成可执行文件（StDsg0301.exe）。

2. 打开工程文件 StDsg0302.vbp，在标题为"斜体设置"的窗体 Form1 上，添加一个内容为"程序设计基础"的文本框 Text1，其字体格式为黑体、四号字、内容居中显示；然后再添加一个标题为"斜体"的框架 Frame1，它包含两个标题分别为"是"和"否"的单选按钮 Option1 和 Option2，其中"否"单选按钮处于选中状态。程序运行时，单击"是"单选按钮，将 Text1 中的文字设置为斜体，如图 3-3-2（a）所示；单击"否"单选按钮，Text1 中的文字取消斜体设置，如图 3-3-2（b）所示。完成上述设计后，以原文件名保存工程，并生成可执行文件（StDsg0302.exe）。

图 3-3-1　菜单设计的设计界面

（a）斜体　　　　　　　（b）非斜体

图 3-3-2　斜体设置的运行界面

3. 打开工程文件 StDsg0303.vbp，在标题为"倒计时"的窗体 Form1 上，添加一个列表框 List1，接着添加一个内容为"5"、居中显示的文本框 Text1；然后再添加一个标题为"开始"的命令按钮 Command1；最后添加一个计时器 Timer1，事件间隔时间为 1 秒，计时器处于非激活状态，如图 3-3-3 所示。程序运行时，单击"开始"按钮，每隔 1 秒将 Text1 中的文本添加到 List1 中，Text1 中显示的数字按每秒递减 1，当 Text1 显示"0"时，Timer1 停止工作；双击 List1 中某个项目，则将该项目从 List1 中删除，如图 3-3-4 所示。完成上述设计后，以原文件名保存工程，并生成可执行文件（StDsg0303.exe）。

三、编程题

1. 打开工程文件 StProg0301.vbp，如图 3-3-5 所示，添加适当的事件过程代码，实现以下功能。

（1）单击"产生"按钮，在文本框 Text1 中显示一个 40～90 之间的随机整数 N。

（2）单击"查找"按钮，找出 1～N 之间所有平方根为整数的数，并在文本框 Text2 中显示，各个整数之间用空格隔开。

完成上述功能后，以原文件名保存工程，并生成可执行文件（StProg0301.exe）。

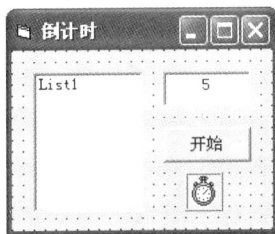

图 3-3-3　倒计时的设计界面　　图 3-3-4　倒计时的运行界面　　图 3-3-5　查找整数的运行界面

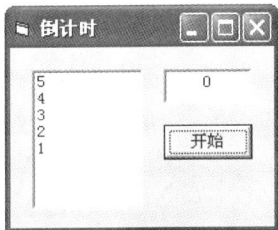

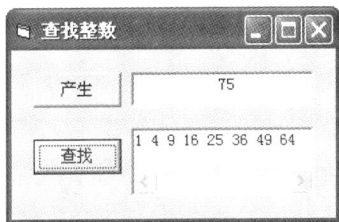

2. 打开工程文件 StProg0302.vbp，如图 3-3-6 所示，添加适当的事件过程代码，实现以下功能。

（1）单击"读取数据"按钮，将当前目录下 InData.txt 文件（如图 3-3-7 所示）中的 20个正整数读入数组 a，并在文本框 Text1 中显示，各个整数之间用空格隔开。

（2）单击"查找保存"按钮，查找数组 a 中能被 3 整除但不能被 5 整除的整数，并在文本框 Text2 中显示（各个整数之间用空格隔开），然后将文本框 Text2 中的查找结果保存到当前目录下 OutData.txt 文件中。

完成上述功能后，以原文件名保存工程，并生成可执行文件（StProg0302.exe）。

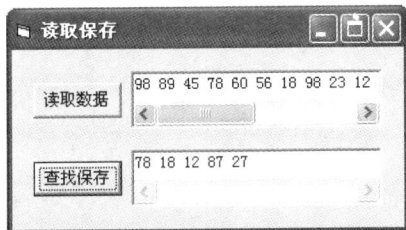

图 3-3-6　读取保存的运行界面　　　　　　图 3-3-7　InData.txt 文件

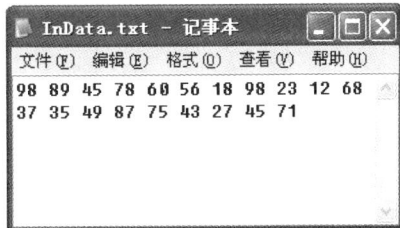

第四部分

测评系统

实验评测系统

　　"Visual Basic 程序设计实验评测系统"是集"发布、收取、评测"于一体的实验教学平台。该系统由学生端和教师端两个子系统组成，可以实现在实验室局域网环境下，对学生机完成的程序代码进行现场收集，然后根据"测试点"对学生的"Visual Basic 程序"进行自动评测，并可通过教师机的控制台实时、准确地掌握学生的实验情况。

一、学生端系统

　　学生端系统运行于实验室的学生机，用于记录学生信息、收集学生程序。当学生在实验室进行实验时，需先运行学生端系统，并在学生端的登录界面中输入学号和姓名，如图 4-1-1 所示。登录后的学生端控制台界面如图 4-1-2 所示，该学生的信息和状态将显示在教师端的控制台界面上，教师可以实时监测到每个学生的实验情况。学生单击控制台界面的"题目"按钮，显示实验的答题界面如图 4-1-3 所示。学生选择相应的实验题目，即可开始实验。

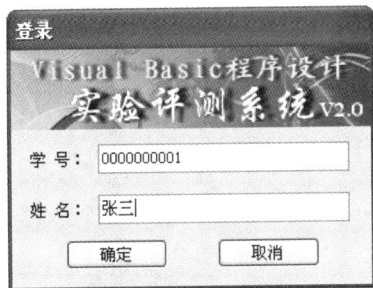

图 4-1-1　学生端的登录界面

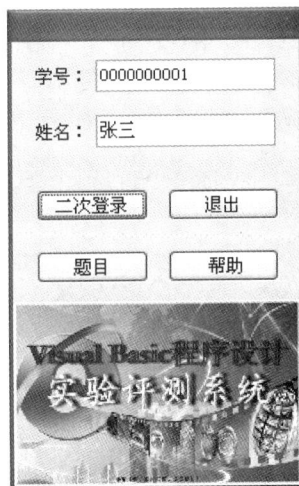

图 4-1-2　学生端的控制台界面

　　学生端系统具有 U 盘禁用、禁止退出和限制二次登录等功能，避免学生在实验过程中复制其他同学的实验内容，以保证学生独立完成实验题目。

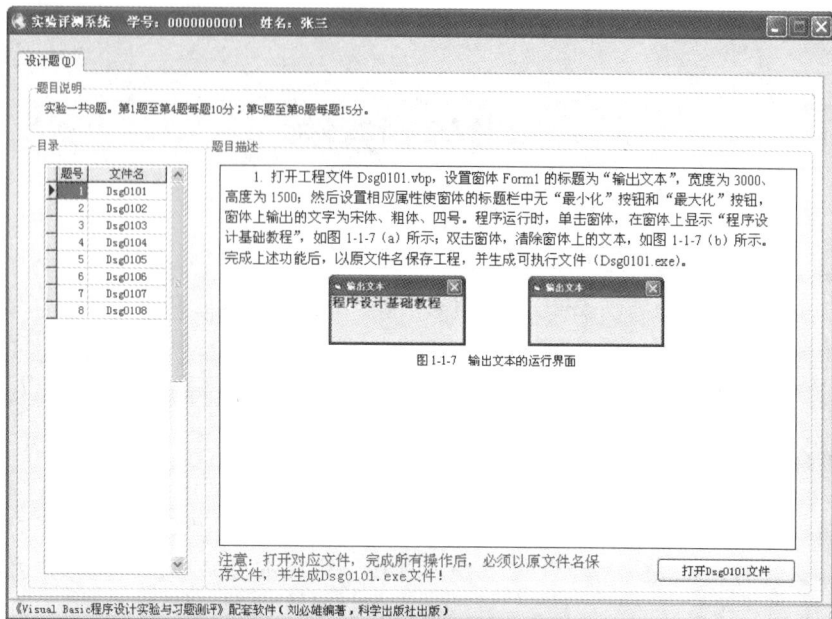

图 4-1-3　学生端的答题界面

二、教师端系统

教师端系统运行于实验室的教师机，用于收取和评测学生完成的实验内容。教师端系统的主界面如图 4-1-4 所示，教师选择相应的实验项目后，进入评测系统的控制台界面，如图 4-1-5 所示。教师端的控制台界面可以实时显示全班学生的实验情况，包括实验状态、当前实验成绩、当前排名、源代码和统计分析报告。

图 4-1-4　教师端的主界面

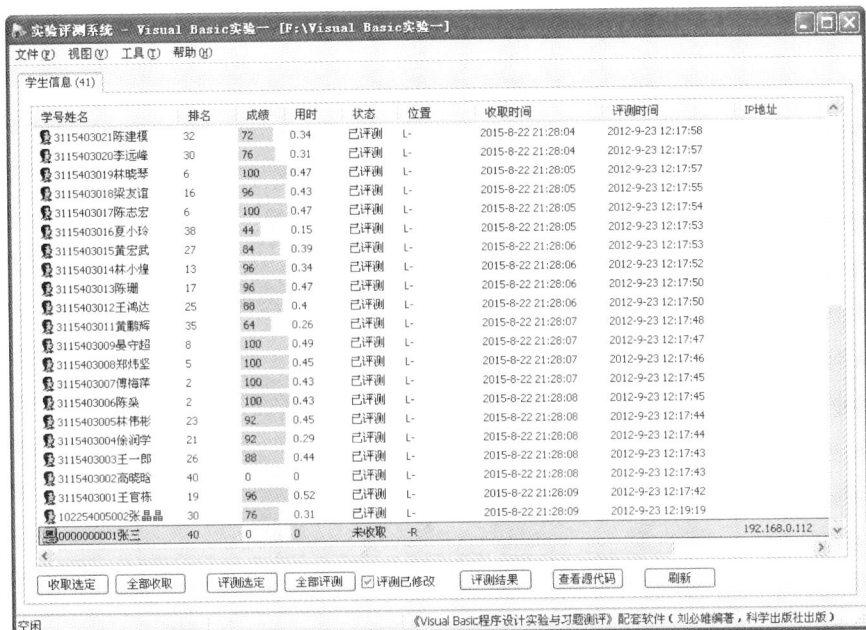

图 4-1-5　教师端的控制台界面

其主要功能如下。

（1）实时收取学生程序。根据需要教师可以选择"收取选定"或"全部收取"功能，来实现对部分学生或全部学生的源代码进行收取，并可随机查阅学生的源代码。

（2）自动评测学生程序。系统能够对学生完成的 Visual Basic 程序按"测试点"进行自动评测，并能够准确地给出每位同学每道实验题的得分情况，以及错误的原因和错误位置。

（3）实时统计分析报告。系统可以实现对当前评测结果进行统计分析，能够给出每道实验题以及每个测试点的正确率和错误率情况，教师可以根据统计数据及时全面掌握学生的实验完成情况和存在的共性问题。

习题测评系统

"Visual Basic 程序设计习题测评系统"是学生课后学习"Visual Basic 程序设计"的练习和测评平台，如图 4-2-1 所示。本系统包含本书第二部分的 10 章习题和第三部分的 3 套模拟试卷，学生可以通过本系统同步练习和测试所学的知识，以巩固课堂教学内容。

图 4-2-1　习题测评系统的主界面

"Visual Basic 程序设计习题测评系统"按照本书习题的类型设置了选择题测评（图 4-2-2）、设计题测评（图 4-2-3）和编程题测评（图 4-2-4）。

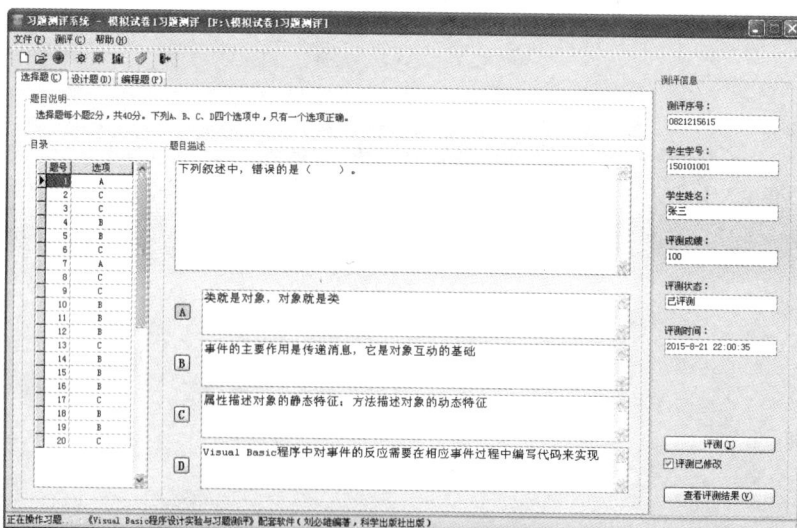

图 4-2-2　习题测评系统的选择题测评界面

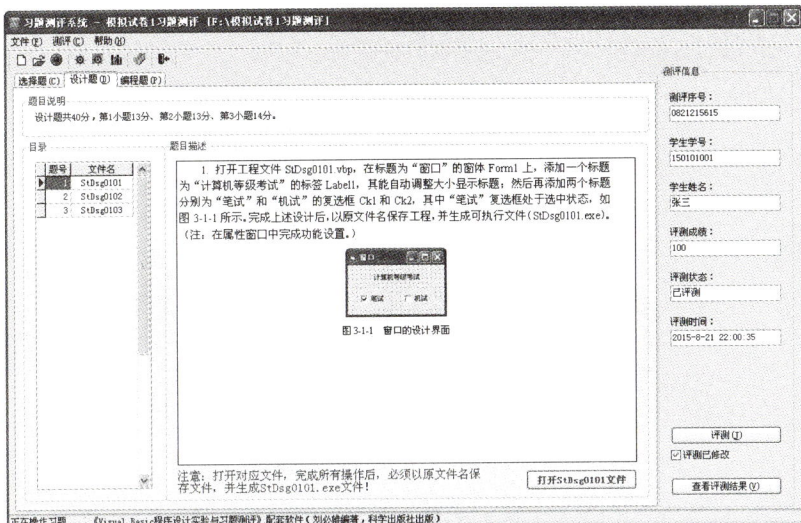

图 4-2-3 习题测评系统的设计题测评界面

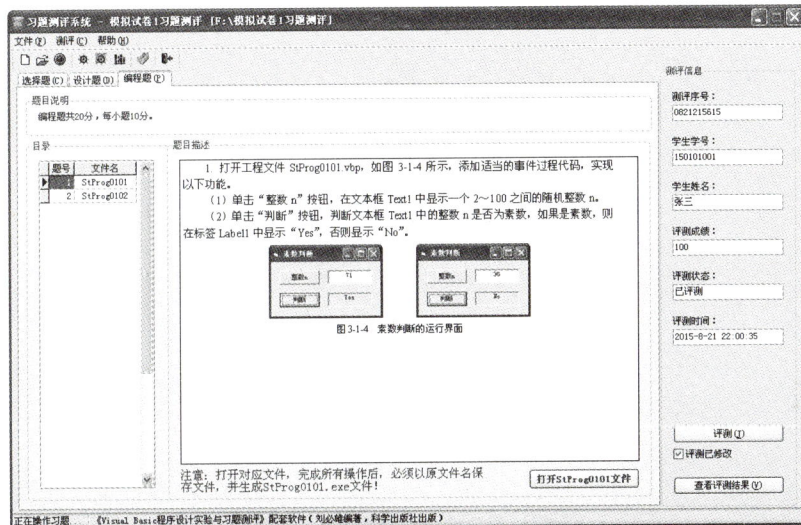

图 4-2-4 习题测评系统的编程题测评界面

"Visual Basic 程序设计习题测评系统"不仅能够对客观题型进行评分,而且能够对主观的程序题型按照知识点和操作点进行评分,学生在系统上完成习题并提交评测后,不仅能够了解本次测试的分数,还可以查看每个步骤是否错误和错误的原因,以进一步了解自己所学知识的漏洞,为下一阶段学习提供依据。

参 考 文 献

龚沛曾，杨志强，陆慰民. 2007. Visual Basic 程序设计教程. 3 版. 北京：高等教育出版社.

黄津津. 2011. Visual Basic 程序设计. 北京：人民邮电出版社.

黄津津，王盈瑛. 2010. Visual Basic 程序设计：学习和实验指导. 北京：人民邮电出版社.

李良俊. 2011. Visual Basic 程序设计语言实验教程. 北京：科学出版社.

刘必雄. 2010. Visual Basic 程序设计教程. 北京：中国铁道出版社.

刘必雄. 2012. Visual Basic 程序设计实践教程. 北京：科学出版社.

邱李华，曹青，郭志强. 2007. Visual Basic 程序设计教程. 2 版. 北京：机械工业出版社.

史巧硕，武优西. 2011. Visual Basic 程序设计实验教程. 北京：科学出版社.

王谨德，夏耘，张昌林，等. 2006. Visual Basic 试题解析与学习指导. 北京：清华大学出版社.

吴昊，杜玲玲. 2011. Visual Basic 程序设计实验教程. 北京：人民邮电出版社.

徐晓敏，王晓敏. 2009. Visual Basic 程序设计题解与上机实验指导. 北京：中国铁道出版社.